职业院校机电类"十三五"
微课版规划教材

机械测量技术

附微课视频

邓方贞 杨淑珍 / 主编 // 马凤岚 黄跃 / 副主编

顾晔 / 主审

U0191147

人民邮电出版社

北 京

图书在版编目（CIP）数据

机械测量技术：附微课视频 / 邓方贞，杨淑珍主编
. -- 北京：人民邮电出版社，2017.9（2021.2重印）
职业院校机电类"十三五"微课版规划教材
ISBN 978-7-115-46004-2

Ⅰ. ①机… Ⅱ. ①邓… ②杨… Ⅲ. ①技术测量－高
等职业教育－教材 Ⅳ. ①TG801

中国版本图书馆CIP数据核字(2017)第189373号

内 容 提 要

本书系统地讲解了公差配合与检测技术的相关知识，全书共有 11 章，系统地介绍了尺寸公差、几何公差和表面粗糙度的基本概念，光滑极限量规设计及检验，典型零件的基本知识及误差检测，包括圆锥角、螺纹、键等零件的测量。为了让读者能够及时地检查自己的学习效果，把握自己的学习进度，每章后面都附有丰富的习题。

本书既可以作为高职高专机电类等专业的教材，也可以作为工程技术人员培训或自学的参考资料。

♦ 主　　编　邓方贞　杨淑珍
　　副 主 编　马凤岚　黄　跃
　　主　　审　顾　晔
　　责任编辑　王丽美
　　责任印制　焦志炜
♦ 人民邮电出版社出版发行　　北京市丰台区成寿寺路 11 号
　　邮编　100164　　电子邮件　315@ptpress.com.cn
　　网址　http://www.ptpress.com.cn
　　三河市中晟雅豪印务有限公司印刷
♦ 开本：787×1092　1/16
　　印张：17.25　　　　　　　　　2017 年 9 月第 1 版
　　字数：439 千字　　　　　　　 2021 年 2 月河北第 6 次印刷

定价：45.00 元

读者服务热线：**(010)81055256**　印装质量热线：**(010)81055316**
反盗版热线：**(010)81055315**
广告经营许可证：京东市监广登字 20170147 号

前　言

　　"机械测量技术"是职业教育机电类、汽车类等专业的一门技术基础课程，本课程包含了几何公差与检测技术两部分内容，在基础课与专业课之间起着桥梁作用。

　　本书按照新的人才培养目标及新的专业教学标准，优化整合课程内容，以实际应用为目的，突出职业教育特色，具有较强的理论性和实践性，在生产中具有广泛的实用性。

　　本书共分 11 章，主要内容包括绪论，测量技术基础知识，孔、轴的公差与配合，几何公差与检测，表面粗糙度与检测，光滑工件尺寸检验与光滑极限量规，圆锥的互换性与检测，螺纹的互换性与检测，键连接的公差与测量，滚动轴承的公差与配合，渐开线圆柱齿轮的公差与检测等内容。

　　本书在编写过程中主要突出以下特色：

　　1. 理论适度，以够用为准则。在讲清基础理论的同时，特别加强了实际应用以及工程实例的介绍，做到理论联系实际，学以致用；

　　2. 以传统内容为主，但在内容的编排上力求创新。本书各章独立，脉络清晰，读者可根据需要进行选择；

　　3. 本书针对重点、难点知识增加视频教学内容，学生扫描书中二维码可进行观看学习。

　　本书由邓方贞、杨淑珍任主编，马凤岚、黄跃任副主编，顾晔任主审。其中，黄跃编写了第 1 章，邓方贞编写了第 2 章、第 3 章、第 4 章和第 5 章，杨淑珍编写了第 6 章、第 9 章、第 10 章和第 11 章，马凤岚编写了第 7 章和第 8 章。本书在编写过程中得到了陈舒拉和赵霞等的大力支持和帮助，并参考了有关老师提出的宝贵意见，在此一并表示衷心感谢。

　　由于编者水平有限，本书难免存在疏漏和不当之处，敬请读者批评指正。

编者

2017 年 5 月

目　录

第1章

绪论

学习目标
1. 了解互换性的意义、分类及在机械制造业中的作用。
2. 了解标准化、标准的含义。
3. 了解优先数系、加工误差、公差的基本概念。
4. 了解本课程的作用和任务。

1.1 概述

1.1.1 互换性的概念

互换性在日常生活中随处可见。例如，机器上丢了一个螺钉，可以按相同的规格装上一个；灯泡坏了，可以换个新的；自行车、钟表的零部件磨损了，同样可以换个新的。这是因为合格的产品和零部件具有在材料性能、几何尺寸、使用功能上彼此互相替换的性能，即具有互换性。

认识互换性

机械制造中的互换性是指同一规格的一批零部件，不经选择、修配或调整，就能与其他零部件安装在一起而组成一台机器，并且能达到规定的使用功能要求。可见互换性表现为对产品零部件装配过程中的 3 个不同阶段的要求：装配前，不经选择；装配时，不需修配或调整；装配后，满足预定的使用性能要求。

1.1.2 互换性的作用

互换性的作用主要有以下 3 个方面。

1. 在设计方面

能最大限度地使用标准件和通用件，简化绘图和计算等工作，缩短设计周期，有利于产品更新换代和 CAD 技术的应用。

2. 在制造方面

有利于组织专业化协作生产，使用专用设备和 CAM 技术，使加工过程和装配过程实现机械化、自动化，提高产品质量，降低生产成本。

3. 在使用和维修方面

可以及时更换已经磨损或损坏的零件，对于某些易损件可以提供备用件，提高机器的使用价值。

综上所述，在机械工业中，遵循互换性原则，对产品的设计、制造、使用和维修具有重要的技术经济意义。

1.1.3 互换性的分类

互换性按其互换程度可分为完全互换与不完全互换。

1. 完全互换性

完全互换性是指一批零部件装配前不经选择，装配时也不需修配和调整，装配后即可满足预定的使用要求。如螺栓、圆柱销等标准件的装配大都属于此类情况。

2. 不完全互换性

当装配精度要求很高时，若采用完全互换将使零件的尺寸公差很小，加工困难，成本很高，甚至无法加工，这时可采用不完全互换法进行生产，将其制造公差适当放大，以便于加工。在完工后，再用量仪将零件按实际尺寸大小分组，按组进行装配。这样既保证了装配精度与使用要求，又降低了成本。此时，仅是组内零件可以互换，组与组之间不可互换，因此，叫作分组互换法。

在装配时允许用补充机械加工或钳工修刮办法来获得所需的精度，称为修配法。用移动或更换某些零件以改变其位置和尺寸的办法来达到所需的精度，称为调整法。

不完全互换只限于部件或机构在制造厂内装配时使用。对厂外协作，则往往要求完全互换。究竟采用哪种方式为宜，要由产品精度、产品复杂程度、生产规模、设备条件及技术水平等一系列因素决定。

一般大量生产和成批生产，如汽车、拖拉机厂大都采用完全互换法生产；精度要求很高，如轴承工业，常采用分组装配，即不完全互换法生产；而小批和单件生产，如矿山、冶金等重型机器业，则常采用修配法或调整法生产。

1.2 加工误差、公差及检测

1.2.1 机械加工误差

加工精度是指机械加工后，零件几何参数（尺寸、几何要素的形状和相互位置、轮廓的微观不平程度等）的实际值与设计理想值相符合的程度。

加工误差是指实际几何参数对其设计理想值的偏离程度，加工误差越小，加工精度越高。

机械加工误差主要有以下几类。

（1）尺寸误差。它指零件加工后的实际尺寸对理想尺寸的偏离程度。理想尺寸是指图样上标注的最大、最小两极限尺寸的平均值，即尺寸公差带的中心值。

（2）形状误差。它指加工后零件的实际表面形状对于其理想形状的差异（或偏离程度），如圆度、直线度等。

（3）位置误差。它指加工后零件的表面、轴线或对称平面之间的相互位置对于其理想位置的差异（或偏离程度），如同轴度、位置度等。

（4）表面微观不平度。它指加工后的零件表面上由较小间距和峰谷所组成的微观几何形状误差。零件表面微观不平度用表面粗糙度的评定参数值表示。

加工误差是由工艺系统的诸多误差因素所产生的。如加工方法的原理误差，工件装卡定位误差，夹具、刀具的制造误差与磨损，机床的制造、安装误差与磨损，切削过程中的受力、受热变形和摩擦振动，还有毛坯的几何误差及加工中的测量误差等。

例如，直径尺寸为 100mm 的轴，工作时若与孔相配合，按中等精度要求，它的误差一般不能超过 0.035mm。须知，一般人的头发直径约为 0.07mm。

又如，车间用的 630mm×400mm 的划线平板，即使是最低等级的 3 级精度平板，它的工作面的平面度误差也不得超过 0.07mm。

再如，普通车床的主轴前顶尖与尾座后顶尖，在装配后应保持等高（轴线重合），一般它的最大误差不允许超过 0.01mm。

从上述例子可以看出，欲保证产品及其零部件的使用要求，必须将加工误差控制在一定的范围，实际上，只要零部件的几何量误差在规定的范围内变动，就能满足互换性的要求。

1.2.2 几何量公差

加工零件的过程中，由于各种因素（机床、刀具、温度等）的影响，零件的尺寸、形状和表面粗糙度等几何量难以做到理想状态，总是有大或小的误差。但从零件的使用功能看，不必要求零件几何量制造得绝对准确，只要求零件几何量在某一规定的范围内变动，即保证同一规格零部件（特别是几何量）彼此接近。

我们把这个允许零件几何量变动的范围叫作几何量公差。

工件的误差在公差范围内，为合格件；超出了公差范围，为不合格件。误差是在加工过程中产生的，而公差是设计人员给定的。设计者的任务就在于正确地确定公差，并把它在图样上明确地表示出来。这就是说，互换性要用公差来保证。显然，在满足功能要求的条件下，公差应尽量规定得大些，以获得最佳的技术经济效益。

1.2.3 检测工作

完工后的零件是否满足公差要求，要通过检测加以判断。检测包含检验与测量。几何量的检验是指确定零件的几何参数是否在规定的极限范围内，并作出合格性判断，而不必得出被测量的具体数值；测量是将被测量与作为计量单位的标准量进行比较，以确定被测量的具体数值的过程。检测不仅用来评定产品质量，而且用于分析产品不合格的原因，及时调整生产，监督工艺过程，预防废品产生。检测是机械制造的"眼睛"。无数事实证明，产品质量的提高，除设计和加工精度的提高外，往往更有赖于检测精度的提高。

由此可见，合理确定公差并正确进行检测，是保证产品质量、实现互换性生产的两个必不可少的条件和手段。

1.3
标准化与优先数系

1.3.1 标准和标准化

标准化是组织现代化生产的重要手段之一，是实现专业化协作生产的必要前提，是科学管理的重要组成部分。现代制造业生产的特点是规模大、分工细、协作单位多、互换性要求高。为了适应生产中各部门的协调和各生产环节的衔接，必须有一种手段，使分散的、局部的生产部门和生产环节保持必要的统一，成为一个有机的整体，以实现互换性生产。标准与标准化正是联系这种关系的主要途径和手段。在机械工业生产中，标准化是实现互换性生产的基础和前提。

1. 标准

标准是指为了在一定的范围内获得最佳秩序，经协商一致制定并由公认机构批准，共同使用和重复使用的一种规范性文件。标准应以科学、技术和经验的综合成果为基础，以促进最佳的共同效益为目的。标准对于改进产品质量，缩短产品生产制造周期，开发新产品和协作配套，提高社会经济效益，发展社会主义市场经济和对外贸易等有很重要的意义。

2. 标准化

标准化是指为了在一定的范围内获得最佳秩序，对现实问题或潜在的问题制定共同使用和重复使用的条款的活动。标准化是社会化生产的重要手段，是联系设计、生产和使用方面的纽带，是科学管理的重要组成部分。标准化的主要作用在于，为了其预期目的改进产品、过程或服务的适用性，防止贸易壁垒，并促进技术合作。

标准化工作包括制定标准、发布标准、组织实施标准和对标准的实施进行监督的全部活动过程。标准化是一个不断循环而又不断提高其水平的过程。

1.3.2 标准分类

1. 按标准的使用范围分类

（1）国家标准。它指在全国范围内有统一的技术要求时，由国家质量监督检验检疫总局颁布的标准。其代号为 GB/T。

（2）行业标准。它指在没有国家标准，而又需要在全国某行业范围内统一的技术要求。但在有了国家标准后，该项行业标准即行废止。如机械行业标准（JB）等。

（3）地方标准。它指对没有国家标准和行业标准而又需要在省、自治区、直辖市范围内有统一的技术安全、卫生等要求时，由地方政府授权机构颁布的标准。但在公布相应的国家标准或行业标准后，该地方标准即行废止。其代号为 DB。

（4）企业标准。它指对企业生产的产品，在没有国家标准和行业标准及地方标准的情况下，由企业自行制定的标准，并以此标准作为组织生产的依据。如果已有国家标准或行业标准及地方标准的，企业也可以制定严于国家标准或行业标准的企业标准，在企业内部使用。其代号为 QB。

2. 按标准的作用范围分类

按标准的作用范围，可分为国际范围、区域标准、国家标准、地方标准和试行标准。

国际范围、区域标准、国家标准、地方标准分别由国际标准化的标准组织、区域标准化的标准组织、国家标准机构、在国家的某一区域一级所通过并发布的标准。

试行标准是由某一标准化机构临时采用并公开发布的文件，以便在使用中获得作为标准依据的经验。

3. 按标准化对象的特征分类

按标准化对象的特征，可分为基础标准、产品标准、方法标准和安全、卫生与环境保护标准等。

基础标准是指在一定范围内作为标准的基础并普遍使用，具有广泛指导意义的标准，如极限与配合标准、几何公差标准、渐开线圆柱齿轮精度标准等。基础标准是以标准化共性要求和前提条件为对象的标准，是为了保证产品的结构功能和制造质量而制定的、一般工程技术人员必须采用的通用性标准，也是制定其他标准时可依据的标准。本书所涉及的标准就是基础标准。

4．按标准的性质分类

按标准的性质，可分为技术标准、工作标准和管理标准。技术标准指根据生产技术活动的经验和总结，作为技术上共同遵守的法规而制定的。

1.3.3　优先数系

1．优先数系的概述

在产品设计、制造和使用中，各种产品的尺寸参数和性能参数都需要通过数值来表达。而这个数值会按一定的规律向一切相关的参数指标传播扩散。如动力机械功率和转速确定以后，将会传播到机器本身的轴、轴承、齿轮和键等一系列零部件的尺寸和材料特性参数上，同时还会传播到加工和检验这些零件的刀具、夹具、量具和专用机床等相应的参数上。这种技术参数的传播在生产中极为普遍，因此对产品的技术参数如不加以规定和限制，这样的传播势必会造成尺寸规定的繁复杂乱，以致给组织生产、协作配套、使用维修等带来很多困难，因此规定统一的数值标准，是标准化的重要内容。

在标准化初期常采用算术级数构成的数系，即等差数列，如 1，2，3，4，…。其数值是逐渐增长的，但相对差 $\dfrac{a_n - a_{n-1}}{a_{n-1}} \times 100\%$ 不为常数，随着数值的增长，相对差越来越小，造成疏密不均，小规格太疏、大规格太密的不合理现象。等差数列还有一个缺点，就是经过工程技术上的运算后不再呈现原有规律，如轴径为算术级数 d_1，d_2，d_3，…，则面积 $F_1 = \dfrac{\pi}{4} d_1^2$，$F_2 = \dfrac{\pi}{4} d_2^2$，$F_3 = \dfrac{\pi}{4} d_3^2$，…，显然 F_1、F_2、F_3 不再是算术级数。

而采用等比数列构成的系数可避免上述缺点，国家标准规定数值分级采用十进制等比数列为优先数系，并规定了 5 个系列，分别用系列符号 R5、R10、R20、R40 和 R80 表示，称为 Rr 系列。其中，前 4 个系列是常用的基本系列，而 R80 则作为补充系列，仅用于分级很细的特殊场合，如表 1-1 所示。

表 1-1　　　　　优先数系的基本系列

R5	R10	R20	R40	R5	R10	R20	R40	R5	R10	R20	R40
1.00	1.00	1.00	1.00			2.24	2.24			5.00	5.00
			1.06				2.36				5.30
		1.12	1.12	2.50	2.50	2.50	2.50			5.60	5.60
			1.18				2.65				6.00
	1.25	1.25	1.25			2.80	2.80	6.30	6.30	6.30	6.30
			1.32				3.00				6.70
		1.40	1.40		3.15	3.15	3.15			7.10	7.10
			1.50				3.35				7.50
1.60	1.60	1.60	1.60			3.55	3.55		8.00	8.00	8.00
			1.70				3.75				8.50
		1.80	1.80	4.00	4.00	4.00	4.00			9.00	9.00

R5	R10	R20	R40	R5	R10	R20	R40	R5	R10	R20	R40
			1.90				4.25	10.00	10.00	10.00	10.00
	2.00	2.00	2.00			4.50	4.50				
			2.12				4.75				

2. 优先数系的特点

优先数系主要有以下特点。

（1）优先数系是十进制等比数列，其中包含 10 的所有整数幂（…，0.01，0.1，1，10，100，…）。只要知道一个十进段内的优先数值，其他十进段内的数值就可由小数点的前后移位得到。

（2）优先数系的公比为 $q_r=\sqrt[r]{10}$。优先数在同一系列中，每隔 r 个数，其值增加 10 倍。由表 1-1 可以看出，基本系列 R5、R10、R20、R40 的公比分别为 $q_5=\sqrt[5]{10}\approx1.60$、$q_{10}=\sqrt[10]{10}\approx1.25$、$q_{20}=\sqrt[20]{10}\approx1.12$、$q_{40}=\sqrt[40]{10}\approx1.06$。另外补充系列 R80 的公比为 $q_{80}=\sqrt[80]{10}\approx1.03$。

（3）任意相邻两项间的相对差近似不变（按理论值两相对差为一常数）。如 R5 系列约为 60%，R10 系列约为 25%，R20 系列约为 12%，R40 系列约为 6%。由表 1-1 可以明显地看出这一特点。

（4）任意两项的理论值经计算后仍为一个优先数的理论值。计算包括任意两项理论值的积或商，任意一项理论值的正、负整数乘方等。

（5）优先数系具有相关性。优先数系的相关性表现为：在上一级优先数系中隔项取值，就得到下一系列的优先数系；反之，在下一系列中插入比例中项，就得到上一系列。

3. 优先数系的派生系列

为了使优先数系具有更宽广的适应性，可以从基本系列中，每逢 p 项留取一个优先数，生成新的派生系列，以符号 Rr/p 表示。派生系列的公比为

$$q_{r/p}=q_r^p=(\sqrt[r]{10})^p=10^{p/r}$$

如派生系列 R10/3，就是从基本系列 R10 中，自 1 以后每逢 3 项留取一个优先数而组成的，即 1.00，2.00，4.00，8.00，16.0，32.0，64.0，…

4. 优先数系的选用规则

优先数系的应用很广泛，它适用于各种尺寸、参数的系列化和质量指标的分级，对保证各种工业产品的品种、规格、系列的合理化分档和协调配套具有十分重要的意义。

选用基本系列时，应遵守先疏后密的规则。即按 R5、R10、R20、R40 的顺序选用；当基本系列不能满足要求时，可选用派生系列，注意应优先采用公比较大和延伸项含有 1 的派生系列；根据经济性和需要量等不同条件，还可分段选用最合适的系列，以复合系列的形式来组成最佳系列。

一般机械的主要参数，按 R5 或 R10 系列；专用工具的主要尺寸通常按 R10 系列；通用型材、零件及铸件的壁厚等按 R20 系列。

1.4 本课程的作用和任务

本课程是机械类各专业的一门技术基础课，起着连接基础课及其他技术基础课和专业课的桥梁作用。同时也起着联系设计类课程和制造工艺类课程的纽带作用。它是从理论性、系统性较强的基础课向实践性、应用性较强的专业课过渡的转折点，本课程的性质决定了它与先修课程有许多不同的地方。

从结构上讲，本课程是由"几何量公差"与"检测技术"两部分组成的。前者属标准化范畴，后者属计量学范畴，是独立的两个系统，但又有一定的联系。

本课程的任务是研究机械设计中是怎样正确合理地确定各种零部件的几何量公差与检测方面的基本知识和技能。着重研究测量工具和仪器的测量原理及正确使用方法，掌握一定的测量技术，具体要求如下。

（1）初步建立互换性的基本概念，熟悉有关公差配合的基本术语和定义。

（2）了解多种公差标准，重点是圆柱体公差与配合，几何公差以及表面化粗糙度标准。

（3）基本掌握公差与配合的选择原则和方法，学会正确使用各种公差表格，并能完成重点公差的图样标注。

（4）会正确选择、使用生产现场的常用量具和仪器，能对一般几何量进行综合检测和数据处理。

（5）建立技术测量的基本概念，具备一定的技术测量知识，能合理、正确地选择量具、量仪并掌握其测量方法。

本课程除课堂教学要讲授检测知识外，为了强化学生的检测技能，可考虑安排专用实验周。此外，为了培养学生的综合运用能力和设计能力，可考虑布置适当的大型作业。

机械设计过程，是从总体设计到零件设计来研究机构运动学问题，完成对机器的功能、结构、形状、尺寸的设计过程。为了保证实现从零部件的加工到装配成机器，使机器正常运转，并实现要求的功能，还必须对零部件和机器进行精度设计。本课程就是研究精度设计及机械加工误差的有关问题和几何量测量中的一些问题。所以，这也是一门实践性很强的课程。

思考题与习题

一、填空题

1. 要使零件具有互换性，就应该把完工的零件_____控制在规定的公差范围内。

2. 互换性原则已成为现代制造业中一个_____的原则。

3. 标准按使用范围分为国家标准、_____、地方标准和企业标准。

4. 优先数系中 R5、R10、R20、R40 是_____系列，R80 是补充系列。

5. 优先数系是_____数列。

6. 互换性是指制成的同一规格的一批零部件，不作任何_____、_____或_____，就进行装配，并能保证满足机械产品的一种特性。

7. 互换性按其程度和范围的不同可分为_____和_____两种。其中_____互换性在生产中得到广泛应用。

8. 分组装配法属_____互换性。其方法是零件加工完成根据零件_____，将制成的零件_____，然后对零件进行装配。

9. 零件的几何量公差指_____、_____和_____等。

二、判断题（"√"表示正确，"×"表示错误，填在题末括号内。）

1. 互换性要求零件具有一定的加工精度。（　　）

2. 零件的互换性程度越高越好。（　　）

3. 完全互换性适用于装配精度要求较高的场合，而不完全互换性适用于装配精度要求较低的场合。（　　）

4. 完全互换性的装配效率一定高于不完全互换性。（　　）

5. 完全互换性用于厂外协作或配件的生产，不完全互换性仅限于部件或机构的制造厂内部的装配。（　　）

6. 为了使零件具有完全互换性，必须使各零件的几何尺寸完全一致。（　　）

7. 为使零件的几何参数具有互换性，必须把零件的加工误差控制在给定的公差范围内。（　　）

8. 凡是合格的零件一定具有互换性。（　　）

9. 凡是具有互换性的零件必为合格品。（　　）

10. 不经挑选、调整和修配就能相互替换、装配的零件，装配后能满足使用性能要求，就是具有互换性的零件。（　　）

11. 互换性原则适用于大批量生产。（　　）

12. 为了实现互换性，零件的公差应规定得越小越好。（　　）

13. 装配时需要调整的零部件属于不完全互换。（　　）

14. 优先数系包含基本系列和补充系列，而派生系列一定是倍数系列。（　　）

15. 保证互换的基本原则是经济地满足使用要求。（　　）

三、单项选择题（将正确答案标号填入括号内。）

1. 具有互换性的零件应是（　　）。
   A. 相同规格的零件　　　　　　　　B. 不同规格的零件
   C. 相互配合的零件　　　　　　　　D. 形状和尺寸完全相同的零件

2. 某种零件在装配时需要进行修配，则此种零件（　　）。
   A. 具有完全互换性　　　　　　　　B. 具有不完全互换性
   C. 不具有互换性　　　　　　　　　D. 无法确定其是否具有互换性

3. 分组装配法属于典型的不完全互换性，它一般使用在（　　）。
   A. 加工精度要求很高时　　　　　　B. 装配精度要求很高时
   C. 装配精度要求较低时　　　　　　D. 厂外协作或配件的生产

4. 不完全互换性与完全互换性的主要区别在于不完全互换性（　　）。

 A. 在装配前允许有附加的选择　　　B. 在装配时不允许有附加的调整

 C. 在装配时允许适当的修配　　　　D. 装配精度比完全互换性低

5. 就装配效率来讲，完全互换性与不完全互换性（　　）。

 A. 前者高于后者　　　　　　　　　B. 前者低于后者

 C. 两者相同　　　　　　　　　　　D. 无法确定两者的高低

四、简答题

1. 什么是互换性？互换性的优越性有哪些？

2. 互换性的分类有哪些？完全互换和不完全互换有何区别？各用于何种场合？

3. 加工误差、公差与互换性之间有什么关系？

4. 优先数系有哪些优点？R5、R10、R20、R40 和 R80 系列是什么意思？

5. 自 6 级开始各等级尺寸公差的计算公式为 $10i$，$16i$，$25i$，$40i$，$64i$，$100i$，$160i$，…，自 3 级开始螺纹公差的等级系数为 0.50，0.63，0.80，1.00，1.25，1.60，2.00。试判断它们各属于何种优先数的系列（i 为公差单位）。

6. 电动机的转速有（单位 r/min）：375，750，1500，3000，…，试判断它们属于哪个优先数系，公比是多少？

7. 本课程的主要任务是什么？

学习目标

1. 了解测量的基本概念及四要素。
2. 了解长度基准和量值传递的概念。
3. 掌握检测技术的基本知识，量块按"等""级"的使用。
4. 掌握量器具的分类和常用的度量指标。
5. 理解测量方法的分类和特点。
6. 了解测量误差的应用。

2.1 概述

2.1.1 检测的基本概念

零件几何量需要通过测量或检验，才能判断其合格与否，只有合格的零件才具有互换性。

1. 测量

测量就是把被测量与具有计量单位的标准量进行比较，从而确定被测量的量值过程。此过程可用公式表示为

$$L = qE \tag{2-1}$$

式中，L——被测值；

  q——比值；

  E——计量单位。

式（2-1）表明，任何几何量的量值都由两部分组成：表征几何量的数值和该几何量的

计量单位。例如 $L=50mm$，这里 mm 为长度计量单位，数值 50 则是以 mm 为计量单位时该几何量的数值。

显然，对任一被测对象进行测量，首先要建立计量单位，其次要有与被测对象相适应的测量方法，并且要达到所要求的测量精度。因此，一个完整的几何量测量过程包括测量对象、计量单位、测量方法和测量精度等四个要素。

（1）测量对象。我们研究的测量对象是几何量，即长度、角度、形状、位置、表面粗糙度以及螺纹、齿轮等零件的几何参数。

（2）计量单位。我国采用的法定计量单位是：长度的计量单位为米（m），角度单位为弧度（rad）和度（°）、分（′）、秒（″）。在机械零件制造中，常用的长度计量单位是毫米（mm），在几何量精密测量中，常用的长度计量单位是微米（μm），在超精密测量中，常用的长度计量单位是纳米（nm）。

（3）测量方法。测量时所采用的测量原理、测量器具和测量条件的总和。

（4）测量精度。测量结果与被测量真值的一致程度。为了保证测量精度，除了合理地选择测量器具和测量方法，还应正确估计测量误差的性质和大小，以保证测量结果具有较高的置信度。

2. 检验

检验是指判断被测量是否在规定的极限范围之内（是否合格）的过程。

3. 检测

检测是测量与检验的总称；是保证产品精度和实现互换性生产的重要前提；是贯彻质量标准的重要技术手段；是生产过程中的重要环节。

2.1.2 长度基准与尺寸传递

1. 长度基准

根据 1983 年第十七届国际计量大会的决议，规定米的定义：米是光在真空中(1/299 792 458) s 的时间间隔内所经过的距离。米定义的复现主要采用稳频激光，我国采用碘吸收稳定的 0.663μm 氦氖激光辐射作为波长标准来复现"米"。

2. 尺寸传递

用光波波长作为长度基准，不便于生产中直接应用。为了保证量值统一，必须把长度基准的量值向下传递，如图 2-1 所示。其中一个是端面量具（量块）系统，另一个是刻线量具（线纹尺）系统。

在计量部门，为了方便，采用多面棱体作为角度量值基准的量值传递系统，如图 2-2 所示。多面棱体有 4 面、6 面、8 面、12 面、24 面、36 面及 72 面等。

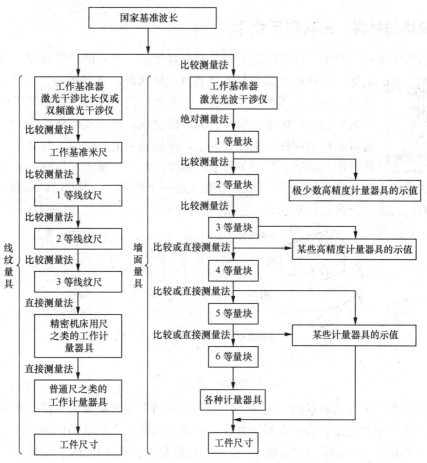

图 2-1　长度量值的传递系统

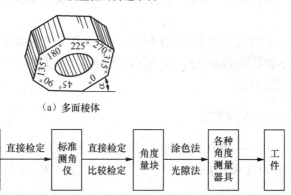

（a）多面棱体

| 基准
多面
棱体 | 自准直仪
比较法 | 多面
棱体
工作
基准 | 直接检定 | 标准
测角
仪 | 直接检定
比较检定 | 角度
量块 | 涂色法
光隙法 | 各种
角度
测量
器具 | 工
件 |

（b）多面棱体在角度量值传递系统中

图 2-2　角度量值的传递系统

2.1.3　量块的基本知识

　　量块又叫块规，是无刻度的端面量具。它是保持长度单位统一的基本工具。在机械制造中量块可用来检定和校准量具和量仪、相对测量时刻用于调整量具或量仪的零位；同时量块也可以用作精密测量、精密划线和精密机床调整。

1. 量块的材料、形状和尺寸

量块的结构及应用

量块通常用线胀系数小，性能稳定、不易变形且耐磨性能好的材料制成，如铬锰合金钢等。量块的形状有长方体和圆柱体两种，常用的是长方体，如图 2-3 所示。其上有两个相互平行、非常光洁的工作面，也称测量面，其余 4 个为侧面。对标称长度≤5.5mm 的量块，代表其标称长度的数码字和制造者商标刻印在一个测量面上，此面即为上测量面，与此相对的面为下测量面，如图 2-3（a）所示。标称长度为 5.5mm ~ 1 000mm 的量块，其标称长度的数码字和制造者商标，刻印在面积较大的一个侧面上。当此面顺向面对观测者放置时，它右边的那一个面为上测量面，左边的那一个面为下测量面，如图 2-3（b）所示。

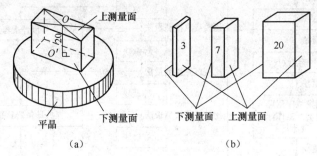

图 2-3　量块

量块上有两个平行的测量面（也是工作面），这两个测量面极为光滑、平整，具有研合性。量块从一个测量面上的中点到该量块另一测量面相研合的辅助体表面之间的距离称为量块的中心长度 L。量块的标称值 l：按一定比值复现长度单位 m 的量块长度。如标称值为 25mm，其比值是 1:40，复现长度单位 1m 的长度值。量块的标称值一般都刻印在量块上。

量块中心长度与标称长度之间允许的最大偏差为量块长度极限偏差。量块测量面上任意点位置（不包括距测面 0.8mm 的区域）测得的最大长度与最小长度之差的绝对值为量块的长度变动量允许值。

2. 量块的精度等级

按 GB/T 6093—2001 的规定，量块按制造精度（即量块长度的极限偏差和长度变动量允许值）分为五级：K、0、1、2、3 级，其中 K 级为校准级。精度为最高级，如表 2-1 所示。

表 2-1　　　　　　　　　　　　　量块级的要求

标称长度 l_n/mm	K 级		0 级		1 级		2 级		3 级	
	$\pm t_e$	t_v	$\pm t_e$	t_v	$\pm t_e$	t_v	$\pm t_e$	t_v	$\pm t_e$	t_v
	最大允许值/μm									
$l_n \leqslant 10$	0.20	0.05	0.12	0.10	0.20	0.16	0.45	0.30	1.0	0.50
$10 < l_n \leqslant 25$	0.30	0.05	0.14	0.10	0.30	0.16	0.60	0.30	1.2	0.50
$25 < l_n \leqslant 50$	0.40	0.06	0.20	0.10	0.40	0.18	0.80	0.30	1.6	0.55
$50 < l_n \leqslant 75$	0.50	0.06	0.25	0.12	0.50	0.18	1.00	0.35	2.0	0.55

续表

标称长度 l_n/mm	K级		0级		1级		2级		3级	
	$\pm t_e$	t_v	$\pm t_e$	t_v	$\pm t_e$	t_v	$\pm t_e$	t_v	$\pm t_e$	t_v
	最大允许值/μm									
$75 < l_n \leq 100$	0.60	0.07	0.30	0.12	0.60	0.20	1.20	0.35	2.5	0.60
$100 < l_n \leq 150$	0.80	0.08	0.40	0.14	0.80	0.20	1.60	0.40	3.0	0.65

在计量部门，量块按检定精度（即中心长度测量极限误差和平面平行性允许偏差）分为 5 等：1 等、2 等、3 等、4 等、5 等、6 等。其中 1 等最高，精度依次降低，5 等最低，如表 2-2 所示。

表 2-2　　　　　　　　　量块等的要求

标称长度 l/mm 大于	到	量块检定精度											
		1 等		2 等		3 等		4 等		5 等		6 等	
		长度/μm											
		测量的不确定度允许值±	变动量允许值 T_v	测量的不确定度允许值±	变动量允许值 T_v	测量的不确定度允许值±	变动量允许值 T_v	测量的不确定度允许值±	变动量允许值 T_v	测量的不确定度允许值±	变动量允许值 T_v	测量的不确定度允许值±	变动量允许值 T_v
	0.5	0.02	0.05	0.06	0.10	0.11	0.16	0.22	0.30	0.6	0.5	2.1	0.5
0.5	10	0.02	0.05	0.06	0.10	0.11	0.16	0.22	0.30	0.6	0.5	2.1	0.5
10	25	0.02	0.05	0.07	0.10	0.12	0.16	0.25	0.30	0.6	0.5	2.3	0.5
25	50	0.03	0.06	0.08	0.10	0.15	0.18	0.30	0.30	0.8	0.55	2.6	0.55
50	75	0.04	0.06	0.09	0.12	0.18	0.18	0.35	0.35	0.9	0.55	2.9	0.55
75	100	0.04	0.07	0.10	0.12	0.20	0.20	0.40	0.35	1.0	0.6	3.2	0.6
100	150	0.05	0.08	0.12	0.14	0.25	0.20	0.50	0.40	1.2	0.65	3.8	0.65
150	200	0.06	0.09	0.15	0.16	0.30	0.25	0.60	0.40	1.5	0.7	4.4	0.7
200	250	0.07	0.10	0.18	0.16	0.35	0.25	0.70	0.45	1.8	0.75	5.0	0.75

量块按"级"使用时，应以量块的标称长度作为工作尺寸，该尺寸包括了量块的制造误差。量块按"等"使用时，应以检定后所给出的量块中心长度的实际尺寸作为工作尺寸，该尺寸排除了量块制造误差的影响，仅包含较小的测量误差。因此，按"等"使用比按"级"使用时的测量精度高。

例如，标称长度为 30mm 的 0 级量块，其长度的极限偏差为±0.00020mm，若按"级"使用，不管该量块的实际尺寸如何，均按 30mm 计，则引起的测量误差为 0.00020mm。但是，若该量块经检定后，确定为 3 等，其实际尺寸为 30.00012mm，测量极限误差为±0.00015mm。显然，按"等"使用，即按尺寸为 30.00012mm 使用的测量极限误差为±0.00015mm，比按"级"使用测量精度高。

3. 量块的特性和应用

量块的基本特性除上述的稳定性、耐磨性和准确性之外，还有一个重要特性——研合性。研合性是指两个量块的测量面相互接触，并在不大的压力下做一些切向相对滑动就能贴附在一起的性质。利用这一特性，把量块研合在一起，便可以组成所需要的各种尺寸。我国生产的成套量块有 91 块、83 块、46 块、38 块等几种规格，每套包括一定数量不同尺寸的量块。表 2-3 列出了成套量块的标称尺寸构成。组合量块时，为了减小量块的组合块数，应尽量减少使用的块数，一般不超过 4 块。长度量块的尺寸组合一般采用消尾法，即选用一块量块应消去所需尺寸的一位尾数。

表 2-3		成套量块的组合尺寸		
套别	总块数	尺寸系列/mm	间隔/mm	块数
1	91	0.5 1 1.001, 1.002, …, 1.009 1.01, 1.02, …, 1.49 1.5, 1.6, …, 1.9 2.0, 2.5, …, 9.5 10, 20, …, 100	 0.001 0.01 0.1 0.5 10	1 1 9 49 5 16 10
2	83	0.5 1 1.005 1.01, 1.02, …, 1.49 1.5, 1.6, …, 1.9 2.0, 2.5, …, 9.5 10, 20, …, 100	 0.01 0.1 0.5 10	1 1 1 49 5 16 10
3	46	1 1.001, 1.002, …, 1.009 1.01, , 1.02, …, 1.09 1.1, 1.2, …, 1.9 2, 3, …, 9 10, 20, …, 100	 0.001 0.01 0.1 1 10	1 9 9 9 8 10
4	38	1 1.005 1.01, 1.02, …, 1.09 1.1, 1.2, …, 1.9 2, 3, …, 9 10, 20, …, 100	 0.01 0.1 1 10	1 1 9 9 8 10

选取的方法：应从所需尺寸的最小尾数开始，逐一选取。例如，要组成 38.935mm 的尺寸，最后一位数字为 0.005，因而可采用 83 块一套的量块，则有：

$$38.935$$
$$- \quad 1.005 \qquad ——第一块量块尺寸$$
$$\overline{}$$

$$37.93$$
$$- \quad 1.43 \qquad ——第二块量块尺寸$$
$$\overline{}$$

$$36.5$$
$$- \quad 6.5 \qquad ——第三块量块尺寸$$
$$\overline{}$$

$$30 \qquad ——第四块量块尺寸$$

2.2

测量器具和测量方法的分类

2.2.1　测量器具的分类

测量器具（也称计量器具）是测量仪器和测量工具的总称。通常把没有传动放大系统的测量工具称为量具，如游标卡尺、直角尺和量规等；把具有传动放大系统的测量仪器称为量仪，如机械比较仪、测长仪和投影仪等。测量器具也可按测量原理、结构特点及用途等，分为以下4类。

1．基准量具

基准量具在测量中用作标准量具，如基准米尺、量块、角度量块、直角尺和线纹尺等。

2．极限量规

极限量规是一种没有刻度的，用以检验零件尺寸或形状、相互位置的专用检验工具。它只能判断零件是否合格，而不能读出具体尺寸。

3．检验夹具

检验夹具也是一种专用的检验工具，当配合各种比较仪时，用来检验更多和更复杂的参数。

4．通用测量器具

通用测量器具有刻度，能读出具体数值。它有以下几种类型：
（1）游标量具：游标卡尺、游标高度尺寸及游标量角器等；
（2）螺旋测微量具：内、外径千分尺、深度千分尺等；
（3）机械量仪：杠杆齿轮比较仪、扭簧比较仪等；
（4）光学量仪：比较仪、测长仪、投影仪、干涉仪等；
（5）气动量仪：压力表式气动量仪、浮标式气动量仪等；
（6）电动量仪：电感式比较仪、电动轮廓仪等。

认识计量器具

2.2.2　测量方法的分类

测量方法可以从不同角度进行不同的分类。

1．按测量方法分类

按所获得被测结果的方法不同，测量方法分为直接测量和间接测量。

（1）直接测量是指直接从计量器具上获得被测量的量值的测量方法。如游标卡尺、千分尺或比较仪测量零件的直径或长度，如图2-4所示。

（2）间接测量是指测量与被测量有一定函数关系的量，然后通过函数关系算出被测量的测量方法。如图2-5所示，用间接法测量壁厚。

为减少测量误差，一般都采用直接测量，必要时才采用间接测量。

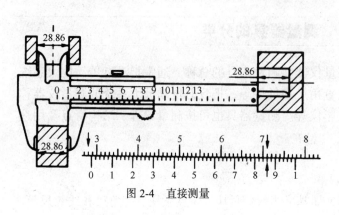

图2-4　直接测量

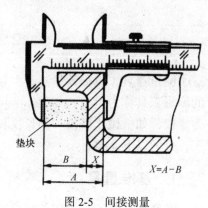

图2-5　间接测量

2．按读数方法分类

按读数值是否为被测量的整个量值，测量方法分为绝对测量和相对测量。

（1）绝对测量

是指被测量的全值从计量器具的读数装置直接读出。如用游标卡尺、千分尺测量零件，其尺寸由刻度尺上直接读出。如图2-6所示，千分尺测得轴径为14.675mm。

（2）相对测量又称比较测量，是指从计量器具上仅读出被测量相对已知标准量的偏差值，而被测量的量值为计量器具的示值与标准量的代数和。如用比较仪测量时，先用量块调整仪器零位，然后测量被测量，所获得的示值就是被测量相对于量块尺寸的偏差，如图2-7所示。

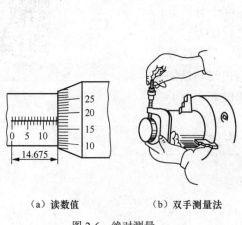

（a）读数值　　　　（b）双手测量法

图2-6　绝对测量

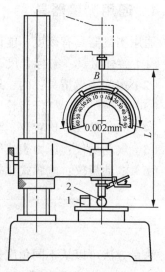

图2-7　相对测量

1—量块　2—被测工件

一般来说，相对测量的测量精度比绝对测量的测量精度高。

3. 按有无接触分类

按被测表面与计量器具的测量头是否有机械接触，测量方法分为接触测量和非接触测量。

（1）接触测量是指计量器具在测量时，其测头（测片）与被测表面直接接触的测量，如图 2-8 所示。

（2）非接触测量是指计量器具的测头与被测表面不接触的测量。如图 2-9 所示用压痕法测量螺距。

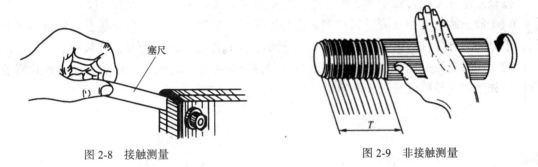

图 2-8　接触测量　　　　　　　　　　图 2-9　非接触测量

接触测量有测量力，会引起被测表面和计量器具有关部位产生弹性变形，因而影响测量精度，非接触测量则无此影响。

4. 按同时测量参数的多少分类

按同时测量参数的多少，测量方法分为单项测量和综合测量。

（1）单项测量是指分别测量工件的各个参数的测量。如分别测量螺纹的中径、螺距和牙型半角。图 2-10 所示为螺纹千分尺测量螺纹实际单一中径。

（2）综合测量是指同时测量工件上某些相关的几何量的综合结果，以判断综合结果是否合格。如用螺纹通规检验螺纹的单一中径、螺距和牙型半角实际值的综合结果，即作用中径，如图 2-11 所示。

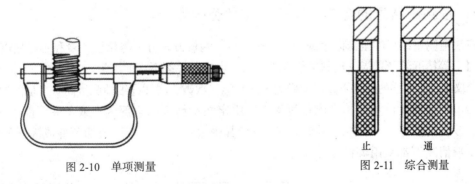

图 2-10　单项测量　　　　　　　　　　图 2-11　综合测量

单项测量的效率比综合测量低，但单项测量结果便于工艺分析。

5. 按测量所起作用分类

按测量在加工过程中所起的作用，测量方法分为主动测量和被动测量。

（1）主动测量是指在加工过程中对零件的测量，其测量结果用来控制零件的加工过程，从而及时防止废品的产生。如图 2-12 所示，用千分尺测量燕尾导轨的平行度。

（2）被动测量是指在加工后对零件进行的测量。其测量结果只能判断零件是否合格，仅限于发现并剔除废品。

主动测量使检测与加工过程紧密结合，以保证产品质量。被动测量是验收产品时的一种检测。

6. 按被测量状态分类

按被测量在测量过程中所处的状态，测量方法分为静态测量和动态测量。

（1）静态测量是指在测量时被测表面与计量器具的测量头处于静止状态。如用游标卡尺、千分尺测量零件的尺寸等。如图 2-13 所示，用齿厚游标卡尺测量法向齿厚。

（2）动态测量是指测量时被测表面与计量器具的测量头之间处于相对运动状态的测量方法。如用电动轮廓仪测量表面粗糙度等。

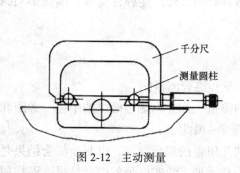

图 2-12　主动测量

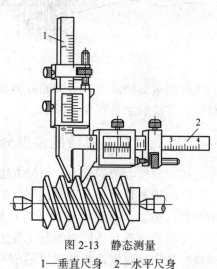

图 2-13　静态测量
1—垂直尺身　2—水平尺身

7. 按测量结果的全部因素或条件是否改变分类

按决定测量结果的全部因素或条件是否改变，测量方法分为等精度测量和不等精度测量。

（1）等精度测量是指决定测量精度的全部因素或条件都不变的测量。如由同一人员，使用同一台仪器，在样的条件下，以同样的方法和测量次数，同样仔细地测量同一个量值的测量。

（2）不等精度测量是指在测量过程中，决定测量精度的全部因素或条件可能完全改变或部分改变的测量。如上述的测量中，当改变其中之一或几个甚至全部条件或因素的测量。

一般情况下都采用等精度测量。

2.2.3　计量器具的基本度量指标

度量指标是用来说明计量器具的性能和功用的。它是选择和使用计量器具，研究和判断测量方法正确性的依据。基本度量指标如下。

（1）刻度间距（a）。它是指计量器具的刻度尺或分度盘上相邻两刻线中心之间的距离。为了便于目视估计，一般刻度间距为 1 ~ 2.5mm。

（2）分度值（i），又称刻度值。它是指在测量器具的标尺或分度盘上，相邻两刻线间所代表的被测量的量值。如千分表的分度值为 0.001mm，百分表的分度值为 0.01mm。对于数显式仪器，其分度值称为分辨率。一般说来，分度值越小，计量器具的精度越高。

（3）示值范围（b）。它是指计量器具所显示或指示的最小值到最大值的范围。如机械比较仪的示值范围为±0.060mm。

（4）测量范围（B）。它是指计量器具所能测量零件的最小值到最大值的范围。如某一机械比较仪的测量范围为 0 ~ 180mm。

（5）灵敏度（S）。它是指计量器具对被测几何量微小变化的响应变化能力。若被测几何量的变化为 Δx，该几何量引起计量器具的响应变化能力为 ΔL，则灵敏度 $S=\Delta L/\Delta x$。

当上式中分子和分母为同种量时，灵敏度也称为放大比（K）或放大倍数，其数值等于刻度间距 a 与分度值 i 之比。即 $K=a/i$。

（6）示值误差。它是指计量器具上的示值与被测几何量的真值的代数差。一般来说，示值误差越小，则计量器具的精度就越高。

（7）修正值。它是指为了消除或减少系统误差，用代数法加到测量结果上的数值，其大小与示值误差的绝对值相等，而符号相反。例如，示值误差为-0.004mm，则修正值为+0.004mm。

（8）测量重复性。它是指在相同的测量条件下，对同一被测几何量进行多次测量时，各测量结果之间的一致性。重复性通常以测量重复性误差的极限值（正、负偏差）来表示。

计量器具的主要
技术指标

（9）不确定度。它是指由于测量误差的存在而对被测几何量量值不能肯定的程度。不确定度直接反映测量结果的置信度。

2.3

测量误差

2.3.1 测量误差的概念

对于任何测量过程来说，由于计量器具和测量条件的限制，不可避免地会出现或大或小的测量误差。因此，每一个实际测得值，往往只是在一定程度上接近被测几何量的真值，这种实际测得值与被测几何量的真值之差称为测量误差。测量误差可以用绝对误差或相对误差来表示。

1. 绝对误差

绝对误差 δ 是指被测几何量的测得值 x 与其真值 x_0 之差的绝对值，即

$$\delta = x - x_0 \qquad (2-2)$$

绝对误差可能是正值，也可能是负值。这样，被测几何量的真值可以表示为

$$x_0 = x \pm |\delta| \qquad (2-3)$$

按照式（2-3），可以由测得值和测得误差来估计真值存在的范围。测得误差的绝对值越小，则被测几何量的测得值就越接近真值，就表明测量精度越高，反之，则表明测量精度越低。对于大小不相同的被测几何量，用绝对误差测量精度不方便，所以需要用相对误差来表示或比较它们的测量精度。

2. 相对误差

相对误差（f）是指绝对误差 δ（取绝对值）与真值之比，即 $f = |\delta|/x_0$。由于真值 x_0 无法得到，因此在实际应用中常以被测量的测量值 x 代替真值 x_0 进行估算。则有

$$f \approx |\delta|/x \qquad (2-4)$$

相对误差是一个无量纲的数据，通常以百分比来表示。例如，测量某两个轴颈尺寸分别为 20mm 和 200mm，它们的绝对误差都为 0.02mm；但是，它们的相对误差分别为

$$f_1 = 0.02/20 = 0.1\%, \quad f_2 = 0.02/200 = 0.01\%$$

故前者的测量精度比后者低，相对误差比绝对误差能更好地说明测量的精确程度。

2.3.2 测量误差的来源

由于测量误差的存在，测量值只能近似地反映被测几何量的真值。为减小测量误差，就须分析产生测量误差的原因，以便提高测量精度。在实际测量中，产生测量误差的因素很多，归纳起来主要有以下几个方面。

1. 计量器具的误差

计量器具的误差是指计量器具本身所具有的误差，包括计量器具的设计、制造和使用过程中的各项误差，这些误差的总和反映在计量器具的示值误差和测量的重复性上。

设计计量器具时，为了简化结构而采用近似设计的方法会产生测量误差。例如，当设计的计量器具不符合阿贝原则时也会产生测量误差。

阿贝原则是指测量长度时，应使被测零件的尺寸线（简称被测线）和量仪中作为标准的刻度尺（简称标准线）重合或顺次排成一条直线。如千分尺的标准线（测微螺杆轴线）与工件被测线（被测直径）在同一条直线上，而游标卡尺作为标准长度的刻度尺与被测直径不在同一条直线上。一般符合阿贝原则的测量引起的测量误差很小，可以略去不计。不符合阿贝原则的测量引起的测量误差较大。所以用千分尺测量轴径要比用游标卡尺测量轴径的测量误差更小，即测量精度更高。

计量器具零件的制造和装配误差也会产生测量误差。例如，标尺的刻线距离不准确、指示表的分度盘与指针回转轴的安装有偏心等皆会产生测量误差，计量器具在使用过程中零件的变形等也会产生测量误差。此外，相对测量时使用的标准量（如长度量块、线纹尺等）的制造误差也会产生测量误差。

2. 测量方法误差

测量方法误差是指测量方法不完善所引起的误差。它包括计算公式不准确、测量方法选择不当、测量基准不统一、工件安装不合理以及测量力等引起的误差。例如，在接触测量中，由于测头测量力的影响，使被测零件和测量装置发生变形而产生测量误差。

3. 测量环境误差

测量环境误差是指测量时的环境条件不符合标准条件所引起的误差。环境条件是指湿度、温度、振动、照明、电磁场、气压和灰尘等。其中，温度对测量结果的影响最大。

4. 人员误差

人员误差是指测量人员的主观因素所引起的误差。例如，测量人员技术不熟练、视觉偏差、估读判断错误等引起的误差。

总之，造成测量误差的因素很多，有些误差是不可避免的，有些误差是可以避免的。测量时应采取相应的措施，设法减小或消除它们对测量结果的影响，以保证测量的精度。

2.3.3 测量误差的分类

按测量误差的特点和性质，可分为系统误差、随机误差和粗大误差 3 类。

1. 系统误差

系统误差是指在一定测量条件下，多次测取同一量值时，绝对值和符号均保持不变的测量误差，或者绝对值和符号按某一规律变化的测量误差。前者称为定值系统误差，后者称为变值系统误差。例如，在比较仪上用相对法测量零件尺寸时，调整量仪所用量块的误差就会引起定值系统误差；量仪的分度盘与指针回转轴偏心所产生的示值误差会引起变值系统误差。

根据系统误差的性质和变化规律，系统误差可以用计算或实验对比的方法确定，用修正值（校正值）从测量结果中予以消除。但在某些情况下，系统误差由于变化规律比较复杂，不易确定，因而难以消除。

2. 随机误差

随机误差是指在一定测量条件下，多次测量同一量值时，绝对值和符号以不可预定的方式变化的测量误差。它是由于测量中的不稳定因素综合形成的，是不可避免的。例如，测量过程中温度的波动、振动、测量力的不稳定、量仪的示值变动、读数不一致等引起的测量误差，都属于随机误差。

对于某一次测量而言，随机误差的绝对值和符号无法预先知道。但对于连续多次重复测量来说，随机误差符合一定的概率统计规律，因此，可以应用概率论和数理统计的方法来对它进行处理。

系统误差和随机误差的划分并不是绝对的，它们在一定的条件下是可以相互转化的。例如，按一定基本尺寸制造的量块总存在着制造误差，对某一具体量块来讲，可认为该制造误差是系统误差，但对一批量块而言，制造误差是变化的，可以认为它是随机误差。在使用某一量块时，若没有检定该量块的尺寸偏差，而按量块的标称尺寸使用，则制造误差属随机误差；若检定出该量块的尺寸偏差，按量块的实际尺寸使用，则制造误差属系统误差。掌握误差转化的特点，可根据需要将系统误差转化为随机误差，用概率论和数理统计的方法来减小该误差的影响；或将随机误差转化为系统误差，用修正的方法减小该误差的影响。

3. 粗大误差

粗大误差是指由于主观疏忽大意或客观条件发生突然变化而产生的误差。在正常情况下，一般不会产生这类误差。例如，由于操作者的粗心大意，在测量过程中看错、读错、记错以及突然的冲击振动而引起的测量误差。通常情况下，这类误差的数值都比较大，使测量结果明显歪曲。在测量中，应避免或剔除粗大误差。

2.3.4　测量精度分类

测量精度是指被测几何量的测得值与其真值的接近程度。它和测量误差是从两个不同角度说明同一概念的术语。测量误差越大，则测量精度就越低；测量误差越小，则测量精度就越高。为了反映系统误差和随机误差对测量结果的不同影响，测量精度可分为以下3种。

（1）精密度。精密度反映测量结果受随机误差的影响程度。它是指在一定测量条件下连续多次测量所得的测得值之间相互接近的程度。随机误差小，则精密度高，如图2-14（a）所示。

（2）正确度。正确度反映测量结果受系统误差的影响程度。系统误差小，则正确度高。如图2-14（b）所示。

（3）准确度。准确度反映测量结果同时受系统误差和随机误差的综合影响程度。若系统误差和随机误差都小，则准确度高，如图2-14（c）所示。

对于一个具体的测量，精密度高，正确度不一定高；正确度高，精密度也不一定高；精密度和正确度都高的测量，准确度就高；精密度和正确度当中有一个不高，准确度就不高。

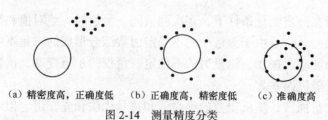

（a）精密度高，正确度低　　（b）正确度高，精密度低　　（c）准确度高

图2-14　测量精度分类

2.4

各类测量误差的处理

通过对某一被测几何量进行连续多次的重复测量，得到一系列的测量数据（测得值）——测量列，可以对该测量列进行数据处理，以消除或减小测量误差的影响，提高测量精度。

2.4.1　测量列中随机误差的处理

随机误差不可能被修理或消除，但可应用概率论与数理统计的方法，估计出随机误差的大小和规律，并设法减小其影响。

1.　随机误差的特性及分布规律

通过对大量测试实验数据进行统计后发现，随机误差通常服从正态分布规律（随机误差还存在其他规律的分布，如等概率分布、三角分布、反正弦分布等），其正态分布曲线如图 2-15 所示（横坐标表示随机误差 δ，纵坐标表示随机误差的概率密度 y）。

从随机误差的正态分布曲线图中可以看出，随机误差具有以下 4 个特性。

① 单峰性。绝对值小的随机误差出现的概率比绝对值大的随机误差出现的概率大。随机误差为零时，概率最大，存在一个最高点。

② 对称性。绝对值相等、符号相反的随机误差出现的概率相等。

③ 有界性。在一定的测量条件下，随机误差的绝对值不会超出一定的界限。

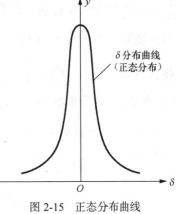

图 2-15　正态分布曲线

④ 抵偿性。在一定的测量条件下，多次重复进行测量各次随机误差的代数和趋近于零。

正态分布曲线可用数学表达式表示为

$$y = f(\delta) = \frac{1}{\sigma\sqrt{2\pi}} e^{-\frac{\delta^2}{2\sigma^2}} \tag{2-5}$$

式中，y——概率密度函数；

δ——随机误差；

σ——标准偏差（均方根误差）；

e——自然对数的底，e = 2.71828…。

2.　随机误差的标准偏差 σ

从式（2-5）中可以看出，概率密度 y 与随机误差 δ 及标准差 σ 有关。当 $\delta=0$ 时，概率

密度 y 最大，即 $y_{max}=\dfrac{1}{\sigma\sqrt{2\pi}}$。显然概率密度最大值 y_{max} 是随标准偏差 σ 变化的。标准偏差 σ 越小，y_{max} 值越大，曲线越陡，随机误差分布越集中，表示测量精度就越高。反之，标准偏差 σ 越大，分布曲线就越平坦，随机误差的分布就越分散，表示测量精度就越低。随机误差的标准偏差 σ 可用下式计算：

$$\sigma = \sqrt{\frac{\delta_1^2 + \delta_2^2 + \cdots + \delta_n^2}{n}} = \sqrt{\frac{\sum\limits_{i=1}^{n}\delta_i^2}{n}} \tag{2-6}$$

式中，n——测量次数；

δ_i——随机误差。

标准偏差 σ 是反映测量列中测得值分散程度的一项指标，它表示的是测量列中单次测量值（任一测得值）的标准偏差。

3. 随机误差的极限值 δ_{lim}

由随机误差的有界性可知，随机误差不会超过某一范围。随机误差的极限值是指测量极限误差，也就是测量误差可能出现的极限值。

在多种情况下，随机误差呈正态分布，由概率论可知，正态分布曲线和横坐标轴间所包含的面积等于所有随机误差出现的概率总和。若随机误差落在整个分布范围($-\infty \sim +\infty$)内，则其概率 P 为 1，即 $P = \int_{-\infty}^{+\infty}y\mathrm{d}\delta = \int_{-\infty}^{+\infty}\dfrac{1}{\sigma\sqrt{2\pi}}\mathrm{d}\delta = 1$。实际上随机误差落在 $(-\delta \sim +\delta)$ 之间，其概率 < 1，即 $P = \int_{-\infty}^{+\infty}y\mathrm{d}\delta < 1$。为化成标准正态分布，便于求出 $P = \int_{-\infty}^{+\infty}y\mathrm{d}\delta$ 的积分值（概率值），其概率积分计算过程如下：

引入 $t = \dfrac{\delta}{\sigma}$，$\mathrm{d}t = \dfrac{\mathrm{d}\delta}{\sigma}$（$\delta = \sigma t$，$\mathrm{d}\delta = \sigma\mathrm{d}t$）

则　　　　　　　　　　　$P = \int_{-\infty}^{+\infty}y\mathrm{d}\delta$

$$= \int_{-\sigma t}^{+\sigma t}\frac{1}{\sigma\sqrt{2\pi}}\mathrm{e}^{-\frac{t^2}{2}}\sigma\mathrm{d}t$$

$$= \frac{1}{\sqrt{2\pi}}\int_{-\sigma}^{+\sigma}\mathrm{e}^{-\frac{t^2}{2}}\mathrm{d}t$$

$$= \frac{2}{\sqrt{2\pi}}\int_{0}^{+\sigma t}\mathrm{e}^{-\frac{t^2}{2}}\mathrm{d}t \qquad （对称性）$$

再令　　　　　　　　　　　$P = 2\varPhi(t)$

则有　　　　　　　　　　　$\varPhi(t) = \dfrac{1}{\sqrt{2\pi}}\int_{0}^{+\sigma t}\mathrm{e}^{-\frac{t^2}{2}}\mathrm{d}t$

该函数称为拉普拉斯函数，也称概率函数积分。常用的 $\varPhi(t)$ 数值列在表 2-4 中。选择不同的 t 值，就对应有不同的概率，测量结果的可信度也就不一样。随机误差在 $\pm t\sigma$ 范围内出现的概率称为置信概率，t 称为置信因子或置信系数。在几何量中，通常取置信因子 $t=3$，则置信概率 $P = 2\varPhi(t) = 99.73\%$。那么，超出 $\pm3\sigma$ 的概率为（$1-99.73\%$）$= 0.27\% \approx 1/370$。

在实际测量中，测量次数一般很少超过几十次。随机误差超出 3σ 的情况实际上很少出现，所以取测量极限误差为 $\delta_{lim}=\pm3\sigma$。δ_{lim} 也表示测量列中单次测量值的测量极限误差。

表 2-4   4 个特殊 t 值对应的概率

t	$\delta=\pm t\sigma$	不超出 $|\delta|$ 的概率 $P=2\Phi(t)$	超出 $|\delta|$ 的概率 $a=1-2\Phi(t)$
1	1σ	0.6826	0.3174
2	2σ	0.9544	0.0456
3	3σ	0.9973	0.0027
4	4σ	0.99936	0.00064

例如，某次测量的测得值为 30.002mm，若已知标准偏差 $\sigma=0.0002$mm，置信概率取 99.73%，则测量结果应为（30.002 ± 0.0006）mm。

4. 随机误差的处理步骤

由于被测几何量的真值未知，所以不能直接计算求得标准偏差 σ 的数值。在实际测量时，当测量次数 N 充分大时，随机误差的算术平均值趋于零。便可以用测量列中各个测得值的算术平均值代替真值，并估算出标准偏差，进而确定测量结果。

在假定测量列中不存在系统误差和粗大误差的前提下，可按以下步骤对随机误差进行处理。

（1）计算测量列中各个测得值的算术平均值。设测量列的测得值为 x_1，x_2，x_3，$\cdots$，x_n，则算术平均值为

$$\overline{x}=\frac{\sum\limits_{i=1}^{n}x_i}{n} \tag{2-7}$$

（2）计算残余误差。残余误差 v_i 即测得值与算术平均值之差，一个测量列对应着一个残余误差列：

$$v_i=x_i-\overline{x} \tag{2-8}$$

残余误差具有两个基本特性：①残余误差的代数和等于零即 $\sum v_i=0$；②残余误差的平方和为最小，即 $\sum v_i^2$ 为最小。由此可见，用算术平均值作为测量结果是合理可靠的。

（3）计算标准偏差（即单次测量精度 σ）。在实际应用中，常用贝塞尔（Bessel）公式计算标准偏差，贝塞尔公式如下：

$$\sigma=\sqrt{\frac{\sum\limits_{i=1}^{n}v_i^2}{n-1}} \tag{2-9}$$

若需要，可以写出单次测量结果表达式为

$$x_{ei}=x_i\pm3\sigma$$

（4）计算测量列的算术平均值的标准偏差 $\sigma_{\overline{x}}$。若在一定的测量条件下，对同一被测几何量进行多组测量（每组皆测量 n 次），则对应每组 n 次测量都有一个算术平均值，各组的算术平均值不相同。不过，它们的分散程度要比单次测量值的分散程度小得多。描述它们的分散程度同样可以用标准偏差作为评定指标。根据误差理论，测量列算术平均值的标准偏差 $\sigma_{\overline{x}}$ 与测量列单次测量值的标准偏差 σ 存在如下关系：

$$\sigma_{\bar{x}} = \pm \frac{\sigma}{\sqrt{n}} \qquad\qquad (2\text{-}10)$$

显然，多次测量结果的精度比单次测量的精度高，即测量次数越多，测量精密度就越高。但在图 2-16 中曲线也表明测量次数越多越好，一般取 $n > 10$（15 次左右）为宜。

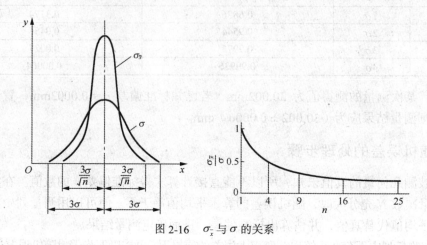

图 2-16 $\sigma_{\bar{x}}$ 与 σ 的关系

（5）计算测量列算术平均值的测量极限误差 $\delta_{\lim(\bar{x})}$。

$$\delta_{\lim(\bar{x})} = \pm 3\sigma_{\bar{x}} \qquad\qquad (2\text{-}11)$$

（6）写出多次测量所得结果的表达式 x_e。

$$x_e = \bar{x} \pm 3\sigma_{\bar{x}} \qquad\qquad (2\text{-}12)$$

并说明置信概率为 99.73%。

2.4.2 测量列中系统误差的处理

系统误差是指在一定测量条件下，多次测量同一量时，误差的大小和符号均保持不变或按一定规律变化的误差。在实际测量中，系统误差对测量结果的影响是不能忽视的。提示系统误差出现的规律性，消除系统误差对测量结果的影响，是提高测量精度的有效措施。

1. 发现系统误差的方法

在测量过程中产生系统误差的因素是复杂多样的，查明所有的系统误差是很困难的事情。同时也不可能完全消除系统误差的影响。

发现系统误差必须根据具体测量过程和计量器具进行全面而仔细的分析，但目前还没有能够找到可以发现各种系统误差的方法，下面只介绍适用于发现某些系统误差常用的两种方法。

（1）实验对比法。它就是通过改变产生系统误差的测量条件，进行不同测量条件下的测量来发现系统误差。这种方法适用于发现定值系统误差。如量块按标称尺寸使用时，在测量结果中，就存在着由于量块尺寸偏差而产生的大小和符号均不变的定值系统误差，重复测量也不能发现这一误差，只有用另一块更高等级的量块进行对比测量，才能发现它。

（2）残差观察法。它是指根据测量列的各个残差大小和符号的变化规律，直接由残差数据或残差曲线图形来判断有无系统误差，这种方法主要适用于发现大小和符号按一定规律变化的变值系统误差。根据测量先后顺序，将测量列的残差作图，如图 2-17 所示，观察残差的规律。若残差大体上正、负相间，又没有显著变化，就认为不存在变值系统误差，如图 2-17（a）所示；若残差按近似的线性规律递增或递减，就可判断存在着线性系统误差，如图 2-17（b）所示；若残差的大小和符号有规律地周期变化，就可判断存在着周期性系统误差，如图 2-17（c）所示。但是残差观察法对于测量次数不是足够多时，也有一定的难度。

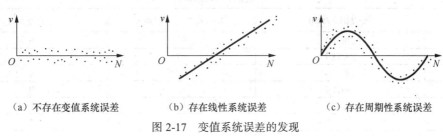

（a）不存在变值系统误差　　　（b）存在线性系统误差　　　（c）存在周期性系统误差

图 2-17　变值系统误差的发现

2. 系统误差的发现和消除

发现系统误差必须根据具体测量过程和计量器具进行全面而仔细的分析，从数据处理的角度出发，发现系统误差的方法有多种，直观的方法是"残差观察法"，即根据测量值的残余误差，列表或作图进行观察。若残差大体正负相同，无显著变化规律，则可认为不存在系统误差；若残差有规律地递增或递减，则存在线性系统误差；若残差有规律地逐渐由负变正或由正变负，则存在周期性系统误差。当然这种方法不能发现定值系统误差。

发现系统误差后需采取有效措施加以消除。可用加修正值的方法加以消除；也可用两次读数方法消除系统误差等。例如，测量螺纹参数时，可以分别测出左右牙面螺距，然后取平均值，则可减小由于安装不正确引起的系统误差。

消除和减小系统误差的关键是找出产生误差的根源和规律。实际上，系统误差不可能完全消除。一般来说，系统误差若能减小到使其影响相当于随机误差的程度，则可认为已被消除。

2.4.3　测量列中粗大误差的处理

粗大误差的特点是数值比较大，对测量结果产生明显的歪曲，应从测量数据中将其剔除。剔除粗大误差不能凭主观臆断，应根据判断粗大误差的准则予以确定。判断粗大误差常用拉依达准则（又称 3σ 准则）。

该准则的依据主要来自随机误差的正态分布规律。从随机误差的特性中可知，测量误差越大，出现的概率越小，误差的绝对值超过 $\pm 3\sigma$ 概率仅为 0.27%，认为是不可能出现的。因此，凡绝对值大于 3σ 的残差，就可看作粗大误差而予以剔除。其判断式为

$$|v_i| > 3\sigma$$

剔除具有粗大误差的测量值后，应根据剩下的测量值重新计算 σ，然后再根据 3σ 准则

去判断剩下的测量值中是否还存在粗大误差。每次只能剔除一个，直到剔除完为止。

当测量次数 n 小于 10 次时，不能使用拉依达准则。

2.4.4　数据处理举例

例如，用立式光学计对某轴同一部位进行 12 次等精度测量，测得数值见表 2-5，假设已消除了定值系统误差。试求其测量结果。

表 2-5　　　　　测量数值计算结果表

序号	测得值 x_i/mm	残差 $v_i = x_i - \bar{x}$ /μm	残差的平方 v_i^2/(μm)^2
1	28.784	−3	9
2	28.789	+2	4
3	28.789	+2	4
4	28.784	−3	9
5	28.788	+1	1
6	28.789	+2	4
7	28.786	−1	1
8	28.788	+1	1
9	28.788	+1	1
10	28.785	−2	4
11	28.788	+1	1
12	28.786	−1	1
	$\bar{x} = 28.787$	$\sum_{i=1}^{12} v_i = 0$	$\sum_{i=1}^{12} v_i^2 = 40$

解：（1）计算算术平均值。

$$\bar{x} = \frac{1}{n}\sum_{i=1}^{n} x_i = \frac{1}{12}\sum_{i=1}^{12} x_i = 28.787 \text{mm}$$

（2）计算残差。

$$v_i = x_i - \bar{x}$$

同时计算出 v_i^2 和累加值，见表 2-5。

（3）判断变值系统误差。根据残差观察法判断，测量列中的残差大体上正负相间，无明显的变化规律，所以认为无变值系统误差。

（4）计算单次测量的标准偏差。

$$\sigma = \sqrt{\frac{\sum_{i=1}^{n} v_i^2}{n-1}} = \sqrt{\frac{40}{11}} \approx 1.9 \, (\mu m)$$

（5）判断粗大误差。由标准偏差求得粗大误差的界限 $v_i < 3\sigma = 5.7 \mu m$，故不存在粗大误差。

（6）计算算术平均值（即多次测量）的标准偏差。

$$\sigma_{\bar{x}} = \frac{\sigma}{\sqrt{n}} = \frac{1.9}{\sqrt{12}} \approx 0.55 (\mu m)$$

此时可求出测量列算术平均值的测量极限误差为

$$\delta_{\lim(\bar{x})} = \pm 3\sigma_{\bar{x}} \approx 0.0016(\text{mm})$$

（7）写出测量结果 x_0。

$$x_0 = \bar{x} \pm 3\sigma_{\bar{x}} = 28.787 \pm 0.0016\,(\text{mm})$$

此时的置信概率为99.73%。

 思考题与习题

一、填空题

1. 检测是_____和_____的统称。

2. 量块分长度量块和_____两类。

3. 长度量块按制造精度分为_____级。

4. 长度量块按检定精度分为_____等。

5. 测量按示值是否为被测几何量的量值分为_____和相对测量。

6. 测量值只能近似地反映被测几何量的_____。

7. 测量实质上是将被测几何量与作为计量单位的标准量进行_____，从而确定被测几何量_____的过程。

8. 一个完整的测量过程应包括_____、_____、_____和_____等4个方面。

9. 测量对象主要是指几何量，包括_____、_____、_____、_____和_____等。

10. 测量范围是指计量器具能够测出的被测尺寸的_____值到_____值的范围。

11. 校正值与示值误差的大小_____，符号_____。

12. 间接测量是指通过测量与被测尺寸有一定_____的其他尺寸，然后通过_____获得被测尺寸量值的方法。

13. 相对测量是指被测量与同它只有微小差别的已知同种量（一般为标准量），通过测量这两个量值间的_____，以确定被测量值的方法。

14. 综合测量能得到工件上几个相关几何量的_____，以判断工件是否_____，因而实质上综合测量一般属于_____。

15. 示值范围是指计量器具标尺或刻度盘所指示的_____值到_____值的范围。

二、判断题

1. 直接测量必为绝对测量。（　　）

2. 为减少测量误差，一般不采用间接测量。（　　）

3. 为提高测量的准确性，应尽量选用高等级量块作为基准进行测量。（　　）

4. 使用的量块数越多，组合出的尺寸越准确。（　　）

5. 0～25mm 千分尺的示值范围和测量范围是一样的。（　　）

6. 用多次测量的算术平均值表示测量结果，可以减少示值误差数值。（　　）

7. 某仪器单项测量的标准偏差为 $\sigma = 0.006\text{mm}$，若以 9 次重复测量的平均值作为测量结果，其测量误差不应超过 0.002mm。（　　）

8. 测量过程中产生随机误差的原因可以一一找出，而系统误差是测量过程中所不能避免的。（　　）

9. 选择较大的测量力，有利于提高测量的精确度和灵敏度。（　　）

10. 对一被测值进行大量重复测量时其产生的随机误差完全服从正态分布规律。（　　）

三、选择题

1. 用游标卡尺测量轴径属于（　　）。
   A. 直接接触测量　　　　　　　　　　　B. 直接非接触测量
   C. 间接接触测量　　　　　　　　　　　D. 比较接触测量

2. 绝对误差与真值之比叫作（　　）。
   A. 随机误差　　　B. 极限误差　　　C. 剩余误差　　　D. 相对误差

3. 可以用剔除的方法处理的误差是（　　）。
   A. 系统误差　　　B. 粗大误差　　　C. 随机误差　　　D. 实际误差

4. 我国采用的法定长度计量单位是（　　）。
   A. 米（m）　　　B. 分米（dm）　　　C. 厘米（cm）　　　D. 毫米（mm）

5. 量块按制造精度分为（　　）。
   A. 2 级　　　B. 3 级　　　C. 4 级　　　D. 5 级

6. 量块按检定精度分为（　　）。
   A. 2 等　　　B. 4 等　　　C. 6 等　　　D. 8 等

7. 量块按"等"使用比按"级"使用的测量精度（　　）。
   A. 要高　　　B. 要低　　　C. 一样　　　D. 不可比

8. 一般来说，直接测量的精度比间接测量的精度（　　）。
   A. 要高　　　B. 要低　　　C. 相同　　　D. 近似

9. 测量中，读数错误属于（　　）。
   A. 量具误差　　　B. 方法误差　　　C. 环境误差　　　D. 人员误差

10. 在一定测量条件下，多次测量取同一值时，绝对值和符号均保持不变的误差称为（　　）。
    A. 随机误差　　　B. 粗大误差　　　C. 系统误差　　　D. 环境误差

11. 测量精度中的准确度高，只是指（　　）。
    A. 正确度高　　　　　　　　　　　　B. 精密度高
    C. 正确度、精密度都高　　　　　　　D. 正确度、精密度都低

四、综合题

1. 测量的实质是什么？一个完整的测量过程包括哪几个要素？

2. 什么是尺寸传递系统？为什么要建立尺寸传递系统？

3. 量块分等、分级的依据是什么？按级使用和按等使用量块有何不同？

4. 试从 91 块一套的量块中同时组合下列尺寸（单位 mm）：
   $$29.875，48.98，40.79$$

5. 以机械比较仪为例说明计量器具有哪些基本度量指标？

6. 试说明分度值、刻度间距和灵敏度三者有何区别？

7. 试说明绝对测量方法与相对测量方法、绝对误差与相对误差的区别。

8. 测量误差分哪几类？产生各类测量误差的因素有哪些？

9. 简述随机误差、系统误差和粗大误差的特性和处理方法。

10. 用立式光学计，对某轴径的同一位置重复测量 12 次，各次的测得值按顺序记录如下（单位 mm），假设已消除了定值系统误差，试求测量结果。

10.012 10.013 10.012 10.011 10.016 10.013

第3章

孔、轴的公差与配合

学习目标

1. 理解有关尺寸、偏差、公差、配合等方面的术语和定义。
2. 掌握标准中有关标准公差、公差等级的规定。
3. 掌握标准中规定的孔和轴各 28 种基本偏差代号及其分布规律。
4. 牢固掌握公差带的概念和公差带图的画法，并能熟练查取标准公差和基本偏差数据，正确进行有关计算。
5. 了解标准中关于一般、常用和优先公差带与配合的规定。
6. 了解标准中关于未注公差的线性尺寸的公差与配合的规定。
7. 学会公差与配合的正确选用，并能正确标注在图上。

3.1

概述

机械产品通常是由许多经过机械加工的零部件组成的，而圆柱体的结合（配合）是孔、轴最基本和普遍的形式。这些零部件在加工、检测及装配过程中都会不可避免地产生尺寸误差。为了经济地满足使用要求，保证互换性和精度要求，应对尺寸公差与配合进行标准化。

3.2 | 基本术语及定义

3.2.1 孔和轴的定义

1. 孔

孔通常指圆柱形内表面，也包括非圆柱形内表面（由两平行平面或切平面形成的包容面）。

2. 轴

轴通常指圆柱形外表面，也包括非圆柱形外表面（由两平行平面或切平面形成的被包容面）。

3. 孔与轴的区别

（1）从装配关系看，孔是包容面，在它之内无材料，如图 3-1（a）所示；轴是被包容面，在它之外无材料，如图 3-1（b）所示。

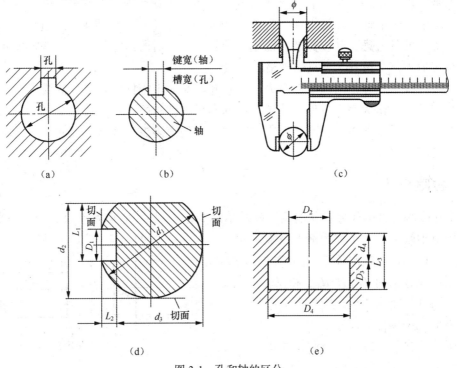

图 3-1　孔和轴的区分

（2）从加工过程看，孔的尺寸由小变大；轴的尺寸由大变小。

（3）从测量方法看，测孔用内卡脚；测轴用外卡脚，如图 3-1（c）所示。

孔、轴具有广泛的含义。它们不仅表示通常理解的概念，即圆柱形的内、外表面，而且也包括由二平行平面或切面形成的包容面和被包容面。如图 3-1（d）、（e）所示的各表面，其中，D_1、D_2、D_3 和 D_4 各尺寸确定的各组平行平面或切面所形成的包容面都称为孔；d_1、d_2、d_3 和 d_4 各尺寸确定的圆柱形外表面和各组平行平面或切平面所形成的被包容面都称为轴。因而孔、轴分别具有包容和被包容的功能。

如果两平行平面或切平面既不能形成包容面，也不能形成被包容面，则它们既不是孔，也不是轴。如图 3-1（d）、（e）中的由 L_1、L_2 和 L_3 各尺寸确定的各组平行平面或切面。

3.2.2　有关尺寸的术语及定义

1. 尺寸

尺寸是指用特定单位表示线性尺寸值的数值。如直径、半径、宽度、深度、高度、中心距等。在机械制造中，一般常用毫米（mm）作为特定单位，在图样上标注尺寸时，可将单位省略，仅标注数值。当以其他单位表示尺寸时，则应注明相应的长度单位，如 $50\mu m$。

2. 基本尺寸

基本尺寸是用来与上、下偏差计算出最大、最小极限尺寸的尺寸，是设计时给定的尺寸。孔的基本尺寸用 D 表示，轴的基本尺寸用 d 表示（标准规定：大写字母表示孔的有关代号，小写字母表示轴的有关代号，下同）。它是设计者根据使用要求，通过强度、刚度计算及结构等方面的考虑，并按标准直径或标准长度圆整后所给定的尺寸。基本尺寸标准化可以减少定值刀具、量具、夹具的规格及数量。

基本尺寸仅表示零件尺寸的基本大小，它并非对完工零件实际尺寸的要求，不能将它理解为理想尺寸，认为完工零件尺寸越接近基本尺寸就越好。零件尺寸是否合格，要看它是否落在尺寸公差带之内，而不是看它对基本尺寸偏离多少。故基本尺寸只是计算极限尺寸和偏差的起始尺寸。

3. 极限尺寸

一个孔或轴允许的尺寸变化的两个极端值称为极限尺寸。它以基本尺寸为基数来确定。两个界限值中较大的一个称为最大极限尺寸；较小的一个称为最小极限尺寸。孔和轴的最大、最小极限尺寸分别用 D_{max}、d_{max} 和 D_{min}、d_{min} 表示，如图 3-2 所示。设计中规定极限尺寸是为了限制加工中零件的尺寸变动，实际尺寸在两个极限尺寸之间，即最小极限尺寸≤实际尺寸≤最大极限尺寸，则零件合格。

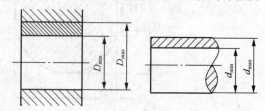

图 3-2　极限尺寸

4. 实际尺寸

实际尺寸是通过测量所得的尺寸。孔的实际尺寸用 D_a 表示，轴的实际尺寸用 d_a 表示。由于存在测量误差，实际尺寸并非是被测尺寸的真值，它只是接近真实尺寸的一个随机尺寸。由于零件存在形状误差，所以不同部位的实际尺寸也不尽相同，通常把任意两相对点之间测得的尺寸，即一个孔或轴的任意横截面中的任一距离，称为"局部实际尺寸"（或"实际局部尺寸"），如图 3-3 所示。除特别指明，所谓实际尺寸均指局部实际尺寸，即用两点法测得的尺寸。

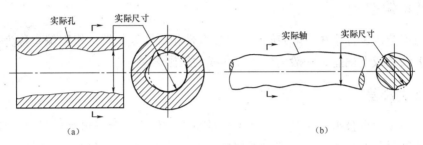

图 3-3　实际尺寸

3.2.3　有关偏差、公差的术语及定义

1. 尺寸偏差

某一尺寸（实际尺寸、极限尺寸等）减去其基本尺寸所得的代数差称为尺寸偏差（简称偏差）。孔用 E 表示，轴用 e 表示。由于极限尺寸或实际尺寸可能大于、等于或小于基本尺寸，所以偏差可能为正值或负值，也可为零。偏差值除零外，前面必须标有正号或负号。

2. 极限偏差

即极限尺寸减其基本尺寸所得的代数差。

（1）上偏差。最大极限尺寸减去其基本尺寸所得的代数差称为上偏差。孔用 ES 表示，轴用 es 表示。

（2）下偏差。最小极限尺寸减去其基本尺寸所得的代数差称为下偏差。孔用 EI 表示，轴用 ei 表示。

$$\text{ES}=D_{max}-D, \quad \text{es}=d_{max}-d$$
$$\text{EI}=D_{min}-D, \quad \text{ei}=d_{min}-d \tag{3-1}$$

上偏差和下偏差统称为极限偏差，且上偏差总是大于下偏差。

国标规定：在图样上和技术文件上标注极限偏差数值时，上偏差标在基本尺寸的右上角，下偏差标在基本尺寸的右下角，如 $50^{+0.034}_{+0.009}$，$50^{-0.009}_{-0.020}$。特别要注意的是，当偏差为零值时，必须在相应的位置上标注"0"，不能省略，如 $30^{0}_{-0.007}$，$30^{+0.011}_{0}$。当上下偏差数值相等而符号相反时，可简化标注，如 80±0.015。

3. 实际偏差

实际尺寸减去其基本尺寸所得的代数差称为实际偏差。孔和轴的实际偏差代号分别为 E_a 和 e_a。以公式表示如下：

孔的实际偏差　　　　　　　　　$E_a = D_a - D$

轴的实际偏差　　　　　　　　　$e_a = d_a - d$

合格零件的实际偏差应在上、下偏差之间，即下偏差≤实际偏差≤上偏差。

4. 基本偏差

极限与配合国家标准中，用以确定尺寸公差带相对零线位置的极限偏差称为基本偏差。它可以是上偏差或下偏差，一般为最靠近零线的极限偏差。

5. 尺寸公差

尺寸公差（简称公差）是允许尺寸的变动量。数值上它等于最大极限尺寸与最小极限尺寸之差的绝对值，也等于上偏差与下偏差之差的绝对值，所以尺寸公差是一个没有符号的绝对值。若孔的公差用 T_D 表示，轴的公差用 T_d 表示，则其关系为

$$T_D = |D_{max} - D_{min}| = |ES - EI| \qquad (3-2)$$

$$T_d = |d_{max} - d_{min}| = |es - ei| \qquad (3-3)$$

公差是无符号的绝对值，不允许为零，更不能出现负值。公差表示尺寸允许的变动范围，即某种区域大小的数量指标，这个范围的大小能够反映零件的加工精度。当其他条件相同时，公差值的大小能决定零件加工精度的高低（公差值越大，加工精度越低），也能决定零件加工的难易程度（公差值越大，越容易加工）。

尺寸公差是允许的尺寸误差。若工件的加工误差在公差范围内，则合格；反之，则不合格。尺寸误差是一批零件的实际尺寸相对于理想尺寸的偏离范围。当加工条件一定时，尺寸误差表征了加工方法的精度。尺寸公差则是设计规定的误差允许值，体现了设计者对加工方法精度的要求。通过一批零件的测量，可以估算出其尺寸误差，而公差是设计给定的，不能通过测量得到。

尺寸偏差与公差

6. 标准公差

在进行产品设计时，需要针对不同的零件、不同的使用要求、不同的精度要求等各种条件来确定一个零件的具体的公差数值。为了实现产品的互换性要求，需要使这个具体的公差数值标准化。公差与配合国家标准中所规定的用以确定公差带大小的任一公差值称为标准公差。用"国际公差"的英文缩略语 IT 表示。

认识公差带图

7. 公差带图

（1）尺寸公差带

表示零件的实际尺寸相对其基本尺寸所允许变动的范围，叫作尺寸

公差带。公差带用示意图表示时，称为公差带图。公差带图由零线、极限偏差线等构成。

（2）零线

公差带图中表示基本尺寸的一条直线称为零线，它也是用于确定极限偏差的一条基准线即零偏差线。通常零线水平绘制，位于零线上方的极限偏差值为正数；位于零线下方的极限偏差值为负数；当与零线重合时，表示偏差为零。

（3）偏差线

公差带图中与零线平行的直线即偏差线，用于表示上、下偏差，又称为上、下偏差线。其间的垂直宽度表示公差带的大小，即公差值。公差带相对零线的位置由基本偏差确定。

以基本尺寸为零线（零偏差线），用适当的比例画出两极限偏差，以表示尺寸允许变动的界限及范围，即为公差带图，如图3-4所示。

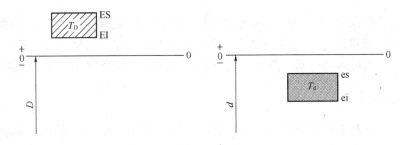

图3-4 公差带图

显然，尺寸公差由两个要素决定：一是公差带的大小，二是公差带偏离零线的位置。公差带的大小是指公差带在零线垂直方向上的宽度，由代表上、下偏差的两条偏差线段的垂直距离即尺寸公差确定；公差带的位置是指公差带沿零线垂直方向的坐标位置，由公差带距离零线最近的极限偏差（上极限偏差或下极限偏差）即基本偏差确定。公差带图的实例画法如图3-5所示。

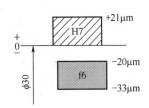

图3-5 公差带图的实例画法

8. 公差与极限偏差的异同点说明

（1）两者都是设计时给定的，反映了使用或设计要求，而且尺寸公差=上偏差–下偏差。

（2）公差是没有符号的绝对值，且不能为零；极限偏差是代数值，可以为正值、负值或零。

（3）公差反映了对尺寸分布的密集、均匀程度的要求，是用以限制尺寸误差的；极限偏差表示对基本尺寸偏移程度的要求，是用以限制实际偏差的。

（4）极限偏差决定了加工零件时机床进刀、退刀位置，一般与零件加工精度要求无关，通常任何机床可加工任一极限偏差的零件；公差反映对制造精度的要求，体现了加工的难易程度。某一精度等级的机床只能够加工公差值在某一范围内的零件。

（5）公差在公差带图中决定公差带的大小；极限偏差决定公差带的位置。

（6）公差影响配合松紧程度的一致性；极限偏差影响配合的松紧程度。

（7）公差不能用来判断零件尺寸的合格性；极限偏差可以用来判断零件尺寸的合格性。

3.2.4　有关配合的术语及定义

在孔和轴的配合中，在保证基本尺寸相同的情况下，加工后有时孔比轴大点，有时轴比孔大点，就形成不同的配合。

1. 配合

配合是指基本尺寸相同的、相互结合的孔和轴公差带之间的关系。同时，也泛指非圆包容面与被包容面之间的结合关系。例如，键槽和键的配合。

2. 间隙或过盈

在孔与轴的配合中，孔的尺寸减去轴的尺寸所得的代数差，当差值为正时称为间隙，用符号 X 表示；当差值为负时称为过盈，用符号 Y 表示。在孔与轴的配合中，间隙的存在是配合后能产生相对运动的基本条件，而过盈的存在是使配合零件位置固定或传递载荷。

3. 配合种类

根据孔、轴公差带的不同位置关系，孔、轴配合性质也不同，可分为间隙配合、过盈配合和过渡配合 3 种，如图 3-6 所示。

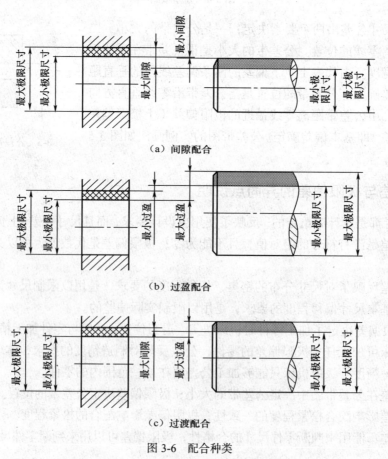

（a）间隙配合

（b）过盈配合

（c）过渡配合

图 3-6　配合种类

（1）间隙配合

保证具有间隙（包括最小间隙等于零）的配合称为间隙配合。在间隙配合中，孔的公差带在轴的公差带之上，如图 3-7 所示。

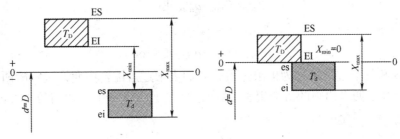

图 3-7　间隙配合

当孔为最大极限尺寸，而与其相配合的轴为最小极限尺寸时，配合处于最松状态，此时的间隙为最大间隙，用 X_{max} 表示。因此，最大间隙等于孔的最大极限尺寸与轴的最小极限尺寸之差。即最大间隙为

$$X_{max} = D_{max} - d_{min} = ES - ei \qquad （3-4）$$

当孔为最小极限尺寸，而与其相配合的轴为最大极限尺寸时，配合处于最紧状态，此时的间隙为最小间隙，用 X_{min} 表示。因此，最小间隙等于孔的最小极限尺寸与轴的最大极限尺寸之差。即最小间隙为

$$X_{min} = D_{min} - d_{max} = EI - es \qquad （3-5）$$

最大间隙与最小间隙统称为极限间隙，它们表示间隙配合中允许间隙变动的两个界限值。在正常生产中，两者出现的机会很少。间隙配合的平均松紧程度称为平均间隙（X_{av}）。平均间隙可表示为

$$X_{av} = \frac{1}{2}(X_{max} + X_{min}) \qquad （3-6）$$

显然，在间隙配合中孔的尺寸大于轴的尺寸，两者很容易装配到一起，装配后轴在孔中能够转动或移动。

（2）过盈配合

具有过盈（包括最小过盈等于零）的配合称为过盈配合。在过盈配合中，孔的公差带在轴的公差带之下，如图 3-8 所示。

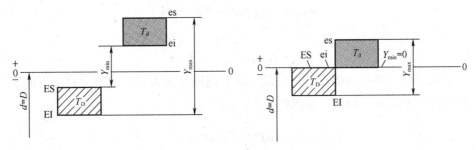

图 3-8　过盈配合

在过盈配合中，孔的最小极限尺寸与轴的最大极限尺寸之差，称为最大过盈，用符号

Y_{max} 表示，此时配合处于最紧状态；孔的最大极限尺寸与轴的最小极限尺寸之差，称为最小过盈，用符号 Y_{min} 表示，此时配合处于最松状态。

最大过盈为

$$Y_{max}=D_{min}-d_{max}=EI-es \qquad (3-7)$$

最小过盈为

$$Y_{min}=D_{max}-d_{min}=ES-ei \qquad (3-8)$$

最大过盈和最小过盈统称为极限过盈，它们表示过盈配合中允许过盈的两个界限值。在正常的生产中，两者出现的机会很少。平均过盈（Y_{av}）为最大过盈与最小过盈的平均值。

平均过盈为

$$Y_{av}=\frac{1}{2}(Y_{max}+Y_{min}) \qquad (3-9)$$

显然，在过盈配合中孔的尺寸小于轴的尺寸，两者很不容易装配在一起，必须借助外力。装配后轴在孔中不能够运动，因此在工作时能够传递一定的转矩和承受一定的轴向力而不至于打滑。

（3）过渡配合

可能具有间隙或过盈的配合称为过渡配合（对于孔、轴群体而言，若单对孔、轴配合则无过渡之说）。此时，孔的公差带与轴的公差带相互交叠，如图 3-9 所示。任取其中一对孔和轴相配，可能具有间隙，也可能具有过盈，绝不会出现既间隙又过盈的情况。

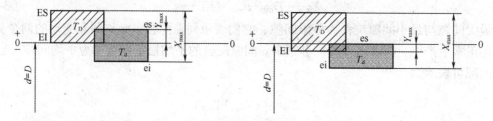

图 3-9　过渡配合

在过盈配合中，孔的最大极限尺寸与轴的最小极限尺寸之差，称为最大间隙（X_{max}），此时配合处于最松状态；孔的最小极限尺寸与轴的最大极限尺寸之差，称为最大过盈，用符号 Y_{max} 表示，此时配合处于最紧状态。

最大间隙为

$$X_{max}=D_{max}-d_{min}=ES-ei \qquad (3-10)$$

最大过盈为

$$Y_{max}=D_{min}-d_{max}=EI-es \qquad (3-11)$$

在过渡配合中，平均间隙或平均过盈为最大间隙与最大过盈的平均值，所得值为正，则为平均间隙；若为负，则为平均过盈。

$$X_{av}(Y_{av})=\frac{1}{2}(X_{max}+Y_{max}) \qquad (3-12)$$

显然，过渡配合就是介于间隙配合和过盈配合之间的一种配合。在过渡配合中，孔与轴的尺寸大小差不多，装配后它既不像间隙配合那么松，也没有过盈配合那么紧，所以过渡配合适用于有些既需要传递转矩又要经常拆卸的场合。

（4）配合公差

配合公差是指组成配合的孔与轴的公差之和。它是允许间隙或过盈的变动量，它表明配合松紧程度的变化范围。配合公差用 T_f 表示，是一个没有符号的绝对值。

对间隙配合：

$$T_f=|X_{max}-X_{min}|$$

对过盈配合：

$$T_f=|Y_{min}-Y_{max}|$$

对过渡配合：

$$T_f=|X_{max}-Y_{max}| \tag{3-13}$$

在式（3-13）中，把最大、最小间隙和过盈分别用孔、轴的极限尺寸或偏差带入，可得3种配合的配合公差都为

$$T_f=T_D+T_d \tag{3-14}$$

式（3-14）表明配合件的装配精度与零件的加工精度有关，要提高装配精度，使配合后间隙或过盈的变动量小，则应减小零件的公差，提高零件的加工精度。但是从使用角度考虑，配合公差越小，表示一批孔、轴结合的松紧程度变化小，配合精度高，使用性能好；从制造角度考虑，配合公差越小，要求相配的孔、轴的尺寸公差越小，加工越困难，成本越高。因此，设计者在确定公差与配合时就要综合考虑，协调好这一对矛盾。

为了直观地表示相互结合的孔和轴的配合精度和配合性质，现研究配合公差带及其图形。

配合与配合公差

（5）配合公差带

与尺寸公差带相似，在配合公差带图中，由代表极限间隙或极限过盈的两条直线所限定的区域，称为配合公差带。

配合公差带图是以零间隙（零过盈）为零线，用适当比例画出极限间隙或极限过盈，以表示间隙或过盈允许变动范围的图形。通常，零线水平放置，零线以上表示间隙，零线以下表示过盈。因此，配合公差带完全在零线之上为间隙配合；完全在零线以下为过盈配合；跨在零线上、下两侧则为过渡配合。

配合公差带的大小取决于配合公差的大小，配合公差带相对于零线的位置取决于极限间隙或极限过盈的大小。前者表示配合精度，后者表示配合的松紧。

间隙配合、过盈配合和过渡配合的计算实例如表3-1所示。

表 3-1　　　　　　　　　　　　三类配合作图计算及综合比较表

项　　目　　配合类型	间　隙　配　合	过　盈　配　合	过　渡　配　合
定义：一批合格轴孔按互换性原则组成	具有间隙（包括最小间隙等于零）的配合	具有过盈（包括最小过盈等于零）的配合	可能具有间隙或过盈的配合
轴孔公差带关系实例	孔公差带在轴公差带之上 $\phi30\dfrac{H7\binom{+0.021}{0}}{g6\binom{-0.007}{-0.020}}$	孔公差带在轴公差带之下 $\phi30\dfrac{H7\binom{+0.021}{0}}{p6\binom{+0.035}{+0.022}}$	孔公差带与轴公差带交叠 $\phi30\dfrac{H7\binom{+0.021}{0}}{k6\binom{+0.015}{+0.002}}$

续表

项　目 ＼ 配合类型	间隙配合	过盈配合	过渡配合
轴孔公差带关系实例	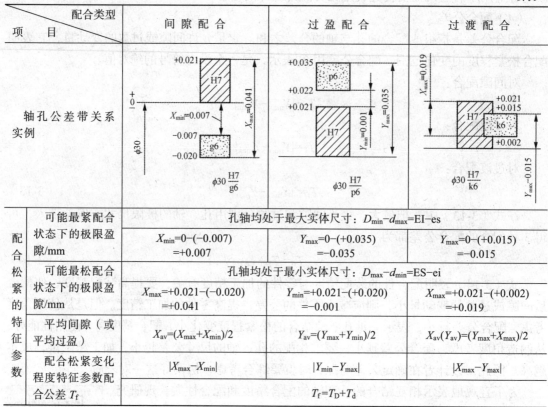 $\phi30\dfrac{H7}{g6}$	$\phi30\dfrac{H7}{p6}$	$\phi30\dfrac{H7}{k6}$

配合松紧的特征参数	可能最紧配合状态下的极限盈隙/mm	孔轴均处于最大实体尺寸：$D_{min}-d_{max}=EI-es$		
		$X_{min}=0-(-0.007)$ $=+0.007$	$Y_{max}=0-(+0.035)$ $=-0.035$	$Y_{max}=0-(+0.015)$ $=-0.015$
	可能最松配合状态下的极限盈隙/mm	孔轴均处于最小实体尺寸：$D_{max}-d_{min}=ES-ei$		
		$X_{max}=+0.021-(-0.020)$ $=+0.041$	$Y_{min}=+0.021-(+0.020)$ $=-0.001$	$X_{max}=+0.021-(+0.002)$ $=+0.019$
	平均间隙（或平均过盈）	$X_{av}=(X_{max}+X_{min})/2$	$Y_{av}=(Y_{max}+Y_{min})/2$	$X_{av}(Y_{av})=(Y_{max}+X_{max})/2$
	配合松紧变化程度特征参数配合公差 T_f	$\lvert X_{max}-X_{min}\rvert$	$\lvert Y_{min}-Y_{max}\rvert$	$\lvert X_{max}-Y_{max}\rvert$
		$T_f=T_D+T_d$		

3.3

极限与配合国家标准的组成与特点

3.3.1　配合制

公差和基本偏差标准化的制度称为极限制。配合制是同一极限制的孔和轴组成配合的一种制度，也称基准制。由于相配合的孔、轴的公差带位置可有各种不同的方案，均可达到相同的配合要求。为了简化和有利于标准化，以尽可能少的标准公差带形成最多种的配合，GB/T 1800.1—2009 规定了基孔制配合和基轴制配合的两种平行的配合制。它们可以将配合的种类进一步简化，有利于组织互换性生产。

认识基孔制

1. 基孔制配合

基本偏差为一定的孔的公差带与不同基本偏差的轴的公差带形成各种配合的一种制度，称为基孔制配合，简称基孔制。基孔制的孔称为基准孔，孔的下偏差为基本偏差，其下偏差为零，代号为"H"。在基孔制中，先将孔的尺寸固定，再改变轴的尺寸，从而获得不同性质的配合，如图3-10（a）所示。

2. 基轴制配合

基本偏差为一定的轴的公差带与不同基本偏差的孔的公差带形成各种配合的一种制度，称为基轴制配合，简称基轴制。基轴制的轴称为基准轴，基本偏差为上偏差，其上偏差为零，其代号为"h"。在基轴制中，先将轴的尺寸固定，再改变孔的尺寸，从而获得不同性质的配合，如图3-10（b）所示。

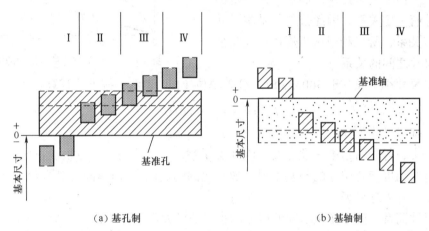

（a）基孔制　　　　　　　　　　（b）基轴制

图3-10　基孔制配合和基轴制配合

Ⅰ—间隙配合　Ⅱ—过渡配合　Ⅲ—过渡配合或过盈配合　Ⅳ—过盈配合

区别某种配合是基孔制还是基轴制，只与其公差带的位置有关，而与孔、轴的加工顺序无关，不能理解成基孔制就是先加工孔，后加工轴。

3.3.2　标准公差系列

1. 标准公差及其分级

标准公差是极限与配合国家标准中，用以确定公差带大小的任一公差值，也是为了限制各类加工误差而给出的标准的公差数值。标准公差数值由公差等级和基本尺寸决定。

生产实践表明，在相同的工艺条件下，尺寸大的零件，其加工误差也比较大。因为公差是限制加工误差的，所以在确定标准公差的时候，要考虑零件的直径。极限与配合国家标准在基本尺寸至500mm内规定了IT01，IT0，IT1，…，IT18共20个等级；在500～3150mm内规定了IT1～IT18共18个标准等级，精度依次降低。

IT（ISO Tolerance）表示国际公差，数字表示公差等级代号。公差等级高，零件的精度高，使用性能提高，但加工难度大，生产成本高；公差等级低，零件的精度低，使用性能降低，但加工难度小，生产成本降低。但是，同一公差等级对所有基本尺寸的一组公差也被认为具有同等精确程度。

2. 公差单位

公差单位也称为公差因子，是计算标准公差值的基本单位，也是制定标准公差数值系列的基础。利用统计法在生产中可发现，在相同的加工条件下，基本尺寸不同的孔或轴加工后产生的加工误差不相同，且加工误差的大小与工件直径的大小成一定的函数关系：在尺寸较小时加工误差与基本尺寸呈立方抛物线关系，在尺寸较大时接近线性关系，如图 3-11 所示。由于误差由公差来控制，而加工误差范围与基本尺寸有一定关系，因此公差与基本尺寸也应有一定关系，所以利用这个规律可反映公差与基本尺寸之间的关系。

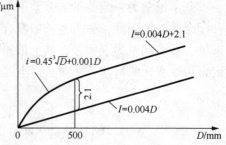

图 3-11　公差单位与基本尺寸的关系

当基本尺寸小于或等于 500mm 时，公差单位（以 i 表示）按下式计算：

$$i = 0.45\sqrt[3]{D} + 0.001D$$

式中，D 为基本尺寸（mm）。

在上式中，等号右边第一项主要反映加工误差，与尺寸的三次方根成正比；第二项用来补偿测量时温度变化引起的与基本尺寸成正比的测量误差。但是随着基本尺寸逐渐增大，第二项的影响越来越显著。

对大尺寸而言，温度变化引起的误差随直径的增大呈线性关系。

（1）当公称尺寸为 500 ~ 3150mm 时，公差单位（以 I 表示）按下式计算：

$$I = 0.004D + 2.1$$

（2）当公称尺寸大于 3150mm 时，以上式来计算标准公差，也不能完全反映误差出现的规律，但目前没有发现更加合理的公式，仍然按此式来计算。

由上述两个公式可见，尺寸越大，误差越大，公差也应越大。

3. 公差等级系数

在基本尺寸一定的情况下，公差等级系数 a 的大小反映了加工方法的难易程度，也是决定标准公差大小 $IT = ai$ 的唯一参数，成为 IT5 ~ IT18 各级标准公差包含的公差因子数。

标准公差由公差等级系数和公差单位的乘积决定。

（1）基本尺寸小于或等于 500mm，标准公差的计算公式见表 3-2。基本尺寸小于或等于 500mm 时，常用公差等级 IT5 ~ IT18 的公差值按 $IT = ai$ 计算。

表 3-2　　　　　　基本尺寸小于或等于 500mm 的标准公差数值计算公式

公差等级	公　式	公差等级	公　式	公差等级	公　式
IT01	$0.3 + 0.008D$	IT6	$10i$	IT13	$250i$
IT0	$0.5 + 0.012D$	IT7	$16i$	IT14	$400i$
IT1	$0.8 + 0.020D$	IT8	$25i$	IT15	$640i$
IT2	$(IT1)(IT5/IT1)^{1/4}$	IT9	$40i$	IT16	$1\,000i$
IT3	$(IT1)(IT5/IT1)^{2/4}$	IT10	$64i$	IT17	$1\,600i$

公 差 等 级	公 式	公 差 等 级	公 式	公 差 等 级	公 式
IT4	$(IT1)(IT5/IT1)^{3/4}$	IT11	$100i$	IT18	$2\,500i$
IT5	$7i$	IT12	$160i$		

为了使公差值标准化，公差等级系数 a 选取优先数系 R5 系列，即 $q_5 = \sqrt[5]{10} \approx 1.6$，如 IT6～IT18，每隔 5 项增大 10 倍。

对于 IT01、IT0，IT1 高精度等级，主要考虑测量误差，其公差计算用线性关系式，而 IT2～IT4 的公差值在 IT1～IT5 的公差值之间，按几何级数分布。

（2）当基本尺寸大于 500mm 时，其公差值的计算方法与小于或等于 500mm 相同，标准公差的计算公式见表 3-3。

表 3-3 基本尺寸 500～3150mm 的标准公差数值计算公式

公 差 等 级	公 式	公 差 等 级	公 式	公 差 等 级	公 式
IT01	$1I$	IT6	$10I$	IT13	$250I$
IT0	$2^{1/4}I$	IT7	$16I$	IT14	$400I$
IT1	$2I$	IT8	$25I$	IT15	$640I$
IT2	$(IT1)(IT5/IT1)^{1/4}$	IT9	$40I$	IT16	$1\,000I$
IT3	$(IT1)(IT5/IT1)^{2/4}$	IT10	$64I$	IT17	$1\,600I$
IT4	$(IT1)(IT5/IT1)^{3/4}$	IT11	$100I$	IT18	$2\,500I$
IT5	$7I$	IT12	$160I$		

4. 尺寸分段

由于公差单位 i 是基本尺寸的函数，按标准公差计算公式计算标准公差值时，每一个基本尺寸都要有一个公差值，这会使编制的公差表非常庞大。而且相近的基本尺寸，其标准公差值相差很小，为了简化标准公差数值表，国家标准将基本尺寸分成若干段，具体分段见表 3-4。

分段后的基本尺寸 D 按其计算尺寸代入公式计算标准公差值，计算尺寸即为每个尺寸段内首尾两个尺寸的几何平均值，如 30～50mm 尺寸段的计算尺寸 $D = \sqrt{30 \times 50} \approx 38.73\text{(mm)}$，只要属于这一尺寸分段内的基本尺寸，其标准公差的计算直径均按 38.73mm 进行计算。对于小于或等于 3mm 的尺寸段用 $D = \sqrt{1 \times 3} \approx 1.73\text{(mm)}$ 来计算。

表 3-4 基本尺寸小于或等于 500mm 的尺寸分段

主 段 落	中 间 段 落	主 段 落	中 间 段 落
≤3	无细分段	> 250 ~ 315	> 250 ~ 280
> 3 ~ 6			> 280 ~ 315
> 6 ~ 10		> 315 ~ 400	> 315 ~ 355
> 10 ~ 18	> 10 ~ 14		> 355 ~ 400
	> 14 ~ 18	> 400 ~ 500	> 400 ~ 450
> 18 ~ 30	> 18 ~ 24		> 450 ~ 500
	> 24 ~ 30	> 500 ~ 630	> 500 ~ 560

主 段 落	中 间 段 落	主 段 落	中 间 段 落
>30~50	>30~40	>500~630	>560~630
	>40~50	>630~800	>630~710
>50~80	>50~65		>710~800
	>65~80	>800~1000	>800~900
>80~120	>80~100		>900~1000
	>100~120	>1000~1250	>1000~1120
>120~180	>120~140		>1120~1250
	>140~160	>1250~1600	>1250~1400
	>160~180		>1400~1600
		>1600~2000	>1600~1800
			>1800~2000
>180~250	>120~140	>2000~2500	>2000~2240
	>140~160		>2240~2500
	>160~180	>2500~3150	>2500~2800
			>2800~3150

【例 3-1】 计算确定直径尺寸为 $\phi 25mm$ 的 IT6、IT7 级公差的标准公差值。

解： $\phi 25mm$ 属于 $18 \sim 30mm$ 尺寸段。

计算尺寸为 　　　　$D = \sqrt{18 \times 30} \approx 23.24$（mm）

公差单位为 　　　　$i = 0.45\sqrt[3]{D} + 0.001D$

$$= (0.45\sqrt[3]{23.24} + 0.001 \times 23.24) \approx 1.31 （\mu m）$$

查表 3-2 可得

$$IT6 = 10i = 10 \times 1.31 \approx 13 （\mu m）$$

$$IT7 = 16i = 16 \times 1.31 \approx 21 （\mu m）$$

根据以上方法分别对各尺寸段进行计算，再按规则圆整，即得出标准公差数值，GB/T 1800.1—2009 规定的标准公差数值表见表 3-5。这样，就使得同一公差等级、同一尺寸分段内各公称尺寸的标准公差值是相同的。实践证明：这样计算公差值差别很小，对生产影响也不大，但是对公差值的标准化很有利。

表 3-5　　　　　　　　　　公称尺寸至 3150mm 标准公差数值

公称尺寸 /mm		公 差 等 级																	
大于	至	IT1	IT2	IT3	IT4	IT5	IT6	IT7	IT8	IT9	IT10	IT11	IT12	IT13	IT14	IT15	IT16	IT17	IT18
		μm											mm						
—	3	0.8	1.2	2	3	4	6	10	14	25	40	60	0.10	0.14	0.25	0.40	0.60	1.0	1.4
3	6	1	1.5	2.5	4	5	8	12	18	30	48	75	0.12	0.18	0.30	0.48	0.75	1.2	1.8
6	10	1	1.5	2.5	4	6	9	15	22	36	58	90	0.15	0.22	0.36	0.58	0.90	1.5	2.2
10	18	1.2	2	3	5	8	11	18	27	43	70	110	0.18	0.27	0.43	0.70	1.10	1.8	2.7
18	30	1.5	2.5	4	6	9	13	21	33	52	84	130	0.21	0.33	0.52	0.84	1.30	2.1	3.3
30	50	1.5	2.5	4	7	11	16	25	39	62	100	160	0.25	0.39	0.62	1.00	1.60	2.5	3.9

续表

公称尺寸/mm		公 差 等 级																	
		IT1	IT2	IT3	IT4	IT5	IT6	IT7	IT8	IT9	IT10	IT11	IT12	IT13	IT14	IT15	IT16	IT17	IT18
大于	至	μm											mm						
50	80	2	3	5	8	13	19	30	46	74	120	190	0.30	0.46	0.74	1.20	1.90	3.0	4.6
80	120	2.5	4	6	10	15	22	35	54	87	140	220	0.35	0.54	0.87	1.40	2.20	3.5	5.4
120	180	3.5	5	8	12	18	25	40	63	100	160	250	0.40	0.63	1.00	1.60	2.50	4.0	6.3
180	250	4.5	7	10	14	20	29	46	72	115	185	290	0.46	0.72	1.15	1.85	2.90	4.6	7.2
250	315	6	8	12	16	23	32	52	81	130	210	320	0.52	0.81	1.30	2.10	3.20	5.2	8.1
315	400	7	9	13	18	25	36	57	89	140	230	360	0.57	0.89	1.40	2.30	3.60	5.7	8.9
400	500	8	10	15	20	27	40	63	97	155	250	400	0.63	0.97	1.55	2.50	4.00	6.3	9.7
500	630	9	11	16	22	32	44	70	110	175	280	440	0.7	1.1	1.75	2.8	4.4	7	11
630	800	10	13	18	25	36	50	80	125	200	320	500	0.8	1.25	2	3.2	5	8	12.5
800	1000	11	15	21	28	40	56	90	140	230	360	560	0.9	1.4	2.3	3.6	5.6	9	14
1000	1250	13	18	24	33	47	66	105	165	260	420	660	1.05	1.65	2.6	4.2	6.6	10.5	16.5
1250	1600	15	21	29	39	55	78	125	195	310	500	780	1.25	1.95	3.1	5	7.8	12.5	19.5
1600	2000	18	25	35	46	65	92	150	230	370	600	920	1.5	2.3	3.7	6	9.2	15	23
2000	2500	22	30	41	55	78	110	175	280	440	700	1100	1.75	2.8	4.4	7	11	17.5	28
2500	3150	26	36	50	68	96	135	210	330	540	860	1350	2.1	3.3	5.4	8.6	13.5	21	33

注：1. 公称尺寸大于 500mm 的 IT1～IT5 的标准公差数值为试行的；

2. 公称尺寸小于或等于 1mm 时，无 IT14～IT18。

从表 3-5 中可以看出，同一基本尺寸范围，不同的公差等级对应不同的标准公差数值，公差等级越高，标准公差数值越小；而同一公差等级，虽然基本尺寸越大，公差数值越大，但却有相同的精度，如 IT7 都是 7 级精度。因此，当基本尺寸不同时，不能凭公差数值的大小来判断精度高低，而只能根据公差等级来判断。

3.3.3　基本偏差系列

基本偏差是用来确定公差带相对零线位置的，不同的公差带位置与基准件将形成不同的配合。基本偏差的数量将决定配合种类的数量。在对公差带的大小进行了标准化后，还需对公差带相对于零线的位置进行标准化。

1. 代号

国家标准中已将基本偏差标准化，为了满足机器中各种不同性质和不同松紧程度的配合需要，标准对孔和轴分别规定了 28 个公差带位置，分别由 28 个基本偏差代号来确定。基本偏差代号用拉丁字母表示，孔用大写字母表示，轴用小写字母表示。28 种基本偏差代号，由 26 个拉丁字母中除去 5 个容易与其他参数混淆的字母 I、L、O、Q、W（i、l、o、q、w），剩下的 21 个字母加上 7 个双写的字母 CD、EF、FG、JS、ZA、ZB、ZC（cd、ef、fg、js、za、zb、zc）组成。这 28 种基本偏差构成了基本偏差系列。

2. 基本偏差系列图及其特征

图 3-12 所示为基本偏差系列图。该图主要有以下特征。

（1）基本偏差系列中的 H（h）其基本偏差为零。

（2）JS（js）与零线对称，上偏差 ES（es）= +IT/2，下偏差 EI（ei）= −IT/2，上下偏差均可作为基本偏差。

JS 和 js 将逐渐代替近似对称于零线的基本偏差 J 和 j，因此在国家标准中，孔仅有 J6、J7 和 J8，轴仅保留了 j5、j6、j7 和 j8。

（3）在孔的基本偏差系列中，A～H 的基本偏差为下偏差 EI，J～ZC 的基本偏差为上偏差 ES。

在轴的基本偏差系列中，a～h 的基本偏差为上偏差 es，j～zc 的基本偏差为下偏差 ei。

A～H（a～h）的基本偏差的绝对值逐渐减小，J～ZC（j～zc）的基本偏差的绝对值一般为逐渐增大。

（4）图 3-12 中各公差带只画出基本偏差一端，另一端取决于标准公差值的大小。

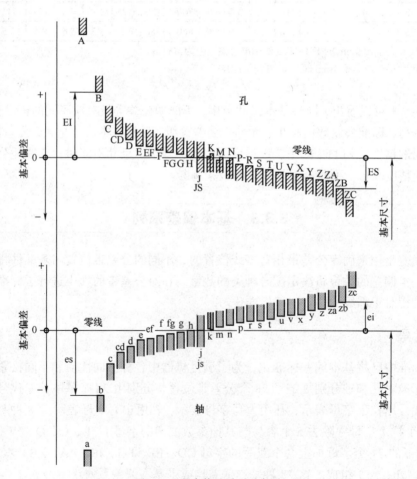

图 3-12　基本偏差系列示意图

3. 轴的基本偏差数值

轴的基本偏差数值是以基孔制配合为基础，按照各种配合要求，再根据生产实践经验和统计分析结果得出的一系列公式，经计算后圆整尾数而得出。轴的基本偏差计算公式见表 3-6。为了方便使用，国家标准按有关轴的基本偏差公式计算列出了轴的基本偏差数值表，见表 3-7。

表 3-6　　　　　　　　　基本尺寸≤500mm 的轴的基本偏差计算公式

基本偏差代号	适用范围	基本偏差为上偏差 es 的计算公式/μm	基本偏差代号	适用范围	基本偏差为下偏差的计算公式/μm
a	$D \leqslant 120$mm	$-(265+1.3D)$	j	IT5 ~ IT8	—
a	$D > 120$mm	$-3.5D$	k	≤IT3	0
b	$D \leqslant 160$mm	$-(140+0.85D)$	k	IT4 ~ IT7	$+0.6D^{1/3}$
b	$D > 160$mm	$-1.8D$	k	≥IT8	0
c	$D \leqslant 40$mm	$-52D^{0.2}$	m	$+(IT7 ~ IT6)$	
c	$D > 40$mm	$-(95+0.8D)$	n		$+5D^{0.34}$
cd		$-(cd)^{1/2}$	p		$+IT7+(0 ~ 5)$
d		$-16D^{0.44}$	r		$+ps^{1/2}$
e		$-11D^{0.41}$	s	$D \leqslant 120$mm	$+IT8+(1 ~ 4)$
ef		$-(ef)^{1/2}$	s	$D > 50$mm	$+IT7+0.4D$
f		$-5.5D^{0.41}$	t	$D > 24$mm	$+IT7+0.63D$
fg		$-(fg)^{1/2}$	u		$+IT7+D$
g		$-2.5D^{0.34}$	v	$D > 14$mm	$+IT7+1.25D$
h		0	x		$+IT7+1.6D$
基本偏差代号	适用范围	基本偏差为上偏差或下偏差	y	$D > 18$mm	$+IT7+2D$
js	±IT/2		z		$+IT7+2.5D$
js	±IT/2		za		$+IT8+3.15D$
js	±IT/2		zb		$+IT9+4D$
js	±IT/2		zc		$+IT10+5D$

注：1. 表中 D 的单位为 mm。

2. 除 j 和 js 外，表中所列的公式与公差等级无关。

轴的基本偏差可查表确定，另一个极限偏差可根据轴的基本偏差数值和标准公差值按下列关系计算：

$$ei = es - IT \qquad\qquad （3-15）$$

$$es = ei + IT \qquad\qquad （3-16）$$

表 3-7　　尺寸≤500mm 的轴的基本偏差数值

基本尺寸/mm	上偏差 es（所有公差等级） a	b	c	cd	d	e	ef	f	fg	g	h	js	j(5~6)	j(7)	j(8)	k(4~7)	k(≤3,>7)	m	n	p	r	s	t	u	v	x	y	z	za	zb	zc
≤3	-270	-140	-60	-34	-20	-14	-10	-6	-4	-2	0	±IT/2	-2	-4	-6	0	0	+2	+4	+6	+10	+14	—	+18	—	+20	—	+26	+32	+40	+60
3~6	-270	-140	-70	-46	-30	-20	-14	-10	-6	-4	0	±IT/2	-2	-4	—	+1	0	+4	+8	+12	+15	+19	—	+23	—	+28	—	+35	+42	+50	+80
6~10	-280	-150	-80	-56	-40	-25	-18	-13	-8	-5	0	±IT/2	-2	-5	—	+1	0	+6	+10	+15	+19	+23	—	+28	—	+34	—	+42	+52	+67	+97
10~14	-290	-150	-95	—	-50	-32	—	-16	—	-6	0	±IT/2	-3	-6	—	+1	0	+7	+12	+18	+23	+28	—	+33	—	+40	—	+50	+64	+90	+130
14~18	-290	-150	-95	—	-50	-32	—	-16	—	-6	0	±IT/2	-3	-6	—	+1	0	+7	+12	+18	+23	+28	—	+33	—	+45	—	+60	+77	+108	+150
18~24	-300	-160	-110	—	-65	-40	—	-20	—	-7	0	±IT/2	-4	-8	—	+2	0	+8	+15	+22	+28	+35	—	+41	+39	+54	+63	+73	+98	+136	+188
24~30	-300	-160	-110	—	-65	-40	—	-20	—	-7	0	±IT/2	-4	-8	—	+2	0	+8	+15	+22	+28	+35	+41	+48	+47	+64	+75	+88	+118	+160	+218
30~40	-310	-170	-120	—	-80	-50	—	-25	—	-9	0	±IT/2	-5	-10	—	+2	0	+9	+17	+26	+34	+43	+48	+60	+68	+80	+94	+112	+148	+200	+274
40~50	-320	-180	-130	—	-80	-50	—	-25	—	-9	0	±IT/2	-5	-10	—	+2	0	+9	+17	+26	+34	+43	+54	+70	+81	+97	+114	+136	+180	+242	+325
50~65	-340	-190	-140	—	-100	-60	—	-30	—	-10	0	±IT/2	-7	-12	—	+2	0	+11	+20	+32	+41	+53	+66	+87	+102	+122	+144	+172	+226	+300	+405
65~80	-360	-200	-150	—	-100	-60	—	-30	—	-10	0	±IT/2	-7	-12	—	+2	0	+11	+20	+32	+43	+59	+75	+102	+120	+146	+174	+210	+274	+360	+480
80~100	-380	-220	-170	—	-120	-72	—	-36	—	-12	0	±IT/2	-9	-15	—	+3	0	+13	+23	+37	+51	+71	+91	+124	+146	+178	+214	+258	+335	+445	+585
100~120	-410	-240	-180	—	-120	-72	—	-36	—	-12	0	±IT/2	-9	-15	—	+3	0	+13	+23	+37	+54	+79	+104	+144	+172	+210	+256	+310	+400	+525	+690
120~140	-460	-260	-200	—	-145	-85	—	-43	—	-14	0	±IT/2	-11	-18	—	+3	0	+15	+27	+43	+63	+92	+122	+170	+202	+248	+300	+365	+470	+620	+800
140~160	-520	-280	-210	—	-145	-85	—	-43	—	-14	0	±IT/2	-11	-18	—	+3	0	+15	+27	+43	+65	+100	+134	+190	+228	+280	+340	+415	+535	+700	+900
160~180	-580	-310	-230	—	-145	-85	—	-43	—	-14	0	±IT/2	-11	-18	—	+3	0	+15	+27	+43	+68	+108	+146	+210	+252	+310	+380	+465	+600	+780	+1000
180~200	-660	-340	-240	—	-170	-100	—	-50	—	-15	0	±IT/2	-13	-21	—	+4	0	+17	+31	+50	+77	+122	+166	+236	+284	+350	+425	+520	+670	+880	+1150
200~225	-740	-380	-260	—	-170	-100	—	-50	—	-15	0	±IT/2	-13	-21	—	+4	0	+17	+31	+50	+80	+130	+180	+258	+310	+385	+470	+575	+740	+960	+1250
225~250	-820	-420	-280	—	-170	-100	—	-50	—	-15	0	±IT/2	-13	-21	—	+4	0	+17	+31	+50	+84	+140	+196	+284	+340	+425	+520	+640	+820	+1050	+1350
250~280	-920	-480	-300	—	-190	-110	—	-56	—	-17	0	±IT/2	-16	-26	—	+4	0	+20	+34	+56	+94	+158	+218	+315	+385	+475	+580	+710	+920	+1200	+1550
280~315	-1050	-540	-330	—	-190	-110	—	-56	—	-17	0	±IT/2	-16	-26	—	+4	0	+20	+34	+56	+98	+170	+240	+350	+425	+525	+650	+790	+1000	+1300	+1700
315~355	-1200	-600	-360	—	-210	-125	—	-62	—	-18	0	±IT/2	-18	-28	—	+4	0	+21	+37	+62	+108	+190	+268	+390	+475	+590	+730	+900	+1150	+1500	+1900
355~400	-1350	-680	-400	—	-210	-125	—	-62	—	-18	0	±IT/2	-18	-28	—	+4	0	+21	+37	+62	+114	+208	+294	+435	+530	+660	+820	+1000	+1300	+1650	+2100
400~450	-1500	-760	-440	—	-230	-135	—	-68	—	-20	0	±IT/2	-20	-32	—	+5	0	+23	+40	+68	+126	+232	+330	+490	+595	+740	+920	+1100	+1450	+1850	+2400
450~500	-1650	-840	-480	—	-230	-135	—	-68	—	-20	0	±IT/2	-20	-32	—	+5	0	+23	+40	+68	+132	+252	+360	+540	+660	+820	+1000	+1250	+1600	+2100	+2600

注：1. 基本尺寸小于 1mm 时，各级的 a 和 b 均不采用；

2. js 的数值：对 IT7~IT11，若 IT 的数值（μm）为奇数，则取 $js = \pm \dfrac{IT-1}{2}$。

4. 孔的基本偏差数值

孔的基本偏差数值是由同名的轴的基本偏差换算得到的。换算原则：同名配合，配合性质相同。所谓"同名配合"，是指公差等级和非基准件的基本偏差代号都相同，只是基准制不同的配合，其配合性质相同，如基孔制的配合（ϕ H9/f9、ϕ 40H7/p6）变成同名基轴制的配合（ϕ F9/h9、ϕ 40P7/h6）时，其配合性质（极限间隙或极限过盈）不变。

根据上述原则，孔的基本偏差按以下两种规则换算。

（1）通用规则

用同一字母表示的孔、轴的基本偏差的绝对值相等，符号相反。孔的基本偏差是轴的基本偏差相对于零线的倒影，即

$$EI = -es（适用于 A \sim H）\tag{3-17}$$

$$ES = -ei（适用于同级配合的 J \sim ZC）\tag{3-18}$$

（2）特殊规则

用同一字母表示的孔、轴的基本偏差的符号相反，而绝对值相差一个Δ值，即特殊规则适用于基本尺寸$\leqslant$500mm，标准公差$\leqslant$IT8 的 J、K、M、N 和标准公差$\leqslant$IT7 的 P $\sim$ ZC。

$$ES = -ei +\Delta$$
$$\Delta = IT_n - IT_{n-1}\tag{3-19}$$

孔的另一个极限偏差可根据孔的基本偏差数值和标准公差值按下列关系式计算。

$$EI = ES - IT\tag{3-20}$$

$$ES = EI + IT\tag{3-21}$$

按上述换算规则，国家标准制定出孔的基本偏差数值表，如表 3-8 所示。

有了轴和孔的基本偏差数值表后，我们就能直接查出某一尺寸的基本偏差数值。查表时应注意：

（1）基本尺寸分段的界限值；

（2）查孔的基本偏差数值表时，在标准公差$\leqslant$IT8 的 K、M、N，以及$\leqslant$IT7 的 P 至 ZC 时，从表的右侧选取 Δ 值。

【例 3-2】 查表确定ϕ 35j6、ϕ 72K8、ϕ 90R7 的基本偏差与另一极限偏差。

解：ϕ 35j6：查表 3-5，IT6 时，$T_d = 16\mu m$；

查表 3-7，ei $= -5\mu m$，则 es $= ei + T_d = 11\mu m$，即ϕ 35j6$\to\phi$ $35^{+0.011}_{-0.005}$ mm。

ϕ 72K8：查表 3-5，IT8 时，$T_D = 46\mu m$；

查表 3-8，ES$= -2 +\Delta = -2+16 = 14(\mu m)$，EI $= ES - T_D = 14-46 = -32(\mu m)$，即$\phi$ 72K8$\to\phi$ $72^{+0.014}_{-0.032}$ mm。

ϕ 90R7：查表 3-5，IT7 时，$T_D = 35\mu m$；

查表 3-8，ES $= -51 +\Delta = -51+13 = -38(\mu m)$，EI $= ES - T_D = -38-35 = -73(\mu m)$，即$\phi$ 90R7$\to\phi$ $90^{-0.038}_{-0.073}$ mm。

机械测量技术

表 3-8　公称尺寸≤500mm 的孔的基本偏差数值

基本偏差/μm

公称尺寸/mm	下偏差 EI（所有的公差等级） A	B	C	CD	D	E	EF	F	FG	G	H	JS	J6	J7	J8	K≤8	K>8	M≤8	M>8	N≤8	N>8*	P~ZC ≤7	P	R	S	T	U	V	X	Y	Z	ZA	ZB	ZC	Δ3	Δ4	Δ5	Δ6	Δ7	Δ8
≤3	270	140	60	34	20	14	10	6	4	2	0	±IT/2	2	4	6	0	0	-2	-2	-4	-4		-6	-10	-14	—	-18	—	-20	—	-26	-32	-40	-60	0	0	0	0	0	0
3~6	270	140	70	46	30	20	14	10	6	4	0	±IT/2	5	6	10	-1+Δ	—	-4+Δ	-4	-8+Δ	0	同一直径比大于7级的增加一个Δ值	-12	-15	-19	—	-23	—	-28	—	-35	-42	-50	-80	1	1.5	1	3	4	6
6~10	280	150	80	56	40	25	18	13	8	5	0	±IT/2	5	8	12	-1+Δ	—	-6+Δ	-6	-10+Δ	0		-15	-19	-23	—	-28	—	-34	—	-42	-52	-67	-97	1	1.5	2	3	6	7
10~14	290	150	95		50	32		16		6	0	±IT/2	6	10	15	-1+Δ	—	-7+Δ	-7	-12+Δ	0		-18	-23	-28	—	-33	—	-40	—	-50	-64	-90	-130	1	2	3	3	7	9
14~18	290	150	95		50	32		16		6	0	±IT/2	6	10	15	-1+Δ	—	-7+Δ	-7	-12+Δ	0		-18	-23	-28	—	-33	-39	-45	—	-60	-77	-108	-150	1	2	3	3	7	9
18~24	300	160	110		65	40		20		7	0	±IT/2	8	12	20	-2+Δ	—	-8+Δ	-8	-15+Δ	0		-22	-28	-35	—	-41	-47	-54	—	-73	-98	-136	-188	1.5	2	3	4	8	12
24~30	300	160	120		65	40		20		7	0	±IT/2	8	12	20	-2+Δ	—	-8+Δ	-8	-15+Δ	0		-22	-28	-35	-41	-48	-55	-64	-65	-88	-118	-160	-218	1.5	2	3	4	8	12
30~40	310	170	120		80	50		25		9	0	±IT/2	10	14	24	-2+Δ	—	-9+Δ	-9	-17+Δ	0		-26	-34	-43	-48	-60	-68	-80	-94	-112	-148	-200	-274	1.5	3	4	5	9	14
40~50	320	180	130		80	50		25		9	0	±IT/2	10	14	24	-2+Δ	—	-9+Δ	-9	-17+Δ	0		-26	-34	-43	-54	-70	-81	-95	-114	-136	-180	-242	-325	1.5	3	4	5	9	14
50~65	340	190	140		100	60		30		10	0	±IT/2	13	18	28	-2+Δ	—	-11+Δ	-11	-20+Δ	0		-32	-41	-53	-66	-87	-102	-122	-144	-172	-226	-300	-400	2	3	5	6	11	16
65~80	360	200	150		100	60		30		10	0	±IT/2	13	18	28	-2+Δ	—	-11+Δ	-11	-20+Δ	0		-32	-43	-59	-75	-102	-120	-146	-174	-210	-274	-360	-480	2	3	5	6	11	16
80~100	380	220	170		120	72		36		12	0	±IT/2	16	22	34	-3+Δ	—	-13+Δ	-13	-23+Δ	0		-37	-51	-71	-91	-124	-146	-178	-214	-258	-335	-445	-585	2	4	5	7	13	19
100~120	410	240	180		120	72		36		12	0	±IT/2	16	22	34	-3+Δ	—	-13+Δ	-13	-23+Δ	0		-37	-54	-79	-104	-144	-172	-210	-254	-310	-400	-525	-690	2	4	5	7	13	19

54

续表

基本偏差 μm

公称尺寸/mm	下偏差 EI（所有的公差等级）											JS	J			上偏差 ES						P~ZC	上偏差 ES												Δ/μm					
	A	B	C	CD	D	E	EF	F	FG	G	H		6	7	8	K	M	N				≤7	P	R	S	T	U	V	X	Y	Z	ZA	ZB	ZC	3	4	5	6	7	8
																≤8 / >8	≤8 / >8	≤8 / >8*																							
120~140	460	260	200	—	145	85	—	43	—	14	0	±IT/2	18	26	41	−3+Δ / —	−15+Δ / −15	−27+Δ / 0	大于IT7的相应数值上增加一个Δ值			−43	−63	−92	−122	−170	−202	−248	−300	−365	−470	−620	−800	3	4	6	9	15	23
140~160	520	280	210	—	145	85	—	43	—	14	0	±IT/2	18	26	41	−3+Δ / —	−15+Δ / −15	−27+Δ / 0		−43	−65	−100	−134	−190	−228	−280	−340	−415	−535	−700	−900	3	4	6	9	15	23	
160~180	580	310	230	—	145	85	—	43	—	14	0	±IT/2	18	26	41	−3+Δ / —	−15+Δ / −15	−27+Δ / 0		−43	−68	−108	−146	−210	−252	−310	−380	−465	−600	−770	−1000	3	4	6	9	15	23	
180~200	660	340	240	—	170	100	—	50	—	15	0	±IT/2	22	30	47	−4+Δ / —	−17+Δ / −17	−31+Δ / 0		−50	−77	−122	−166	−236	−284	−350	−425	−520	−670	−880	−1150	3	4	6	9	17	26	
200~225	740	380	260	—	170	100	—	50	—	15	0	±IT/2	22	30	47	−4+Δ / —	−17+Δ / −17	−31+Δ / 0		−50	−80	−130	−180	−258	−310	−385	−470	−575	−740	−960	−1250	3	4	6	9	17	26	
225~250	820	420	280	—	170	100	—	50	—	15	0	±IT/2	22	30	47	−4+Δ / —	−17+Δ / −17	−31+Δ / 0		−50	−84	−140	−196	−284	−340	−425	−520	−640	−820	−1050	−1350	3	4	6	9	17	26	
250~280	920	480	300	—	190	110	—	56	—	17	0	±IT/2	25	36	55	−4+Δ / —	−20+Δ / −20	−34+Δ / 0		−56	−94	−158	−218	−315	−385	−475	−580	−710	−920	−1200	−1550	4	4	7	9	20	29	
280~315	1050	540	330	—	190	110	—	56	—	17	0	±IT/2	25	36	55	−4+Δ / —	−20+Δ / −20	−34+Δ / 0		−56	−98	−170	−240	−350	−425	−525	−650	−790	−1000	−1300	−1700	4	4	7	9	20	29	
315~355	1200	600	360	—	210	125	—	62	—	18	0	±IT/2	29	39	60	−4+Δ / —	−21+Δ / −21	−37+Δ / 0		−62	−108	−190	−268	−390	−475	−590	−730	−900	−1150	−1500	−1900	4	5	7	11	21	32	
355~400	1350	680	400	—	210	125	—	62	—	18	0	±IT/2	29	39	60	−4+Δ / —	−21+Δ / −21	−37+Δ / 0		−62	−114	−208	−294	−435	−530	−660	−820	−1000	−1300	−1650	−2100	4	5	7	11	21	32	
400~450	1500	760	440	—	230	135	—	68	—	20	0	±IT/2	33	43	66	−5+Δ / —	−23+Δ / −23	−40+Δ / 0		−68	−126	−232	−330	−490	−595	−740	−920	−1100	−1450	−1850	−2400	5	5	7	13	23	34	
450~500	1650	840	480	—	230	135	—	68	—	20	0	±IT/2	33	43	66	−5+Δ / —	−23+Δ / −23	−40+Δ / 0		−68	−132	−252	−360	−540	−660	−820	−1000	−1250	−1600	−2100	−2600	5	5	7	13	23	34	

3.3.4　公差与配合在图样上的标注

1.　公差带代号与配合代号

公差与配合在图样上的标注

国标规定孔、轴的公差带代号由基本偏差代号和公差等级数字组成，它能完整表达零件的加工精度和尺寸的合格范围。例如，H7、F7、K7、P6 等为孔的公差带代号；h7、g6、m6、r7 等为轴的公差带代号。孔、轴公差带代号标注在零件图上。

当孔和轴组成配合时，配合代号写成分数形式，分子为孔的公差带代号，分母为轴的公差代号，如 $\dfrac{\text{H7}}{\text{g6}}$ 或 H7/g6。若指某基本尺寸的配合，则基本尺寸标在配合代号之前，如 ϕ30H7/g6。配合代号标注在装配图上。

2.　图样中尺寸公差的标注形式

标注案例

零件图中尺寸公差有 3 种标注形式，如图 3-13 所示。

（1）标注基本尺寸和公差带代号。如图 3-13（a）所示，此种标注适用于大批量生产的产品零件。

（2）标注基本尺寸和极限偏差值。如图 3-13（b）所示，此种标注一般在单件或小批生产的产品零件图样上采用，应用较广泛。

（3）标注基本尺寸、公差带代号和极限偏差值。如图 3-13（c）所示，此种标注适用于中小批量生产的产品零件。

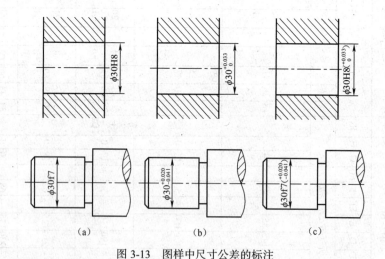

图 3-13　图样中尺寸公差的标注

3.　图样中配合代号的标注形式

在装配图上主要标注配合代号，即标注孔、轴的基本偏差代号及公差等级代号，如图 3-14 所示。

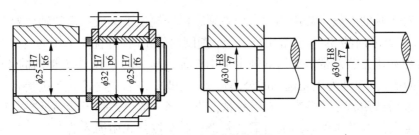

图 3-14　配合代号的标注

3.3.5　常用公差带与配合

国家标准提供了 20 种公差等级和 28 种基本偏差代号，其中基本偏差 j 限用于 4 个公差等级，基本偏差 J 限用于 3 个公差等级，由此可组成孔的公差带有 543 种、轴的公差带有 544 种。孔和轴又可以组成大量的配合，数量如此之多，一方面可以满足广泛需要，但另一方面，公差带种类太多，对生产不利，这会导致定值刀具、量具和工艺装备数量繁杂。同时，应避免与实际应用要求显然不符的公差带，如 a2 等。所以，对公差带和配合应该加以限制。

在基本尺寸≤500mm 的常用尺寸段范围内，国家标准 GB/T 1801—2009 推荐了轴、孔的一般、常用和优先选用的公差带，如图 3-15 和图 3-16 所示。

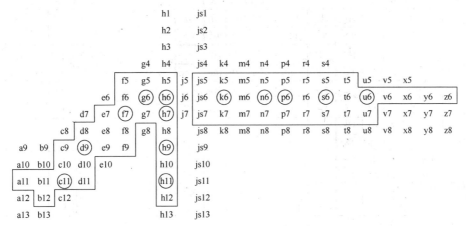

图 3-15　　基本尺寸≤500mm 尺寸轴的一般、常用、优先公差带

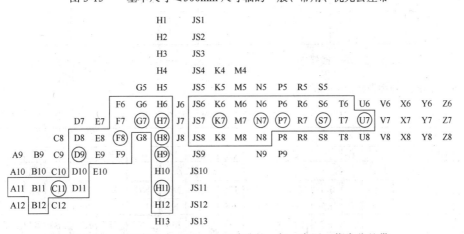

图 3-16　　基本尺寸≤500mm 尺寸孔的一般、常用、优先公差带

　　其中，对于轴的一般、常用和优先公差国家标准规定了一般用途的轴公差带 116 种，其中图 3-15 中方框内的 59 种为常用公差带，圆圈内的 13 种为优先选用的公差带；对于孔的一般、常用和优先公差带国家标准规定了 105 种，其中图 3-16 中方框内的 44 种为常用公差带，圆圈内的 13 种为优先选用的公差带。选用时，应首先考虑优先公差带，其次是常用公差带，最后选用其他公差带。在特殊情况下，当一般公差带不能满足要求时，才允许按规定的标准公差与基本偏差组成所需公差带，甚至按公式用插入的或延伸的方法，计算新的标准公差与基本偏差，然后组成所需公差带。

　　国家标准在推荐了孔、轴公差带的基础上，还推荐了孔、轴公差带的配合，见表 3-9 和表 3-10。对于基孔制规定了 59 个常用配合，在常用配合中又规定了 13 个优先配合；对于基轴制规定了 47 个常用配合，在常用配合中又规定了 13 个优先配合。表 3-9 中，与基准孔配合，当轴的公差小于或等于 IT7 时，是与低一级的基准孔配合，其余是与同级的基准孔配合。表 3-10 中，与基准轴配合，当孔的公差小于或等于 IT8 时，是与高一级的基准轴配合，其余是与同级的基准轴配合。

表 3-9　　　　　　　　　　基孔制优先、常用配合（GB/T 1801—2009）

基准孔	轴																				
	a	b	c	d	e	f	g	h	js	k	m	n	p	r	s	t	u	v	x	y	z
	间隙配合								过渡配合				过盈配合								
H6						$\frac{H6}{f5}$	$\frac{H6}{g5}$	$\frac{H6}{h5}$	$\frac{H6}{js5}$	$\frac{H6}{k5}$	$\frac{H6}{m5}$	$\frac{H6}{n5}$	$\frac{H6}{p5}$	$\frac{H6}{r5}$	$\frac{H6}{s5}$	$\frac{H6}{t5}$					
H7						$\frac{H7}{f6}$	$\frac{H7}{g6}$	$\frac{H7}{h6}$	$\frac{H7}{js6}$	$\frac{H7}{k6}$	$\frac{H7}{m6}$	$\frac{H7}{n6}$	$\frac{H7}{p6}$	$\frac{H7}{r6}$	$\frac{H7}{s6}$	$\frac{H7}{t6}$	$\frac{H7}{u6}$	$\frac{H7}{v6}$	$\frac{H7}{x6}$	$\frac{H7}{y6}$	$\frac{H7}{z6}$
H8					$\frac{H8}{e7}$	$\frac{H8}{f7}$	$\frac{H8}{g7}$	$\frac{H8}{h7}$	$\frac{H8}{js7}$	$\frac{H8}{k7}$	$\frac{H8}{m7}$	$\frac{H8}{n7}$	$\frac{H8}{p7}$	$\frac{H8}{r7}$	$\frac{H8}{s7}$	$\frac{H8}{t7}$	$\frac{H8}{u7}$				
				$\frac{H8}{d8}$	$\frac{H8}{e8}$	$\frac{H8}{f8}$		$\frac{H8}{h8}$													
H9			$\frac{H9}{c9}$	$\frac{H9}{d9}$	$\frac{H9}{e9}$	$\frac{H9}{f9}$		$\frac{H9}{h9}$													
H10			$\frac{H10}{c10}$	$\frac{H10}{d10}$				$\frac{H10}{h10}$													
H11	$\frac{H11}{a11}$	$\frac{H11}{b11}$	$\frac{H11}{c11}$	$\frac{H11}{d11}$				$\frac{H11}{h11}$													
H12		$\frac{H12}{b12}$						$\frac{H12}{h12}$													

注：1. $\frac{H6}{n5}$、$\frac{H7}{p6}$ 在基本尺寸小于或等于 3mm 和 $\frac{H8}{r7}$ 在基本尺寸小于或等于 100mm 时，为过渡配合；

　　2. 带 ▶ 的配合为优先配合。

表 3-10　　　　　　　　　　基轴制优先、常用配合（GB/T 1801—2009）

基准轴	孔																					
	A	B	C	D	E	F	G	H	JS	K	M	N	P	R	S	T	U	V	X	Y	Z	
	间隙配合								过渡配合				过盈配合									
h5						$\frac{F6}{h5}$	$\frac{G6}{h5}$	$\frac{H6}{h5}$	$\frac{JS6}{h5}$	$\frac{K6}{h5}$	$\frac{M6}{h5}$	$\frac{N6}{h5}$	$\frac{P6}{h5}$	$\frac{R6}{h5}$	$\frac{S6}{h5}$	$\frac{T6}{h5}$						
h6						$\frac{F7}{h6}$	$\frac{G7}{h6}$	$\frac{H7}{h6}$	$\frac{JS7}{h6}$	$\frac{K7}{h6}$	$\frac{M7}{h6}$	$\frac{N7}{h6}$	$\frac{P7}{h6}$	$\frac{R7}{h6}$	$\frac{S7}{h6}$	$\frac{T7}{h6}$	$\frac{U7}{h6}$					

续表

基准轴	孔																					
	A	B	C	D	E	F	G	H	JS	K	M	N	P	R	S	T	U	V	X	Y	Z
	间 隙 配 合								过 渡 配 合				过 盈 配 合								
h7					$\dfrac{E8}{h7}$	▶$\dfrac{F8}{h7}$		▶$\dfrac{H8}{h7}$	$\dfrac{JS8}{h7}$	$\dfrac{K8}{h7}$	$\dfrac{M8}{h7}$	$\dfrac{N8}{h7}$									
h8				$\dfrac{D8}{h8}$	$\dfrac{E8}{h8}$	$\dfrac{F8}{h8}$		$\dfrac{H8}{h8}$													
h9				▶$\dfrac{D9}{h9}$	$\dfrac{E9}{h9}$	$\dfrac{F9}{h9}$		▶$\dfrac{H9}{h9}$													
h10				$\dfrac{D10}{h10}$				$\dfrac{H10}{h10}$													
h11	$\dfrac{A11}{h11}$	$\dfrac{B11}{h11}$	▶$\dfrac{C11}{h11}$	$\dfrac{D11}{h11}$				▶$\dfrac{H11}{h11}$													
h12		$\dfrac{B12}{h12}$						$\dfrac{H12}{h12}$													

注：带 ▶ 的配合为优先配合。

3.3.6 一般公差线性尺寸的未注公差

一般公差是指在车间通常加工条件下可保证的公差，是机床设备在正常维护和操作情况下，能达到的经济加工精度。采用一般公差时，在该尺寸后不标注极限偏差或其他代号，所以也称未注公差。

一般公差主要用于较低精度的非配合尺寸。当功能上允许的公差等于或大于一般公差时，均应采用一般公差；当要素的功能允许比一般公差大的公差，且该公差在制造上比一般公差更为经济时，如装配时所钻的盲孔深度，则相应的极限偏差数值要在尺寸后注出。在正常情况下，一般可不必检验。

一般公差适用于金属切削加工的尺寸，一般冲压加工的尺寸。对非金属材料和其他工艺方法加工的尺寸也可参照采用。

在 GB/T 1804—2000 中，规定了 f、m、c、v 4 个公差等级，其线性尺寸一般公差的公差等级及其极限偏差数值见表 3-11；其倒圆角半径和倒角高度尺寸一般公差等级及其极限偏差数值见表 3-12。未注公差角度尺寸的极限偏差见表 3-13。

表 3-11　　　　　　线性尺寸一般公差的公差等级及其极限偏差数值　　　　　单位：mm

公差等级	尺寸分段							
	0.5 ~ 3	> 3 ~ 6	> 6 ~ 30	> 30 ~ 120	> 120 ~ 400	> 400 ~ 1000	> 1000 ~ 2000	> 2000 ~ 4000
f（精密级）	±0.05	±0.05	±0.1	±0.15	±0.2	±0.3	±0.5	—
m（中等级）	±0.1	±0.1	±0.2	±0.3	±0.5	±0.8	±1.2	±2
c（粗糙级）	±0.2	±0.3	±0.5	±0.8	±1.2	±2	±3	±4
v（最粗级）	—	±0.5	±1	±1.5	±2.5	±4	±6	±8

表 3-12   倒圆角半径与倒角高度尺寸一般公差的公差等级及其极限偏差数值   单位：mm

公差等级	尺寸分段			
	0.5 ~ 3	> 3 ~ 6	> 6 ~ 30	> 30
f（精密级）	±0.2	±0.5	±1	±2
m（中等级）				
c（粗糙级）	±0.4	±1	±2	±4
v（最粗级）				

表 3-13   未注公差角度尺寸的极限偏差

公差等级	长度/mm				
	≤ 10	> 10 ~ 50	> 50 ~ 120	> 120 ~ 400	> 400
f（精密级）、m（中等级）	±1°	±30′	±20′	±10′	±5′
c（粗糙级）	±1°30′	±1°	±30′	±15′	±10′
v（最粗级）	±3°	±2°	±1°	±30′	±20′

3.4 公差与配合的选用

极限与配合国家标准的应用，就是如何根据使用要求正确合理地选择符合标准规定的孔、轴的公差带大小和公差带位置。即在基本尺寸确定之后，来选择公差等级、配合制和配合种类的问题。公差与配合的选择是机械设计与机械制造的重要环节。其基本原则是经济地满足使用性能要求，并获得最佳技术经济效益。满足使用性能是第一位的，这是产品质量的保证。在满足使用性能要求的条件下，充分考虑生产、使用、维护过程的经济性。

正确合理地选择孔、轴的公差等级、配合制和配合种类，不仅要对极限与配合国家标准的构成原理和方法有较深的了解，而且应对产品的工作状况、使用条件、技术性能和精度要求、可靠性和预计寿命及生产条件进行全面的分析和估计，特别应该在生产实践和科学实践中不断积累设计经验，提高综合实际工作能力，才能真正达到正确合理选择的目的。

极限与配合的选择一般有 3 种方法：类比法、计算法和试验法。类比法就是通过对类似的机器和零部件进行调查研究，分析对比，吸取经验教训，结合各自的实际情况选取公差与配合。这是应用最多、最主要的方法。计算法是按照一定的理论和公式来确定所需要的间隙或过盈。由于影响因素较复杂，理论均是近似的，计算结果不尽符合实际，应进行修正。试验法是通过试验或统计分析来确定间隙或过盈，此法较为合理可靠，但成本较高，只用于重要的配合。

公差与配合的选择主要包括基准制的选择、公差等级的选择和配合种类的选择。

3.4.1 基准制的选择

基准制的选择主要考虑结构的工艺性及加工的经济性，一般原则如下。

1. 一般情况下优先选用基孔制

优先选用基孔制，这主要是从工艺性和经济性来考虑的。孔通常用定值刀具（如钻头、铰刀、拉刀等）加工，用极限量规（塞规）检验。当孔的基本尺寸和公差等级相同而基本偏差改变时，就需要更换刀具、量具。而一种规格的磨轮或车刀，可以加工不同基本偏差的轴，轴还可以用通用量具进行测量。所以，为了减少定值刀具、量具的规格和数量，利于生产，提高经济性，应优先选用基孔制。

2. 有明显经济效益时应选用基轴制

（1）当在机械制造中采用具有一定公差等级（IT7～IT9）的冷拉钢材，其外径不经切削加工即能满足使用要求（如农业机械和纺织机械等）时，就应选择基轴制，再按配合要求选用适当的孔公差带加工孔就可以了。这在技术上、经济上都是合理的。

（2）由于结构上的特点，宜采用基轴制。图 3-17（a）所示为发动机的活塞销轴与连杆铜套孔和活塞孔之间的配合，根据工作要求，活塞销轴与活塞孔应为过渡配合，而活塞销轴与连杆之间由于有相对运动应为间隙配合。若采用基孔制配合，如图 3-17（b）所示，销轴将做成阶梯状，这样既不便于加工，又不利于装配。若采用基轴制配合，如图 3-17（c）所示，销轴做成光轴，既方便加工，又利于装配。

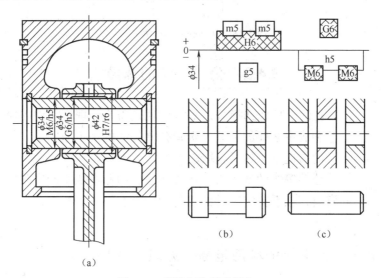

图 3-17　基准制选择示例之一

3. 与标准件配合时，应服从标准件的既定表面

标准件通常由专业工厂大量生产，在制造时其配合部位的基准制已确定。所以与其配合的轴和孔一定要服从标准件既定的基准制。例如，与滚动轴承内圈配合的轴应选用基孔制，而与滚动轴承外圈外径相配合的外壳孔应选用基轴制。

4. 在特殊需要时可采用非基准制配合

非基准制配合是指由不包含基本偏差 H 和 h 的任一孔、轴公差带组成的配合。图 3-18

所示为轴承座孔同时与滚动轴承外径和端盖的配合，滚动轴承是标准件，它与轴承座孔的配合应为基轴制过渡配合，选取轴承座孔公差带为ϕ110J7，而轴承座孔与端盖的配合应为较低精度的间隙配合，座孔公差带已定为 J7，现在只能对端盖选定一个位于 J7 下方的公差带，以形成所要求的间隙配合。考虑到端盖的性能要求和加工的经济性，采用 f9 的公差带，最后确定端盖与轴承座孔之间的配合为ϕ110J7/f9。

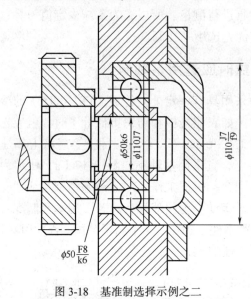

图 3-18　基准制选择示例之二

3.4.2　公差等级的选择

公差等级的选择原则

正确合理地选择公差等级，就是需要处理好零件的使用要求与制造工艺和成本之间的关系。选择公差等级的基本原则是，在满足零件使用要求的前提下，尽量选取较低的公差等级。

公差等级的选择常采用类比法，即参考从生产实践中总结出来的经验资料，联系待定零件的工艺、配合和结构等特点，经分析后再确定公差等级。其一般过程如下。

1．了解各个公差等级的应用范围（见表 3-14）

表 3-14　　　　　　　　　　　　公差等级的应用

应用	公差等级（IT）																		
	01	0	1	2	3	4	5	6	7	8	9	10	11	12	13	14	15	16	17	18
量块	—	—	—																	
量规			—	—	—	—	—	—	—	—										
配合尺寸							—	—	—	—	—	—	—							
特别精密的配合				—	—	—	—													
非配合尺寸														—	—	—	—	—	—	—
原材料尺寸									—	—	—	—	—	—						

2. 掌握配合尺寸公差等级的应用情况（见表3-15）

表3-15　　　　　　　　　　　　配合尺寸公差等级的应用

公差等级	重 要 处		常 用 处		次 要 处	
	孔	轴	孔	轴	孔	轴
精密机械	IT4	IT4	IT5	IT5	IT7	IT6
一般机械	IT5	IT5	IT7	IT6	IT8	IT9
较粗机械	IT7	IT6	IT8	IT9	IT10～IT12	

3. 熟悉各种工艺方法的加工精度

公差等级与加工方法的关系如表3-16所示。要慎重选择使用高精度公差等级，否则会使加工成本急剧增加。

表3-16　　　　　　　　　各种加工方法可能达到的公差等级

加工方法	公差等级（IT）																			
	01	0	1	2	3	4	5	6	7	8	9	10	11	12	13	14	15	16	17	18
研磨	—	—	—	—	—	—														
珩						—	—	—	—											
圆磨							—	—	—	—										
平磨							—	—	—	—										
金刚石车							—	—	—											
金刚石镗							—	—	—											
拉削							—	—	—											
铰孔								—	—	—	—	—								
车									—	—	—	—	—							
镗									—	—	—	—	—							
铣										—	—	—	—							
刨、插										—	—	—	—							
钻												—	—	—	—					
滚压、挤压												—	—							
冲压												—	—	—	—	—				
压铸													—	—	—					
粉末冶金成形							—	—	—											
粉末冶金烧结								—	—	—										
砂型铸造、气割																	—	—	—	
锻造																	—	—		

4. 注意孔、轴配合时的工艺等价性

孔和轴的工艺等价性是指孔和轴的加工难易程度应相同。在公差等级≤8级时，从目前来看，中小尺寸的孔加工比相同尺寸、相同等级的轴加工要困难，加工成本也要高些，其工

艺是不等价的。为了使组成配合的孔、轴工艺等价，其公差等级应按优先、常用配合（见表3-9、表3-10）孔、轴相差一级选用，这样就可保证孔、轴工艺等价。当然，在实践中如有必要仍允许同级组成配合。按工艺等价性选择公差等级可参考表3-17。

表 3-17　　　　　　　　　　　　　　按工艺等价性选择轴的公差等级

要 求 配 合	条件：孔的公差等级	轴应选的公差等级	实　　　例
间隙配合⎫ 过渡配合⎭	≤IT8	轴比孔高一级	H7/f6
	>IT8	轴与孔同级	H9/d9
过盈配合	≤IT7	轴比孔高一级	H7/p6
	>IT7	轴与孔同级	H8/s8

精度要求不高的配合允许孔、轴的公差等级相差 2～3 级，如图 3-20 中轴承端盖凸缘与箱体外壳孔的配合代号为 $\phi110$J7/f9，孔、轴的公差等级相差 2 级。各种公差等级的应用情况见表 3-18。

表 3-18　　　　　　　　　　配合尺寸精度为 IT5～IT13 级的应用（尺寸≤500mm）

公 差 等 级	适 用 范 围	应 用 举 例
IT5	用于仪表、发动机和机床中特别重要的配合，加工要求较高，一般机械制造中较少应用。特点是能保证配合性质的稳定性	航空及航海仪器中特别精密的零件；与特别精密的滚动轴承相配的机床主轴和外壳孔，高精度齿轮的基准孔和基准轴
IT6	应用于机械制造中精度要求很高的重要配合，特点是能得到均匀的配合性质，使用可靠	与 E 级滚动轴承相配合的孔、轴径，机床丝杠轴径，矩形花键的定心直径，摇臂钻床的立柱等
IT7	广泛用于机械制造中精度要求较高、较重要的配合	联轴器中、带轮、凸轮等孔径，机床卡盘座孔，发动机中的连杆孔、活塞孔等
IT8	机械制造中属于中等精度，用于对配合性质要求不太高的次要配合	轴承座衬套沿宽度方向尺寸，IT9 至 IT12 级齿轮基准孔，IT11 至 IT12 级齿轮基准轴
IT9～IT10	属较低精度，用于配合性质要求不太高的次要配合	机械制造中轴套外径与孔，操纵件与轴，空轴带轮与轴，单键与花键
IT11～IT13	属低精度，只适用于基本上没有什么配合要求的场合	非配合尺寸及工序间尺寸，滑块与滑移齿轮，冲压加工的配合件，塑料成形尺寸公差

3.4.3　配合的选择

配合的选择原则

当选定了基准制和公差等级后，基准件（基准孔或基准轴）的公差带和非基准件的公差带的大小就随之确定。因此，选择配合就是确定非基准件的公差带位置，即选择非基准件的基本偏差代号。

1. 配合类别的选择

配合类别的选择主要是根据使用要求选择间隙配合、过盈配合和过渡配合 3 种配合类型之一。当相配合的孔、轴间有相对运动时，选择间隙配合；当相配合的孔、轴间无相对运动时，不经常拆卸，而需要传递一定的扭矩，选择过盈配合；当相配合的孔、轴间无相对运动，而需要经常拆卸时，选择过渡配合。

表 3-19 提供了 3 类配合选择的大体方向。

表 3-19			配合类别选择的大体方向	
无相对运动	要传递转矩	要精确同轴	永久结合	过盈配合
			可拆结合	过渡配合或基本偏差为 H(h)[②]的间隙配合加紧固件[①]
		不要精确同轴		间隙配合加紧固件[①]
	不需要传递转矩			过渡配合或轻的过盈配合
有相对运动	只有移动			基本偏差为 H(h)、G(g)[②]等间隙配合
	转动或转动和移动复合运动			基本偏差 A~F(a~f)[②]等间隙配合

注：① 紧固件指键、销钉和螺钉等；
　　② H(h)、G(g)、A~F(a~f)指非基准件的基本偏差代号。

2. 配合代号的选择

配合代号的选择是指在确定了配合制度和标准公差等级后，根据所选部位松紧程度的要求，确定与基准件配合的孔或轴的基本偏差代号。

配合代号的选择方法通常有 3 种，分别是计算法、试验法和类比法。

（1）计算法

根据配合的性能要求，按一定理论建立极限间隙或过盈的计算公式，由理论公式计算出所需要的极限间隙或极限过盈，然后选择相配合孔、轴的公差等级和配合代号。由于影响配合间隙和过盈量的因素很多，所以理论计算往往把条件理想化和简单化，因此结果往往也是近似的，不完全符合实际，所以实际应用时还需要通过实验来确定。故目前计算法只在重要的配合件和有成熟理论公式时才采用。但这种方法理论根据比较充分，具有指导意义，随着计算机技术的发展，将会得到越来越多的应用。

根据极限间隙（或极限过盈）确定公差与配合的步骤如下。

① 由极限间隙（或极限过盈）求配合公差 T_f。

$$T_f = X_{max} - X_{min} = Y_{min} - Y_{max} = X_{max} - Y_{max}$$

② 根据配合公差求孔、轴公差。由 $T_f = T_D + T_d$，查标准公差表，可得到孔、轴的公差等级。如果在公差表中找不到任何两个相邻或相同等级的公差之和恰为配合公差，此时应按下列关系确定孔、轴的公差等级，即

$$T_D + T_d \leqslant T_f$$

同时考虑到孔、轴精度匹配和"工艺等价性原则"，孔和轴的公差等级应相同或孔比轴低一级而不是用任意两个公差等级进行组合。

③ 确定基准制。

④ 由极限间隙（或极限过盈）确定非基准件的基本偏差代号。

以基准孔的间隙配合为例：轴的基本偏差为上偏差 es，且为负值，其公差带在零线以下，如图 3-19 所示。由图 3-19 可知，轴的基本偏差|es| = X_{min}。由 X_{min} 查轴的基本偏差表便可得到轴的基本偏差代号。

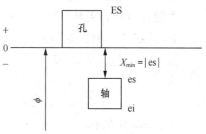

图 3-19　基孔制间隙配合的孔、轴公差带

⑤ 验算极限间隙或过盈。首先按孔、轴的标准公差计算出另一极限偏差，然后按所取的配合代号计算极限间隙或极限过盈，看是否符合由已知条件限定的极限间隙或极限过盈。如果验算结果不符合设计要求，可采用更换基本偏差代号或变动孔、轴公差等级的方法来改变极限间隙或极限过盈的大小，直至所选用的配合符合设计要求为止。

【例 3-3】某配合的基本尺寸是 $\phi 25\text{mm}$，要求配合的最大间隙为 $+0.013\text{mm}$，最大过盈为 -0.021mm，试决定孔、轴公差等级，并选择适当的配合。

解： ①确定公差等级。此为过渡配合，则配合公差为

$$T_f = X_{max} - Y_{max} = +13 - (-21) = 34(\mu m)$$

又因 $$T_f = T_D + T_d$$

按 $$T_D = T_d = T_f / 2 = 17(\mu m)（估计值）$$

查标准公差数值表得：IT6=13μm，IT7=21μm

同时，考虑工艺等价性，当 $T_D \leqslant$ IT8 时，应使 $T_d < T_D$（差一级）

所以选取：$T_D =$ IT7=21μm，$T_d =$ IT6=13μm。

同时验算：$T_f' =$ IT7+IT6=34(μm)，所以符合要求。

② 确定基准制。无特殊要求，采用基孔制，孔的基本偏差为 H，基本偏差 EI=0，所以基准孔的公差带代号应为 $\phi 25\text{H6}\left(^{+0.021}_{0}\right)$。

③ 确定配合代号（定轴的公差带代号）。此为过渡配合，因此轴的基本偏差在 js ~ n 之间，且为下偏差。

由公式 $X_{max} =$ ES−ei，求得：

$$ei = ES - X_{max} = +0.021 - 0.013 = +0.008(mm)$$

查表 3-17 可确定轴的基本偏差代号为 m6(ei=+8μm)，所以确定配合代号为 $\phi 25\text{H7/m6}$。

④ 验算。 $$X'_{max} = ES - ei = +21 - (+8) = +13(\mu m)$$

$$Y'_{max} = EI - es = 0 - (+21) = -21(\mu m)$$

可见：$X'_{max} \sim Y'_{max}$ 恰在 $X_{max} \sim Y_{max}$ 之内，所选配合符合要求。

【例 3-4】图 3-20 所示为发动机中的铝制活塞在钢制气缸孔内高速往复运动，其工作间隙要求为 80 ~ 230μm。工作时，气缸的温度 $t_H =$ 110℃，活塞的温度 $t_s =$ 180℃。气缸材料的线膨胀系数 $\alpha_H = 12 \times 10^{-6}/\text{K}$，活塞材料的线膨胀系数 $\alpha_s = 24 \times 10^{-6}/\text{K}$，已知活塞与气缸的基本尺寸为 $\phi 80\text{mm}$，装配时的温度 $t = 20$℃，试确定活塞与气缸孔的尺寸偏差。

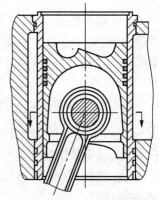

图 3-20 活塞与气缸孔的配合

解： ① 确定基准制

由题意可知，无特殊要求，优先选用基孔制。

② 确定孔、轴公差等级

由于 $T_f = X_{max} - X_{min} = 230 - 80 = 150(\mu m)$

又因为 $$T_f = T_D + T_d = 150(\mu m)$$

按 $$T_D = T_d = T_f / 2 = 75(\mu m)（估计值）$$

查表 3-2 可知： IT9=74μm

考虑工艺等价性，所以选取气缸孔 $T_D =$ IT9=74μm，$T_d =$ IT9=74μm。

同时验算：$T_f'=\text{IT9}+\text{IT9}=148(\mu m)$

因为 $T_f' < T_f$，所以符合要求。故基准孔的公差带代号为 $\phi 80\text{H9}\,(^{+0.074}_{0})$。

③ 确定轴的尺寸偏差

由公式 $X_{min}=\text{EI}-\text{es}$

求得： $\text{es}=\text{EI}-X_{min}=-80(\mu m)$

查表 3-7 可知轴的基本偏差数值（es= −80μm）在 e（es= −60μm）和 d（es= −100μm）之间。

为了确保工作时不因间隙偏小导致磨损，所以非基准件轴的代号暂定为 $\phi 80\text{d9}(^{-0.100}_{-0.174})$。

④ 计算热变形所引起的间隙变化量

$$\Delta X=D[\alpha_H(t_H-t)-\alpha_s(t_s-t)]$$
$$=80\times[12\times10^{-6}\times(110-20)-24\times10^{-6}\times(180-20)]$$
$$=-0.22(mm)=-220(\mu m)$$

以上计算结果为负值，说明工作间隙因受热变形而减小。为了补偿热变形，必须在轴的上、下偏差中加入补偿值 ΔX，即

$$\text{es}'=\text{es}+\Delta X=-100-220=-320(\mu m)$$
$$\text{ei}'=\text{ei}+\Delta X=-174-220=-394(\mu m)$$

⑤ 计算气缸孔与活塞的尺寸偏差

气缸为 $\phi 80^{+0.074}_{0}$ mm，活塞为 $\phi 80^{-0.320}_{-0.394}$ mm。

（2）试验法

常用于对产品性能影响很大的一些配合，需通过一系列不同配合的试验，以得出最佳配合方案。这种方法要进行大量试验，成本比较高，一般在大量生产中的重要配合件才采用。

（3）类比法

在对机械设备上现有的行之有效的一些配合有充分了解的基础上，分析零件的工作条件及使用要求，用参照类比的方法确定配合，这是目前选择配合的主要方法。用类比法选择配合，必须掌握各类配合的特点和应用场合，并充分研究配合件的工作条件和使用要求，进行合理选择。各种基本偏差的应用说明见表 3-20。

表 3-20 　　　　　　　　　　　　　　　　**各种基本偏差的应用说明**

配合	基本偏差	特点及应用实例
间隙配合	a（A）b（B）	可得到特别大的间隙，应用很少，主要用于工作时温度高、热变形大的零件的配合，如发动机中活塞与缸套的配合为 H9/a9
	c（C）	可得到很大的间隙，一般用于工作条件较差（如农业机械）、工作时受力变形大及装配工艺性不好的零件的配合，也适用于高温工作的间隙配合，如内燃机排气阀杆与导管的配合为 H8/c7
	d（D）	与 IT7～IT11 对应，适用于较松的间隙配合（如滑轮、空转的带轮与轴的配合），以及大尺寸滑动轴承与轴颈的配合（如涡轮机、球磨机等的滑动轴承）。活塞环与活塞槽的配合可用 H9/d9
	e（E）	与 IT6～IT9 对应，具有明显的间隙，用于大跨距及多支点的转轴与轴承的配合，以及高速、重载的大尺寸轴与轴承的配合，如大型电机、内燃机的主要轴承处的配合为 H8/e7

配合	基本偏差	特点及应用实例
间隙配合	f（F）	多与 IT6～IT8 对应，用于一般转动的配合，受温度影响不大，采用普通润滑油的轴与滑动轴承的配合，如齿轮箱、小电动机、泵等的转轴与滑动轴承的配合为 H7/f6
	g（G）	多与 IT5、IT6、IT7 对应，形成配合的间隙较小，用于轻载精密装置中的转动配合，用于插销的定位配合，滑阀、连杆销等处的配合，钻套孔多用 G
	h（H）	多与 IT4～IT11 对应，广泛用于无相对转动的配合，一般的定位配合。若没有温度、变形的影响，也可用于精密滑动轴承，如车床尾座孔与滑动套筒的配合为 H6/h5
过渡配合	js（JS）	多用于 IT4～IT7 具有平均间隙的过渡配合，用于略有过盈的定位配合，如联轴节，齿圈与轮毂的配合，滚动轴承外圈与外壳孔的配合多用 JS7，一般用手或木槌装配
	k（K）	多用于 IT4～IT7 平均间隙接近零的配合，用于定位配合，如滚动轴承的内、外圈分别与轴颈、外壳孔的配合，用木槌装配
	m（M）	多用于 IT4～IT7 平均过盈较小的配合，用于精密定位的配合，如蜗轮的青铜轮缘与轮毂的配合为 H7/m6
	n（N）	多用于 IT4～IT7 平均过盈较大的配合，很少形成间隙，用于加键传递较大扭矩的配合，如冲床上齿轮与轴的配合，用木槌子或压力机装配
过盈配合	p（P）	用于小过盈配合，与 H6 或 H7 的孔形成过盈配合，而与 H8 的孔形成过渡配合。碳钢和铸铁制零件形成的配合为标准压入配合，如绞车的绳轮与齿圈的配合为 H7/p6。合金钢制零件的配合需要小过盈时可用 p（或 P）
	r（R）	用于传递大扭矩或受冲击负荷而需要加键的配合，如蜗轮与轴的配合为 H7/r6。H8/r8 配合在基本尺寸<100mm 时，为过渡配合
	s（S）	用于钢和铸铁零件的永久性和半永久性结合，可产生相当大的结合力，如套环压在轴、阀座上用 H7/s6 配合
	t（T）	用于钢和铸铁制零件的永久性结合，不用键可传递扭矩，需用热套法或冷轴法装配，如联轴节与轴的配合为 H7/t6
	u（U）	用于大过盈配合，最大过盈需验算，用热套法进行装配，如火车轮毂和轴的配合为 H6/u5
	v（V）、x（X）y（Y）、z（Z）	用于特大过盈配合，目前使用的经验和资料很少，需经试验后才能应用，一般不推荐

3. 工程中常用机构的配合

工程中常用机构的配合如图 3-21 所示，现简要说明如下。

（1）图 3-21（a）所示为车床尾座和顶尖套筒的配合，套筒在调整时要在车床尾座孔中滑动，需有间隙，但在工作时要保证顶尖高的精度，所以要严格控制间隙量以保证同轴度，故选择了最小间隙为零的间隙定位配合 H/h 类。

（2）图 3-21（b）所示为三角皮带轮与转轴的配合，皮带轮上的力矩通过键连接作用于转轴上，为了防止冲击和振动，两配合件采用了轻微定心配合 H/js 类。

（3）图 3-21（c）所示为起重机吊钩铰链配合，这类粗糙机械只要求动作灵活，便于装配，且多为露天作业，对工作环境要求不高，故采用了特大间隙低精度配合。

（4）图 3-21（d）所示为管道的法兰连接，为使管道连接时能对准，一个法兰上有一凸缘和另一法兰上的凹槽相结合，用凸缘和凹槽的内径作为对准的配合尺寸。为了防止渗漏，在凹槽底部放有密封填料，并由凸缘将之压紧。凸缘和凹槽的外径处的配合本来只要求有一定间隙，易于装配即可；但由于凸缘和凹槽的外径在加工时，不可避免地会产生相对于内径的同轴度误差，所以在外径处采用大的间隙配合，这里用的是 H12/h12。

（5）图 3-21（e）所示为内燃机排气阀与导管的配合，由于气门导杆工作时温度很高，为补偿热变形，故采用很大间隙 H7/c6 配合，以确保气门导杆不被卡住。

（6）图 3-21（f）所示为滑轮与心轴的配合（注：心轴是只承受弯矩作用而不承受转矩作用的轴，传动轴正好相反，转轴则兼而有之，既承受弯矩作用又承受转矩作用）。为使滑轮在心轴上能灵活转动，宜采用较大的间隙配合，故采用了 H/d 配合。机器中有些结合本来只需稍有间隙，能有活动作用即可，但为了补偿形位误差对装配的影响，需增大间隙，这时也常采用这种配合。

（7）图 3-21（g）所示为连杆小头孔与衬套的配合，这类配合的过盈能产生足够大的夹紧力，确保两相配件连为一个整体，而又不至于在装配时压坏衬套。

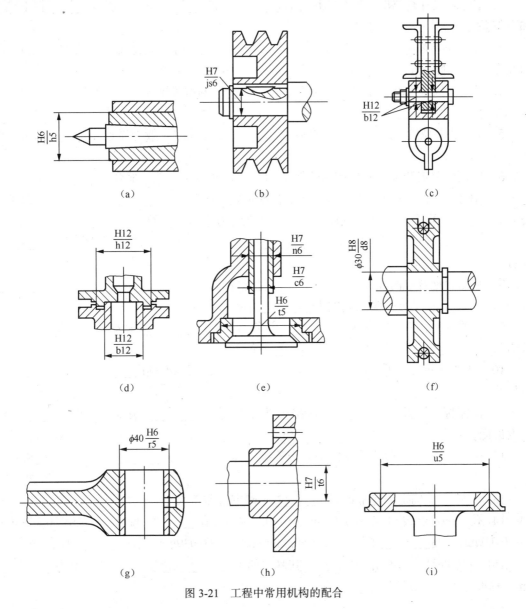

图 3-21　工程中常用机构的配合

（8）图 3-21（h）所示为联轴器与传动轴的配合，这种配合过盈较大，对钢和铸铁件适于作永久性结合，图 3-21（e）中的内燃机阀座和缸头的配合也属于 H/t 类。

（9）图 3-21（i）所示为火车轮缘与轮毂的配合，这种配合过盈量很大，需用热套法装配，且应验算在最大过盈时其内应力不许超出材料的屈服强度。

思考题与习题

一、填空题

1. 间隙配合是指具有_____（包括最小间隙等于零）的配合。

2. 零件的尺寸合格时，其实际尺寸在_____和_____之间，其_____在上偏差和下偏差之间。

3. 尺寸偏差是_____，因而有正、负的区别；而尺寸公差是用绝对值来定义的，因而在数值前不能标出_____。

4. 当最大极限尺寸等于基本尺寸时，其_____偏差等于零；当零件的实际尺寸等于其基本尺寸时，其_____偏差等于零。

5. 确定公差位置的那个极限偏差称为_____，此偏差一般为靠近_____的极限偏差。

6. 按孔公差带和轴公差带相对位置不同，配合分为_____配合、_____配合和_____配合 3 种。其中，孔公差带在轴公差带之上时为_____配合，孔、轴公差带交叠时为_____配合，孔公差带在轴公差带之下时为_____配合。

7. 当 EI−es≥0 时，此配合必为_____配合；当 ES−ei≤0 时，此配合必为_____配合。

8. 基孔制配合中的孔称为_____。其基本偏差为_____偏差，代号为_____，数值为_____；其另一极限偏差为_____偏差。

9. 基轴制配合中的轴称为_____。其基本偏差为_____偏差，代号为_____，数值为_____；其另一极限偏差为_____偏差。

10. 基准孔的最小极限尺寸等于其_____尺寸，而基准轴的_____尺寸等于其基本尺寸。

11. 国家标准设置了_____个标准公差等级，其中_____级精度最高，_____级精度最低。

12. 线性尺寸的一般公差规定了 4 个等级，即_____、_____、_____和_____。

13. _____确定公差带位置，_____确定公差带大小。

14. 孔、轴配合，若 EI=+0.039mm，es=+0.039mm，是_____配合；若 ES=+0.039mm，ei=+0.039mm，是_____配合；ES=+0.039mm，es=+0.039mm，是_____配合。

15. 一零件尺寸为 $\phi 90j7 \left(^{+0.020}_{-0.015} \right)$，其基本偏差为_____ μm，尺寸公差为_____μm，标准公差 IT7 等于_____μm。

16. 滚动轴承内圈与轴的配合要采用基_____制；而外圈与孔的配合要采用基_____制。

17. 一零件尺寸为 $\phi100H8(^{+0.054}_{0})$mm，其基本尺寸为_____，尺寸公差为_____，上偏差为_____ mm，下偏差为_____mm。

18. 一零件尺寸为 $\phi90h7(^{0}_{-0.045})$，其基本尺寸为_____，基本偏差_____mm，尺寸公差为_____，标准公差 IT7=_____mm，上偏差为_____mm，下偏差为_____mm。

二、判断题

1. 公差是零件尺寸允许的最大偏差。（　　）

2. 公差通常为正，在个别情况下也可以为负或零。（　　）

3. 配合公差总是大于孔或轴的尺寸公差。（　　）

4. 过渡配合可能有间隙，也可能有过盈。因此，过渡配合可以是间隙配合，也可以是过盈配合。（　　）

5. 间隙配合中，孔的公差带一定在零线以上，轴的公差带一定在零线以下。（　　）

6. 尺寸偏差是某一尺寸减其基本尺寸所得的代数差，因而尺寸偏差可分为正值、负值或零。（　　）

7. 某尺寸的上偏差一定大于下偏差。（　　）

8. 尺寸公差是尺寸允许的变动量，是用绝对值来定义的，因而它没有正、负的含义。（　　）

9. 尺寸公差等于最大极限尺寸减最小极限尺寸所得代数差的绝对值。（　　）

10. 基本偏差可以是上偏差，也可以是下偏差，因而一个公差带的基本偏差可能出现两个数值。（　　）

11. 若配合的最大间隙 X_{max} = +20mm，配合公差 T_f = 30mm，则该配合一定为过渡配合。（　　）

12. 基孔制是先加工孔、后加工轴以获得所需配合的制度。（　　）

13. 选用公差带时，应按常用、优先、一般公差带的顺序选取。（　　）

14. 线性尺寸的一般公差是在车间普通工艺条件下，机床设备一般加工能力可保证的公差。它主要用于较低精度的非配合尺寸。（　　）

15. 公差等级选用的原则：在满足使用要求的条件下，尽量选择低的公差等级。（　　）

16. 有两个尺寸 $\phi50$mm 和 $\phi200$mm（不在同一尺寸段），两尺寸的标准公差相等，则公差等级相同。（　　）

17. 不论公差数值是否相等，只要公差等级相同，尺寸的精确度就相同。（　　）

18. $\phi75\pm0.060$mm 的基本偏差是+0.06mm，尺寸公差为 0.060mm。（　　）

三、选择题

1. 最大极限尺寸减其基本尺寸所得的代数差称为（　　）。

　　A．下偏差　　　　　　　　　　　B．上偏差

　　C．基本偏差　　　　　　　　　　D．实际偏差

2. 最小间隙大于零的配合是（　　）。

    A．间隙配合   B．过盈配合

    C．过渡配合   D．紧密配合

3. 基准孔的下偏差为（　　）。

    A．正数   B．负数

    C．零   D．整数

4. 以下各种配合中，配合性质相同的是（　　）。

    A．$\phi 30H7/f6$ 和 $\phi 30H8/p7$ B．$\phi 30F8/h7$ 和 $\phi 30H8/f7$

    C．$\phi 30M8/h7$ 和 $\phi 30H8/m8$ D．$\phi 30H8/m7$ 和 $\phi 30H7/f6$

5. 以下孔轴配合中，间隙最小的配合代号是（　　）。

    A．G7/h6   B．R7/h6

    C．H8/h7   D．H9/e9

6. 当图样上的尺寸未注公差值时，说明其公差值为（　　）。

    A．零   B．任意

    C．一般公差   D．漏注

7. 下列配合代号标注不正确的是（　　）。

    A．$\phi 30H6/r5$ B．$\phi 30H7/p6$

    C．$\phi 30h7/D8$ D．$\phi 30H8/h7$

8. 孔轴配合的前提是孔轴的基本尺寸要（　　）。

    A．不同   B．相同

    C．孔大轴小   D．孔小轴大

9. 某尺寸的实际偏差为零，则其实际尺寸（　　）。

    A．必定合格   B．为零件的真实尺寸

    C．等于基本尺寸   D．等于最小极限尺寸

10. 当孔的上偏差小于相配合的轴的上偏差，而大于相配合的轴的下偏差时，此配合的性质是（　　）。

    A．间隙配合   B．过渡配合

    C．过盈配合   D．无法确定

11. 在基孔制配合中，基准孔的公差带确定后，配合的最小间隙或最小过盈由轴的（　　）确定。

    A．基本偏差   B．公差等级

    C．公差数值   D．实际偏差

12. 下列孔与基准轴配合，组成间隙配合的孔是（　　）。

    A．孔的上、下偏差均为正值   B．孔的上偏差为正，下偏差为负

    C．孔的上偏差为零，下偏差为负   D．孔的上、下偏差均为负

13. 当孔的基本偏差为上偏差时，计算下偏差数值的计算公式为（　　）。

    A．ES=EI+IT   B．EI=ES−IT

    C．EI=ES+IT   D．ei=es−IT

14. 最大极限尺寸（　　）基本尺寸。

A. 大于 B. 小于

C. 等于 D. 大于、小于或等于

15. $\phi200H6(^{+0.029}_{0})$mm 比$\phi18H8(^{+0.027}_{0})$mm 的尺寸精确程度（   ）。

A. 高 B. 低 C. 无法比较

四、综合题

1. 简答题。

（1）什么是基准制？国标规定了几种基准制？如何正确选择基准制？

（2）什么是极限尺寸？什么是实际尺寸？二者关系如何？

（3）什么是标准公差？什么是基本偏差？二者各自的作用是什么？

（4）什么是配合？当基本尺寸相同时，如何判断孔、轴配合性质的异同？

（5）间隙配合、过渡配合、过盈配合各适用于何种场合？

（6）国标规定了多少个公差等级？选择公差等级的基本原则是什么？其一般过程有哪几步？

（7）什么是线性尺寸的一般公差？它分为哪几个公差等级？如何确定其极限偏差？

（8）不查表，试直接判别下列各组配合的配合性质是否完全相同。

① $\phi18\dfrac{H6}{f5}$ 与 $\phi18\dfrac{F6}{h5}$；② $\phi30\dfrac{H7}{m6}$ 与 $\phi30\dfrac{M7}{h6}$；③ $\phi50\dfrac{H8}{t7}$ 与 $\phi50\dfrac{T8}{h7}$

2. 更正下列标注的错误。

（1）$\phi80^{-0.021}_{-0.009}$；（2）$30^{-0.039}_{0}$；（3）$120^{+0.021}_{-0.021}$；（4）$\phi60\dfrac{f7}{H8}$；（5）$\phi80\dfrac{F8}{D6}$；

（6）$\phi50\dfrac{8H}{7f}$；（7）$\phi50H8^{0.039}_{0}$

3. 下列三根轴哪根精度最高？哪根精度最低？

（1）$\phi70^{+0.105}_{+0.075}$；（2）$\phi250^{-0.015}_{-0.044}$；（3）$\phi10^{0}_{-0.022}$

4. 根据表 3-21 给出的数据求空格中应有的数据，并填入空格内。

表 3-21

基本尺寸	孔			轴			X_{max} 或 Y_{max}	X_{min} 或 Y_{min}	X_{av} 或 Y_{av}	T_f
	ES	EI	T_h	es	Ei	T_s				
$\phi25$		0		−0.040		0.021	+0.074	+0.040	+0.057	0.034
$\phi14$		0		+0.012		0.010	+0.017	−0.012	+0.0025	0.029
$\phi45$			0.025	0			−0.009	−0.050	−0.0295	0.041

5. 查表确定下列各尺寸的公差带代号。

（1）$\phi18^{0}_{-0.011}$（轴）；（2）$\phi120^{+0.087}_{0}$（孔）；（3）$\phi50^{-0.050}_{-0.075}$（轴）；（4）$\phi65^{+0.005}_{-0.041}$（孔）

6. 有一孔、轴配合为过渡配合，孔尺寸为$\phi80^{+0.046}_{0}$mm，轴尺寸为$\phi80\pm0.015$mm，求最大间隙和最大过盈；画出配合的孔，轴公差带图。

7. 有一组相配合的孔和轴为$\phi30\dfrac{N8}{h7}$，作以下几种计算并填空。

查表得 N8=$\left(^{-0.003}_{-0.036}\right)$，h7=$\left(^{0}_{-0.021}\right)$。

（1）孔的基本偏差是_____mm，轴的基本偏差是_____。

（2）孔的公差为_____mm，轴公差为_____mm。

（3）配合的基准制是_____，配合性质是_____。

（4）配合公差等于_____mm。

（5）计算出孔和轴的最大、最小实体尺寸。

8. 在某配合中，已知孔的尺寸标准为 $\phi 20^{+0.013}_{0}$，$X_{max} = +0.011$mm，$T_f = 0.022$mm，求出轴的上、下偏差及其公差带代号。

9. 基本尺寸为 $\phi 50$mm 的基准孔和基准轴相配合，孔轴的公差等级相同，配合公差 $T_f = 78\mu m$，试确定孔、轴的极限偏差，并写出其标注形式。

10. 画出 $\phi 15Js9$ 的公差带图，并计算该孔的极限尺寸、极限偏差、最大实体尺寸和最小实体尺寸。（已知基本尺寸为 15mm 时，IT9 = 43μm）

11. 已知 $\phi 40M8(^{+0.005}_{-0.034})$，求 $\phi 40H8/h8$ 的极限间隙或极限过盈。

12. 已知一孔、轴配合，图样上标注为孔 $\phi 30^{+0.033}_{0}$、轴 $\phi 30^{+0.029}_{+0.008}$，试作出此配合的尺寸公差带图，并计算孔、轴极限尺寸及配合的极限间隙或极限过盈，判断配合性质。

13. 已知基本尺寸为 $\phi 40$ 的一对孔、轴配合，要求其配合间隙为 41 ~ 116，试确定孔与轴的配合代号，并画出公差带图。

14. 设有一基本尺寸为 $\phi 110$ 的配合，经计算，为保证连接可靠，其过盈不得小于 40μm；为保证装配后不发生塑性变形，其过渡不得大于 110μm。若已决定采用基轴制，试确定此配合的孔、轴公差带代号，并画出公差带图。

第4章

几何公差及其检测

学习目标

1. 几何公差特征项目符号及其公差带含义。
2. 掌握评定几何误差的条件及其意义。
3. 掌握几何公差的正确标注方法。
4. 理解公差原则的含义、应用要素、功能要求、控制边界及其检测方法。
5. 掌握标准中有关几何公差的公差等级和未注几何公差的规定。
6. 初步掌握几何（形位）公差的选用方法。
7. 理解几何误差检测的方法及其常用的检测方案。

4.1 概述

零件在加工过程中，由于机床、夹具、刀具和零件所组成的工艺系统本身具有一定的误差，同时零件本身受力变形、热变形、振动、磨损等各种因素的影响，使加工后的零件产生形状和位置误差（简称几何误差）。几何误差对机械产品的制造、机械零件的使用和工作性能的影响不容忽视。例如，圆柱形零件的圆度、圆柱度误差会使配合间隙不均匀，或各部分的过盈不一致，在使用过程中，将影响其连接强度，也会导致磨损加剧，精度降低，缩短使用寿命；机床导轨的直线度误差会使移动部件运动精度降低，影响加工精度和加工质量；齿轮箱上各轴承孔的位置误差，将影响齿轮传动的齿面接触精度和齿侧间隙；轴承盖上各螺钉孔的位置误差，会影响其装配精度等。因此，在现代化生产中，对精度较高的零件，不仅尺寸公差需要得到保证，而且还要保证其形状和位置的准确性，这样才能满足零件的使用和装配要求。所以，形状和位置公差（简称几何公差）和尺寸公差一样是评定产品质量的重要技术要求。

几何公差是零件上各要素的实际形状、方向和位置相对于理想形状、方向和位置偏离程度的控制要求。生产中，通过几何公差各项要求的控制，以达到必要的几何精度，从而保证产品零件的工作性能。

4.1.1　几何要素及其分类

任何零件都是由点、线、面构成的，几何公差的研究对象就是构成零件几何特征的点、线、面，统称为几何要素，简称要素。图 4-1 所示的零件，可以分解成球面、球心、中心线、圆锥面、端平面、圆柱面、圆锥顶点（锥顶）、素线、轴线等要素。

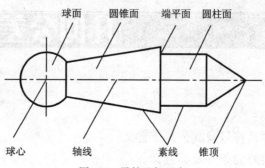

图 4-1　零件几何要素

1.　组成要素与导出要素

（1）组成要素。它是指有定义的面或面上的线，可以实际感知。实质是构成零件几何外形，能直接被人们所感觉到的线、面。组成要素可以是理想的或非理想的几何要素，在新标准中，用组成要素取代了旧标准中的"轮廓要素"。如图 4-1 所示圆柱面、端平面、素线。

（2）导出要素。它是由具有对称关系的一个或几个组成要素按照几何关系得到的中心点、中心线或中心面。其实质是组成要素对称中心所表示的点、线、面。导出要素是对组成要素进行一系列操作而得到的要素，它不是工件实体上的要素。在新标准中用导出要素取代了旧标准中的"中心要素"。如图 4-2 所示球心、轴线。

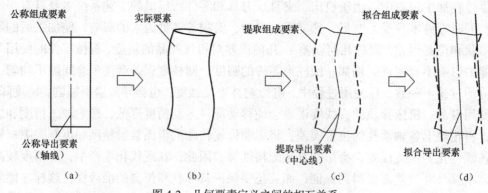

图 4-2　几何要素定义之间的相互关系

2.　公称组成要素与公称导出要素

（1）公称组成要素。由技术制图或其他方法确定的理论正确组成要素，如图 4-2（a）

所示，零件图中给出的几何圆柱面即为公称组成要素。

（2）公称导出要素。由一个或几个公称组成要素导出的中心点、轴线或中心平面，如图4-2（a）所示，圆柱面中心所确定的轴线，即为公称导出要素。

3. 工件实际表面和实际（组成）要素

（1）工件实际表面。它是指实际存在并将整个工件与周围介质分隔的一组要素。

（2）实际（组成）要素。它是指零件加工完成后，所得到的零件上实际存在的要素，是由接近实际（组成）要素所限定的工件实际表面的组成要素部分。 如图4-2（b）所示。

实际（组成）要素是实际存在并将整个工件与周围介质（如空气）分隔的要素。它由无数个连续点构成，为非理想要素。

设计图中的"图样"是描述理想状态的几何要素术语，它们是由设计者想象的，应用在图样上对工件定义，所有这些几何要素冠以"公称"。制造出来的"工件"描述的是实际存在工件的几何要素术语，如果能够在工件上扫描无限个没有任何误差的点，就能够得到实际组成要素。实际工件只能用有限个点代表已存在的工件表面，由于测量设备的误差、环境及工件温度的变化、振动等对测量过程的影响，所有测得点实际上不可能与工件的真实表面完全符合。由实际工件表面上有限个点所表示的几何要素，冠以"提取"；根据提取要素，通过计算可以确定其他几何要素的形状误差，通过计算得到的理想几何要素，冠以"拟合"。

4. 提取组成要素与提取导出要素

（1）提取组成要素。它是指按规定方法，从实际（组成）要素上提取有限数目的点所形成的实际（组成）要素的近似替代，如图4-2（c）所示。

生产中因各种因素影响，加工出的零件实际要素总会产生形状误差。要认识实际要素状况，通常是通过测量手段测得实际要素上若干个点，即得到提取组成要素，以此近似替代实际要素，来评定其误差值的大小。

（2）提取导出要素。它是指由一个或几个提取组成要素得到的中心点、中心线或中心面，如图4-2（c）所示。

提取（组成、导出）要素是根据特定的规则，通过对非理想要素提取有限数目的点得到的近似替代要素，为非理想要素。

提取时的替代（方法）由要素所要求的功能确定。每个实际（组成）要素可以有几个这种替代。

5. 拟合组成要素与拟合导出要素

（1）拟合组成要素：按规定方法由提取组成要素形成的并具有理想形状的组成要素，如图4-2（d）所示。

（2）拟合导出要素：由一个或几个拟合组成要素导出的中心点、轴线或中心平面，如图4-2（d）所示。

拟合（组成、导出）要素是按照特定规则，以理想要素尽可能地逼近非理想要素而形成的替代要素，拟合要素为理想要素。在新标准中拟合要素为旧标准中的"理想要素"。

6. 单一要素与关联要素

（1）单一要素：在设计图样上仅对其本身给出形状公差的要素，也就是只研究确定其形状误差的要素，称为单一要素。如图 4-3 所示零件的右大端面为单一要素，研究平面度误差，与其他要素无关。

（2）关联要素：对其他要素有功能关系（方向、位置）的要素，或在设计图样上给出了位置公差的要素，也就是研究确定其位置误差的要素，称为关联要素。

如图 4-3 所示零件的右小端面作为关联要素研究其对右大端面的平行度误差。

7. 被测要素与基准要素

（1）被测要素：实际图样上给出了形状或（和）位置公差的要素，也就是需要研究确定其形状或（和）位置误差的要素，称为被测要素。

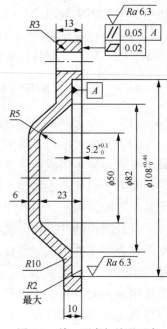

图 4-3　单一要素与关联要素

（2）基准要素：用来确定理想被测要素的方向或（和）位置的要素，称为基准要素。通常，基准要素由设计者在图样上标注。

4.1.2　几何公差的项目及符号

为控制机器零件的形位误差，提高机器的精度和延长使用寿命，保证互换性生产，国家标准 GB/T 1182—2008《产品几何技术规范（GPS）几何公差形状、方向、位置和跳动公差标注》相应规定了几何公差项目。其名称和符号见表 4-1。

表 4-1　　　　　　　　　　　　几何公差特征项目及符号

公差类别	几何特征	符号	有无基准	公差类别	几何特征	符号	有无基准
形状公差	直线度	—	无	位置公差	同心度 （用于中心点）	◎	有
	平面度	▱	无		同轴度 （用于轴线）	◎	有
	圆度	○	无				
	圆柱度	⌀	无		对称度	=	有
	线轮廓度	⌒	无		位置度	⊕	有或无
	面轮廓度	⌓	无				
方向公差	平行度	//	有		线轮廓度	⌒	有
	垂直度	⊥	有		面轮廓度	⌓	有
	倾斜度	∠	有	跳动公差	圆跳动	↗	有
	线轮廓度	⌒	有		全跳动	↗↗	有
	面轮廓度	⌓	有				

4.1.3　几何公差的公差带

几何公差的公差带是用来限制被测实际要素变动的区域，这个区域由一个或几个理想的几何线或面所限定，并由线性公差值表示其大小。只要被测实际要素完全落在给定的公差带内，就表示其形状和位置符合设计要求。除非有进一步限制要求，被测要素在公差带内可以具有任何形状、方向或位置。

几何公差带既然是一个区域，则一定具有形状、大小、方向和位置4个特征要素。

1. 公差带的形状

公差带的形状，是指由几何要素所组成的一种特定的几何图形，构成了控制几何误差变动的区域，它是由要素本身的特征和设计要求确定的。常用的公差带形状如图4-4所示。

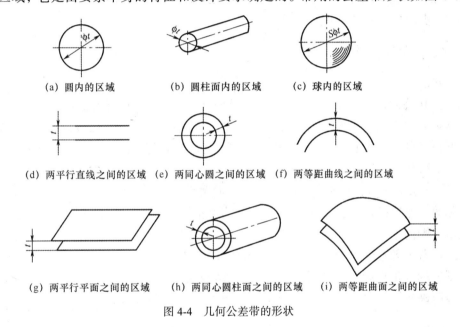

(a) 圆内的区域　　　　　(b) 圆柱面内的区域　　　　(c) 球内的区域

(d) 两平行直线之间的区域　(e) 两同心圆之间的区域　(f) 两等距曲线之间的区域

(g) 两平行平面之间的区域　(h) 两同心圆柱面之间的区域　(i) 两等距曲面之间的区域

图4-4　几何公差带的形状

公差带呈何种形状，取决于被测要素的形状特征、公差项目和设计时表达的要求。

在某些情况下，被测要素的形状特征或几何公差的项目就确定了几何公差带的形状。如被测要素是平面，则公差带只能是两平行平面。如同轴度，由于零件孔或轴的轴线是空间直线，同轴要求必是指任意方向的，其公差带只有圆柱形一种。

在多数情况下，除被测要素的特征外，设计要求对公差带形状起着重要的决定作用。例如，对于轴线，其公差带可以是两平行直线、两平行平面或圆柱面，视设计给出的给定平面内、给定方向上或是任意方向上的要求而定。

2. 公差带的大小

公差带的大小，是指公差标注中公差值的大小，是允许实际要素变动的全量。其大小表明形状位置精度的高低。按上述公差带的形状不同，可以是指公差带的宽度或直径，设计时可在公差值前加或不加符号ϕ以示区别。

几何公差带的数值是宽度还是直径，取决于被测要素的形状和设计的功能要求。对于圆度、圆柱度、线（面）轮廓度、平面度和跳动等，所给定的公差值只能是公差带的宽度值；对于同轴度和任意方向上轴线的直线度、平行度、倾斜度及位置度，所给出的公差值则是圆或圆柱面的直径；对于点的位置度，所给出的公差值是圆或球的直径值。

3. 公差带的方向

公差带的方向是指公差带的放置方向。在评定几何误差时，形状公差带和方向、位置公差带的放置方向直接影响到误差评定的正确性。

对于形状公差带，其放置方向应符合最小条件（见形状、方向和位置误差评定）。

对于方向公差带，由于控制的是方向，故其放置方向要与基准要素成绝对理想的方向关系，即平行、垂直或理论准确的其他角度关系。

对于位置公差，除点的位置度公差外，其他控制位置的公差带都有方向问题，故其方向由相对于基准的理论正确尺寸来确定。

4. 公差带的位置

公差带的位置是指公差带应处位置。

（1）形状公差带只是用来限制被测要素的形状误差，本身不做位置要求，实际上，只要求形状公差带在尺寸公差带内便可，允许在此范围内任意浮动。如圆度公差带只用来限制被测圆截面的轮廓形状，至于该轮廓在哪个位置上，直径大小不同，都不影响实际轮廓圆度误差的数值。

（2）方向公差带强调的是相对于基准的方向关系，其对实际要素的位置是不做控制的，而是由相对于基准的尺寸公差或理论正确的尺寸控制。如平行度公差带位置，可在相应尺寸公差带范围内上、下浮动。

（3）位置公差带强调的是相对于基准的位置（其必包含方向）关系，公差带的位置由相对于基准的理论正确尺寸确定，公差带是完全固定位置的。如同轴度公差带的位置是由基准轴线所确定。

4.2
形状和位置公差

4.2.1 形状公差

1. 形状公差的定义和项目

形状误差是指单一被测实际要素对其理想要素的变动量。形状公差是指单一实际要素的形状相对其理想要素的最大变动量，是为了限制形状误差而设置的，它等于限制误差的最大值。国标规定的形状公差项目有直线度、平面度、圆度、圆柱度、线轮廓度、面轮廓度 6 项，见表 4-2。其中，线轮廓度和面轮廓度可以是无基准要求的单一要素，属于形状公差；也可以是有基准要求的关联要素，属于方向或位置公差。形状公差没有基准要求，所以公差带是浮动的。

表 4-2　　形状公差项目、标注示例及公差带

几何特征	符号	公差带形状和定义	公差带位置	图样标注和解释	说明
直线度	—	在给定平面内，公差带是距离为公差值 t 的两平行直线之间所限定的区域 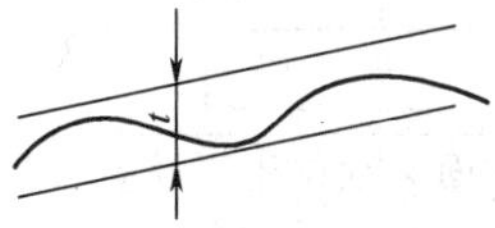	浮动	被测表面的素线必须位于平行于图样所示投影面且距离为公差值 0.1 的两平行直线内 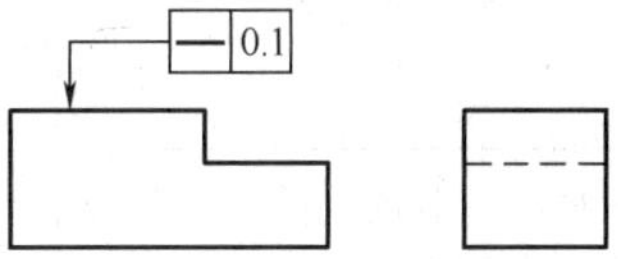	给定平面内直线度公差
		在给定方向上公差带是距离为公差值 t 的两平行平面之间所限定的区域 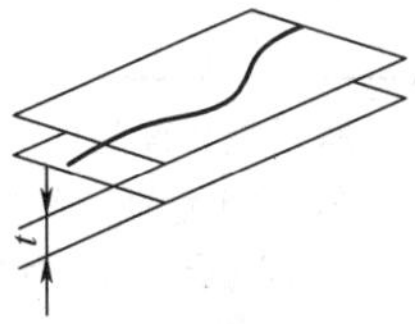	浮动	被测圆柱面的任一素线必须位于距离为公差值 0.1 的两平行平面之内 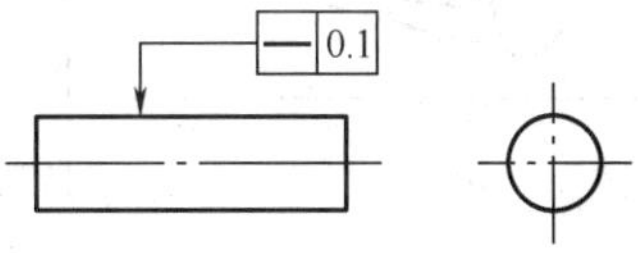	给定方向直线度公差
		在给定方向上公差带是距离为公差值 0.04 的两平行平面之间所限定的区域 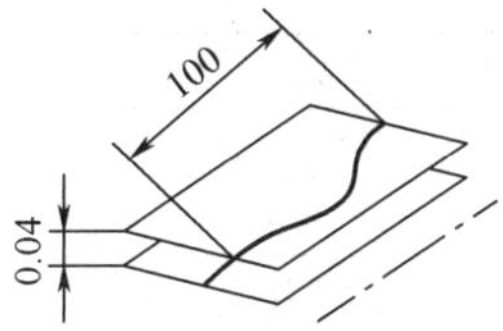	浮动	圆柱面的任一素线，在长度方向上任意 100mm 长度内，必须位于距离为 0.04mm 的两平行平面内 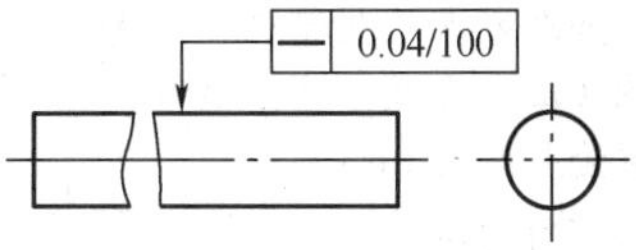	给定方向直线度公差
		任意方向要在公差值前加注 ϕ，则公差带是直径为 t 的圆柱面内所限定的区域 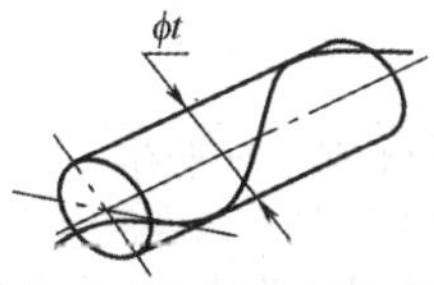	浮动	被测圆柱面的轴线必须位于直径为公差值 ϕ0.08 的圆柱面内 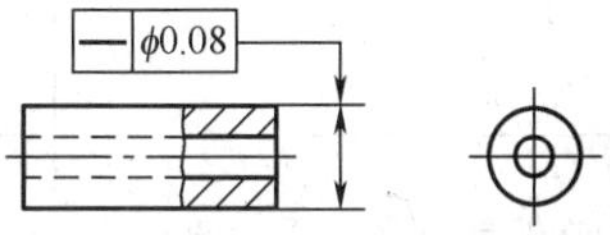	任意方向的直线度公差
平面度	▱	公差带是距离为公差值 t 的两平行平面之间所限定的区域 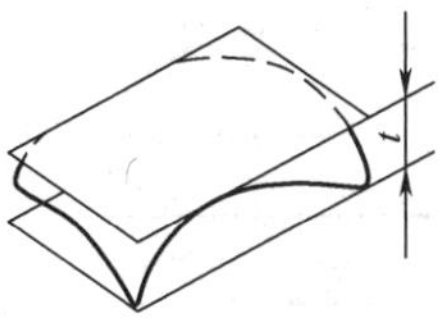	浮动	被测表面必须位于距离为公差值 0.08 的两平行平面内 要求平面“不凸起”应在公差框格下方注明 NC 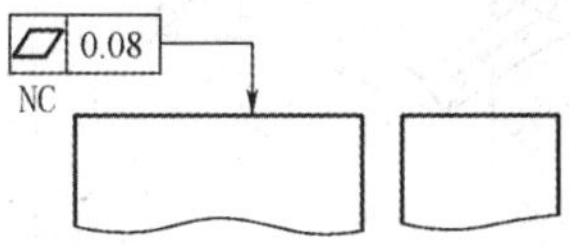	平面度公差

续表

几何特征	符号	公差带形状和定义	公差带位置	图样标注和解释	说明
圆度	○	公差带是在给定横截面上，半径差为公差值 *t* 的两同心圆之间的区域 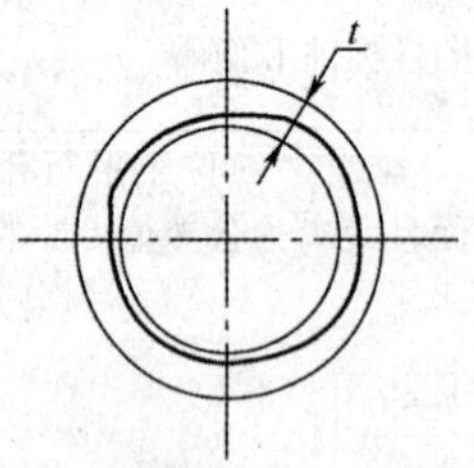	浮动	被测圆锥面任意横截面上的圆周必须位于半径差为公差值 0.1 的两同心圆之间 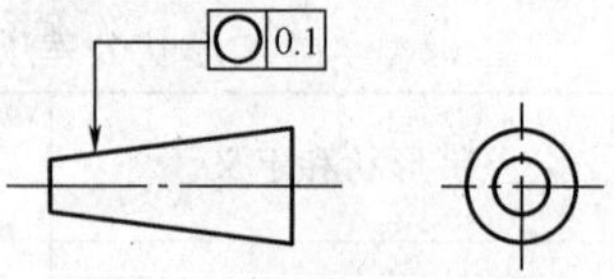 被测圆柱面任意横截面上的圆周必须位于半径差为公差值 0.1 的两同心圆之间 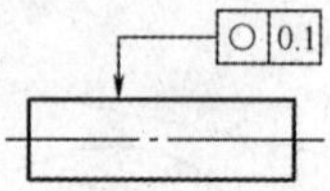	圆度公差
圆柱度	⌭	公差带是半径差为公差值 *t* 的两同轴圆柱面之间的区域 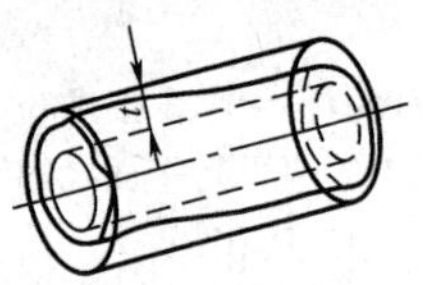	浮动	被测圆柱面必须位于半径差为公差值 0.1 的两同轴圆柱面之间 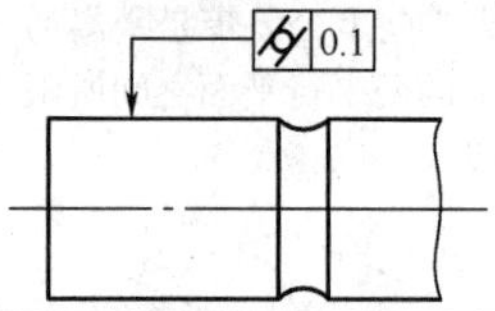	圆柱度公差
线轮廓度	⌒	公差带是包络一系列直径为公差值 *t* 的圆的两包络线之间的区域。诸圆的圆心位于具有理论正确几何形状的线上。 无基准要求的线轮廓度公差见图（a）；有基准要求的线轮廓度公差见图（b） 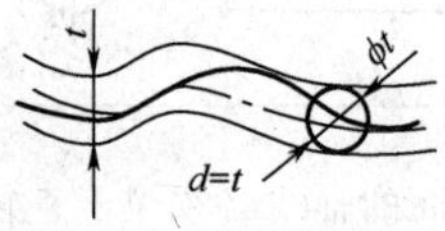	浮动	在平行于图样所示投影面的任一截面上，被测轮廓线必须位于包络一系列直径为公差值 0.04，且圆心位于具有理论正确几何形状的线上的两包络线之间 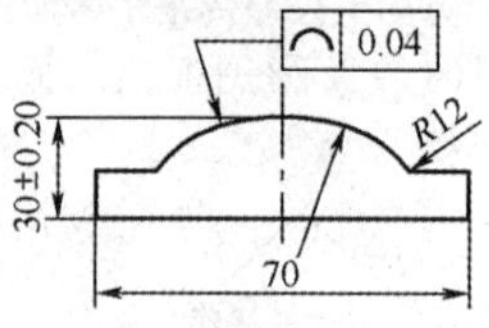 （a） 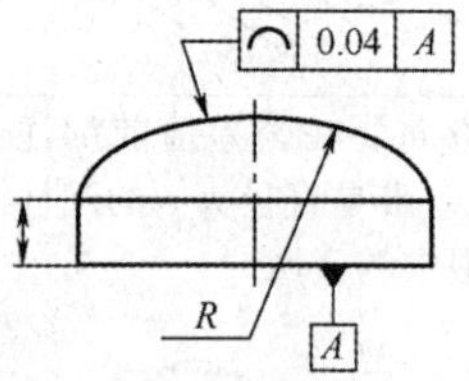 （b）	线轮廓度公差无基准时，属于形状公差
面轮廓度	⌓	公差带是包络一系列直径为公差值 *t* 的球的两包络面之间的区域，诸球的球心应位于具有理论正确几何形状的面上。 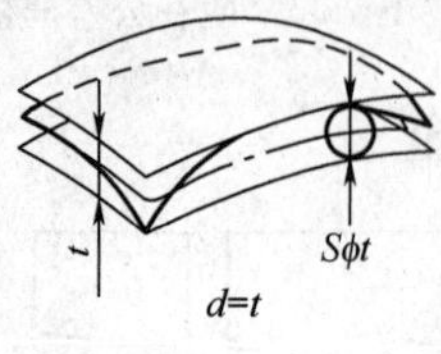	浮动	被测轮廓面必须位于包络一系列球的两包络面之间，诸球的直径为公差值 0.02，且球心位于具有理论正确几何形状的面上的两包络面之间 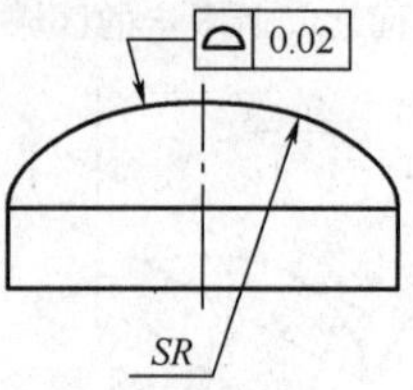 （a）	面轮廓度公差无基准时，属于形状公差

几何特征	符号	公差带形状和定义	公差带位置	图样标注和解释	说明
面轮廓度	⌒	无基准要求的面轮廓度公差见图（a）；有基准要求的面轮廓度公差见图（b）	固定	 （b）	有基准时，属于位置公差

（1）直线度

直线度是表示零件上的直线要素保持理想直线的状态，即通常所说的平直程度。

直线度公差是实际直线对理想直线所允许的最大变动量，用来控制回转体的表面素线、轴线、棱线以及平面上的直线、面与面的交线等的形状误差。它包括给定平面内、给定方向上和任意方向上的直线度。

（2）平面度

平面度是表示零件上的平面要素实际形状保持理想平面的状况，即通常所说的平面要素的平整程度。

平面度公差是实际表面对理想平面所允许的最大变动量，用来控制各种平面的形状误差，如导轨、测量平台、箱体表面等。

（3）圆度

圆度是指零件上圆要素的实际形状与其中心保持等距的状态，即通常所说的圆整程度。

圆度公差是指在同一横截面上，实际圆对理想圆所允许的最大变动量，用来控制回转表面（如圆柱面、圆锥面、球面）的横截面（即垂直于回转轴线的截面，也称正截面）轮廓的形状误差。

圆度公差标注时，公差框格指引线必须垂直于轴线。

（4）圆柱度

圆柱度是表示零件上圆柱面要素外形轮廓各点对其轴线保持等距的状况。

圆柱度公差是指实际圆柱面对理想圆柱面所允许的最大变动量，用来控制被测实际圆柱面的形状误差。圆柱度公差可以对圆柱表面的纵、横截面的各种形状误差进行综合控制，如对横截面轮廓的圆度误差和圆柱素线的直线度误差的控制。

（5）线轮廓度

线轮廓度是表示在零件的给定平面上，任意形状的曲线保持理想形状的状况。

线轮廓度公差是指非圆曲线的实际轮廓线对理想轮廓线允许的变动量，用于控制零件上平面曲线或曲面的截面轮廓线的形状误差。它包括形状公差的线轮廓度、方向公差的线轮廓度和位置公差的线轮廓度。

非圆曲线形状都比较复杂，图样上通常采用理论正确尺寸来确定其理想形状。理论正确尺寸是指用来确定被测要素的理想形状、理想方向和理想位置的尺寸，该尺寸不带公差，标注在方框中。

（6）面轮廓度

面轮廓度是表示非圆柱曲面形状，保持其理想形状的状况。

面轮廓度公差是被测实际轮廓面相对于理想轮廓面的最大允许变动量，用于控制零件上非圆柱曲面的形状误差。它包括形状公差的面轮廓度、方向公差的面轮廓度和位置公差的面轮廓度。面轮廓度是一项综合公差，它既控制面轮廓度误差，又可控制曲面上任一截面轮廓的线轮廓度误差。

2. 形状误差的评定

形状误差是指被测提取要素（实际要素）对其拟合要素（理想要素）的变动量，拟合要素应符合最小条件。最小条件是指被测提取要素对其拟合要素的最大变动量为最小，此时对被测提取要素评定的误差值为最小。在评定形状误差时，应将被测提取要素与其拟合要素相比较，两者之间的最大偏离量，即为其误差值。但是，拟合要素与被测提取要素相对位置不同时，两者之间的最大偏离量（即误差值）也不相同。为此规定：只有两者位于使其最大偏离量为最小时，作为误差评定的标准，即符合最小条件要求。由于符合最小条件的拟合要素是唯一的，因此按此评定的形状误差值也将是唯一的。

最小条件的拟合要素有两种情况。一种情况是对于提取组成要素（线、面轮廓度除外），其拟合要素位于实体之外且与被测提取组成要素接触，并使被测提取组成要素对其拟合要素的最大变动量最小，符合最小条件，如图 4-5（a）所示 。另一种情况是对于提取导出要素（中心线、中心面等），其拟合要素位于被测提取导出要素之中，如图 4-5（b）所示。它可以由无数个理想圆柱面包容提取中心线，但必然存在一个直径最小的理想圆柱面，该最小理想圆柱面的轴线就是符合最小条件的拟合要素。

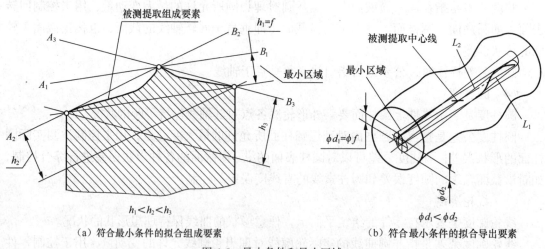

（a）符合最小条件的拟合组成要素　　　　（b）符合最小条件的拟合导出要素

图 4-5　最小条件和最小区域

形状误差值用最小包容区域（简称最小区域）的宽度或直径表示。

最小区域是指包容被测提取要素时，具有最小宽度 f 或直径 ϕf 的包容区域，如图 4-5 所示。各误差项目最小区域的形状分别和各自的公差带形状一致，但宽度或直径由被测提取要素本身决定。

最小区域所体现的原则称为最小条件原则，最小条件是评定形状误差的基本原则，在满足零件功能要求的前提下，允许采用近似方法来评定形状误差。

4.2.2　位置公差

位置公差是为了限制位置误差而设置的。位置公差分为方向公差、位置定位公差和跳动公差。

1.　方向公差

方向误差是指关联被测实际要素的方向对其理想要素的方向的变动量，理想要素的方向由基准及理论正确角度确定。

方向公差是指关联实际被测要素相对于具有确定方向的理想要素所允许的变动量。它用来控制工件上被测实际要素相对于基准要素在给定方向上的误差变动范围，包括控制面对面、面对线、线对面和线对线的的方向误差。方向公差等于限制误差的最大值。

方向公差带具有以下特点。

① 差带相对于基准有确定的方向，即方向公差带的方向由基准确定。

② 方向公差带具有综合控制被测要素的方向和形状的能力。因此，通常被测要素给出方向公差后，不必再给出形状公差，除非对它的形状提出进一步要求，可再给出形状公差，且其值要小于方向公差值。

国标规定的方向公差有平行度、垂直度和倾斜度 3 个项目及线、面轮廓度，见表 4-3。

表 4-3　　　　　　　　　　方向公差带定义及标注示例

几何特征	符号	公差带定义	图样标注	公差带形状	公差带位置	说　明
平行度	//	（1）线对线 ① 给定一个方向 　公差带是距离为公差值 t 且平行于基准线，位于给定方向上的两平行面之间的区域	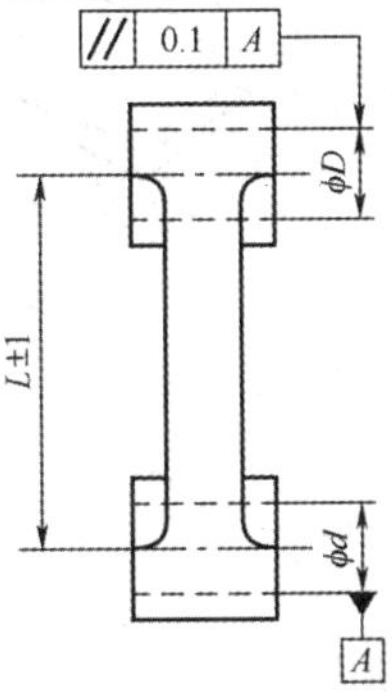	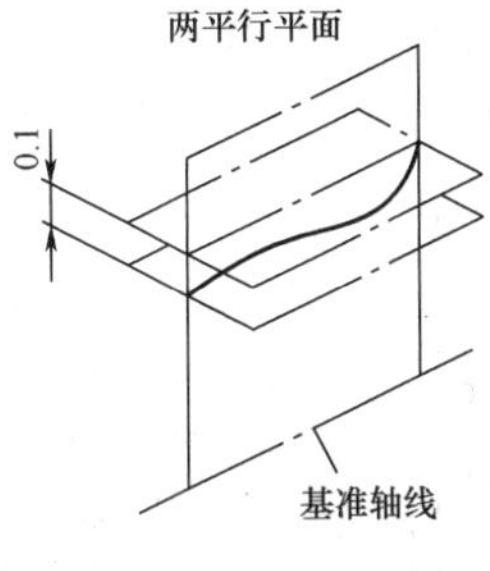	浮动 如 $L\pm t$ 改注为理论正确尺寸，则公差带位置相对基准固定	提取（实际）中心线必须位于距离为公差值 0.1mm，且在给定方向上平行于基准轴线的两平行平面之间
		② 给定相互垂直的两个方向 　公差带是两对互相垂直的距离分别为 t_1 和 t_2 且平行于基准线的两平行平面之间的区域	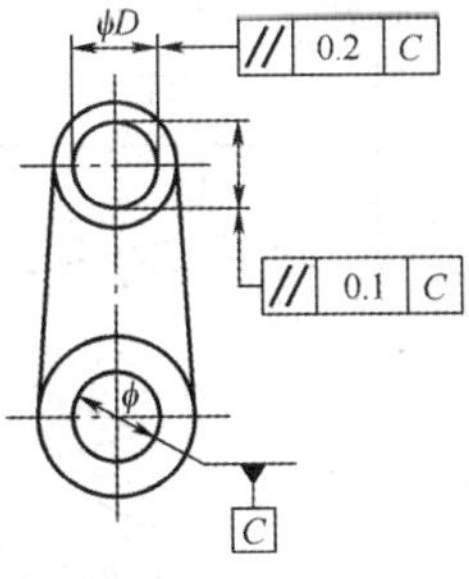	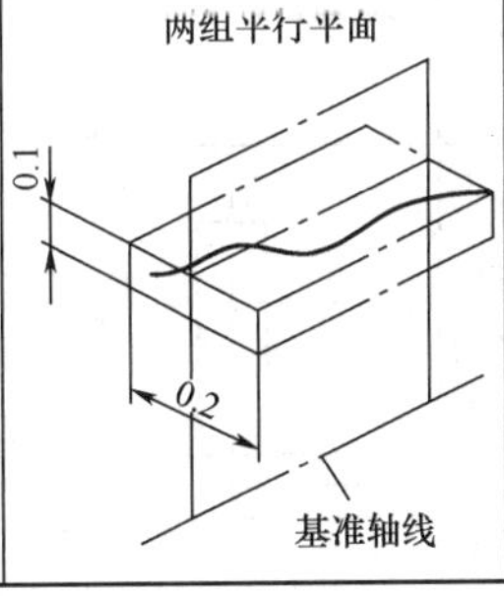	浮动	提取（实际）中心线必须位于水平方向距离为公差值 0.2mm，垂直方向距离为公差值 0.1 mm，且平行于基准轴线的两组平行平面之间

几何特征	符号	公差带定义	图样标注	公差带形状	公差带位置	说　明
平行度	//	③ 任意方向 　如在公差值前加注 ϕ，公差带是直径为公差值 t，且平行于基准线的圆柱面内的区域	ϕD // $\phi 0.1$ D ϕ A	$\phi 0.1$ 基准轴线	浮动	提取（实际）中心线必须位于直径为公差值 $\phi 0.1$mm，且平行于基准轴线的圆柱面内
		（2）线对基准面 　公差带是距离为公差值 t，且平行于基准平面的两平行平面之间的区域	// 0.03 A ϕ A	0.03 基准平面	浮动	提取（实际）中心线必须位于距离为公差值 0.03mm，且平行于基准平面 A 的两平行平面之间的区域内
		（3）面对基准线 　公差带是距离为公差值 t、且平行于基准轴线的两平行平面之间的区域	// 0.05 A A	0.05 基准轴线	浮动	提取（实际）表面必须位于距离为公差值 0.05mm、且平行于基准轴线 A 的两平行平面之间的区域
		（4）面对基准面 　公差带是指距离为公差值 t、且平行于基准面的两平行平面间的区域	// 0.05 A A	t 基准平面	浮动	提取（实际）表面必须位于间距为公差值 0.05 mm、且平行于基准面 A 的两平行平面间的区域内
垂直度	⊥	（1）线对基准线 　公差带是距离为公差值 t，且垂直于基准线的两平行平面之间的区域	ϕ ⊥ 0.01 A ϕ A	t 基准线	浮动	提取（实际）中心线必须位于距离为公差值 0.01mm，且垂直于基准线（基准轴线）的两平行平面之间
		（2）线对基准面 ① 给定一个方向 　公差带是距离为公差值 t，且垂直于基准平面的两平行平面之间的区域	ϕ ⊥ 0.01 A A	t 基准平面	浮动	在给定方向上提取（实际）中心线必须位于距离为公差值 0.01mm，且垂直于基准轴线的两平行平面之间

续表

几何特征	符号	公差带定义	图样标注	公差带形状	公差带位置	说　明
垂直度	⊥	② 给定相互垂直的两个方向 公差带分别是互相垂直的距离分别为 t_1 和 t_2 且垂直于基准面的两对平行平面之间的区域	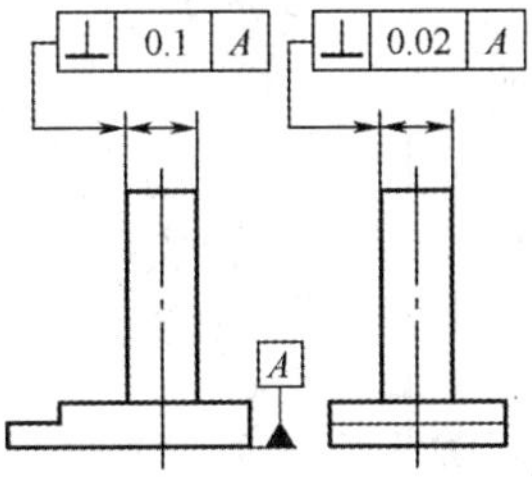	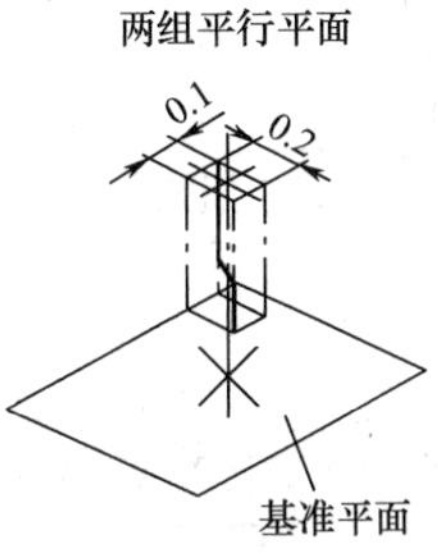 两组平行平面	浮动	提取（实际）中心线必须位于距离分别为公差值 0.2mm 和 0.1mm，且互相垂直于基准平面的两对平行平面之间
		③ 任意方向 如在公差值前加注 ϕ，则公差带是直径为公差值 t 且垂直于基准面的圆柱面内的区域	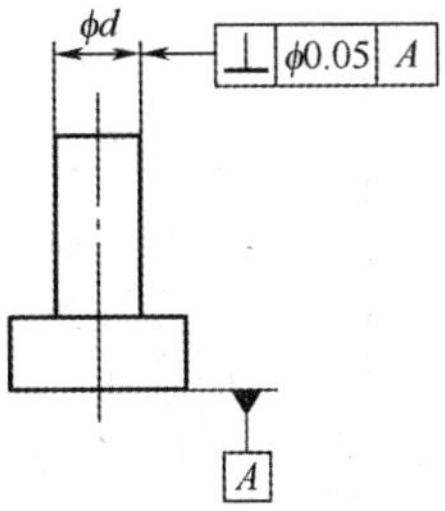	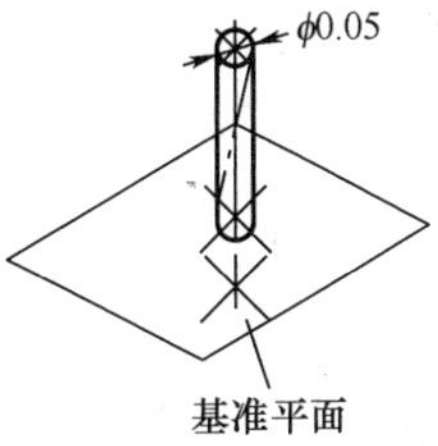	浮动	提取（实际）中心线必须位于直径为公差值 ϕ0.05mm，且垂直于基准平面的圆柱面内
		（3）面对基准线 公差带是距离为公差值 t，且垂直于基准线的两平行平面之间的区域	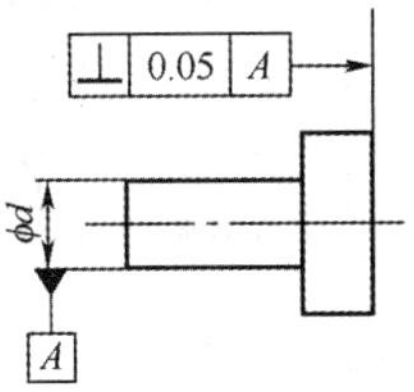	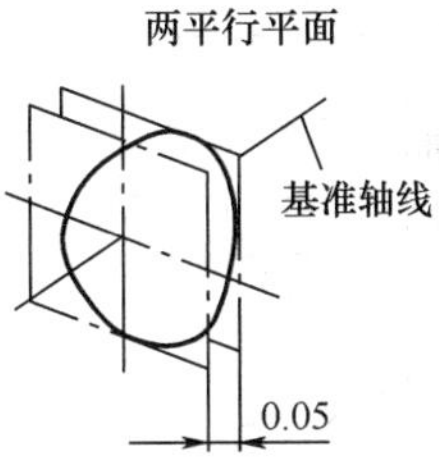 两平行平面 基准轴线	浮动	提取（实际）表面必须位于距离为公差值 0.05mm，且垂直于基准线（基准轴线）的两平行平面之间
		（4）面对基准面 公差带为距离为公差值 t、且垂直于基准的两平行平面间的区域	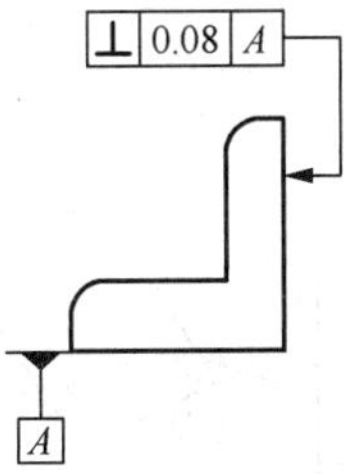	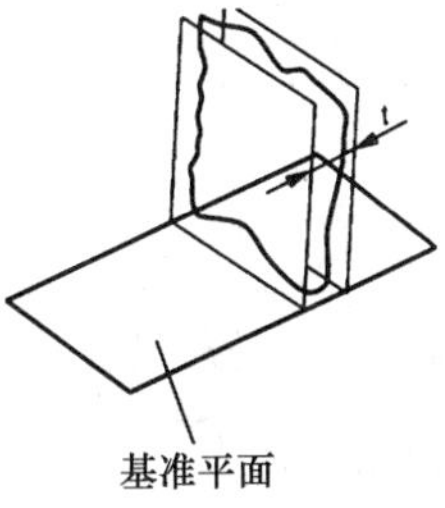 基准平面	浮动	提取（实际）表面必须位于距离为公差值 0.08mm、且垂直于基准面 A 的两平行平面之间的区域内
倾斜度	∠	（1）线对基准线 ① 在同一平面内 被测线和基准线在同一平面内：公差带是距离为公差值 t，且与基准轴线成理论正确角度的两平行平面之间的区域	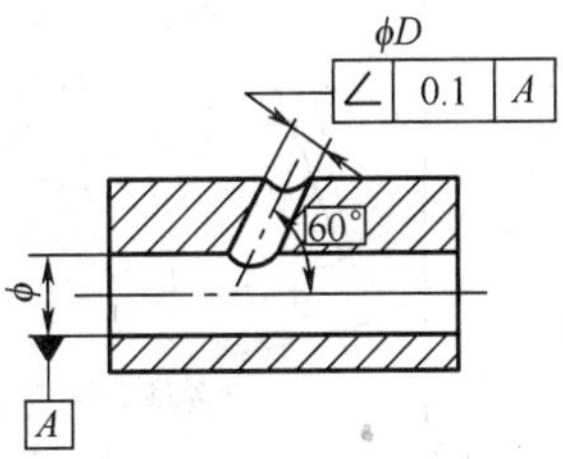	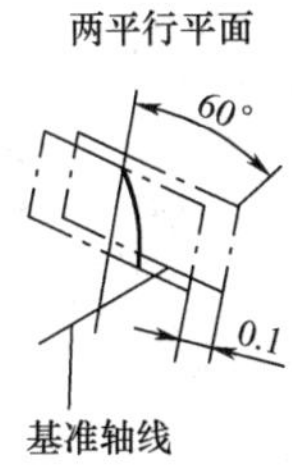 两平行平面 60° 基准轴线	浮动	提取（实际）中心线必须位于距离为公差值 0.1mm，且与基准轴线成理论正确角度 60° 的两平行平面之间

续表

几何特征	符号	公差带定义	图样标注	公差带形状	公差带位置	说　明
倾斜度	∠	② 不在同一平面内 被测线与基准线不在同一平面内：公差带是距离为公差值 t，且与基准成一给定角度的两平行平面之间的区域。如被测线应投影到包含基准轴线并平行于被测轴线的平面上，公差带是相对于投影到该平面的线而言	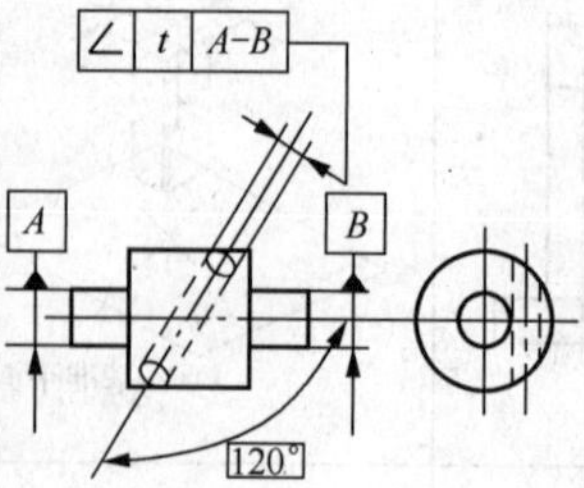	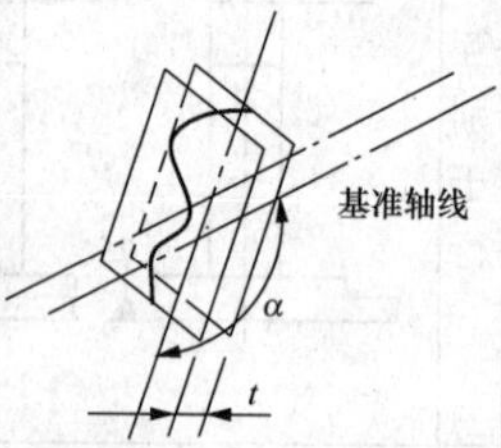	浮动	提取（实际）中心线投影到包含基准轴线的平面上，它必须位于距离为公差值 0.01mm，并与 A – B 公共基准线成理论正确角度 120° 的两平行平面之间
		（2）线对基准面 ① 给定方向 　公差带是距离为公差值 t，且与基准成一给定角度的两平行平面之间的区域	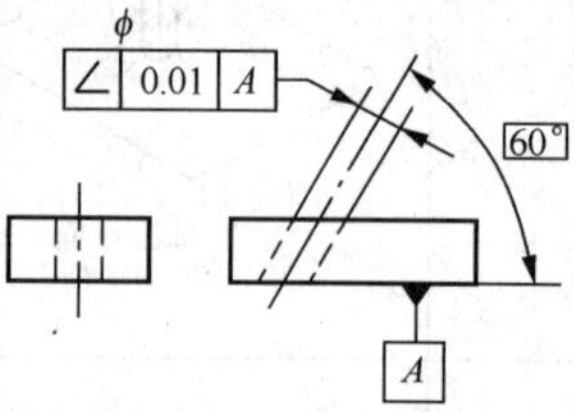	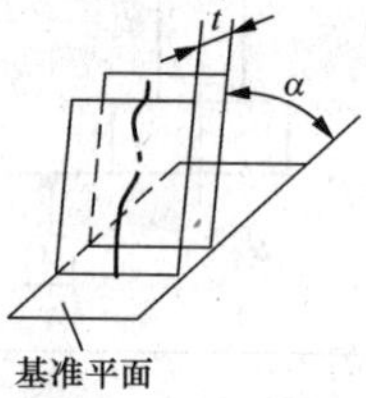	浮动	提取（实际）中心线必须位于距离为 0.01mm，且与基准面呈理论正确角度 60° 的两平行平面之间
		② 任意方向 　如在公差值前加注 ϕ，则公差带是直径为公差值 t 的圆柱面内的区域，该圆柱面的轴线应平行于基准平面 B，并与基准平面 A 呈一给定角度	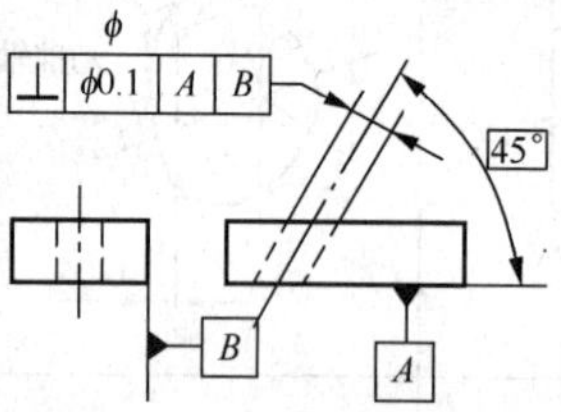	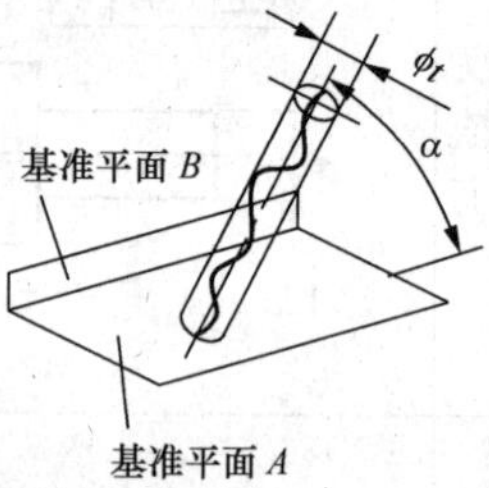	浮动	提取（实际）中心线必须位于直径为 0.1mm 的圆柱面公差带内，该公差带应平行基准面 B，且与基准表面 A 呈理论正确角度 45°
		（3）面对基准线 　公差带是距离公差值 t，且与基准线成一给定角度的两平行平面之间的区域	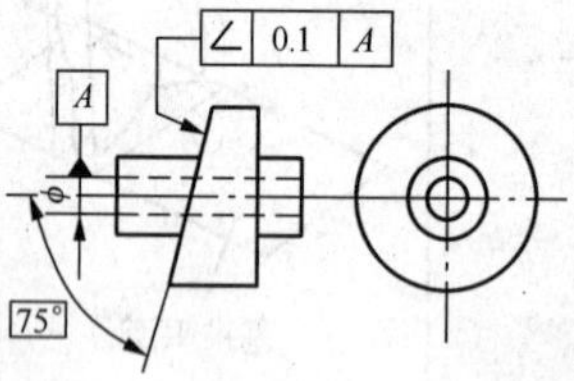	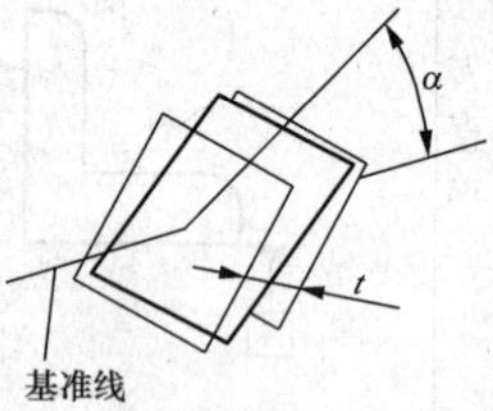	浮动	提取（实际）表面必须位于距离为公差值 0.1mm，且与基准线成理论正确角度 75° 的两平行平面之间
		（4）面对基准面 　公差带是距离为公差值 t，且与基准面成一给定角度的两平行平面之间的区域	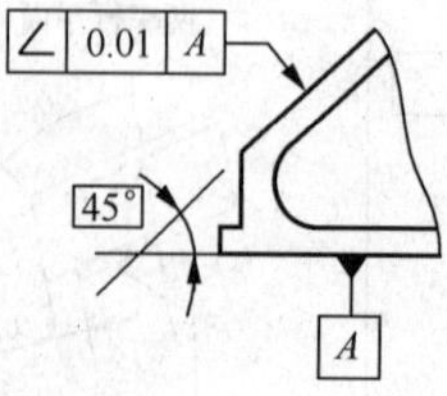	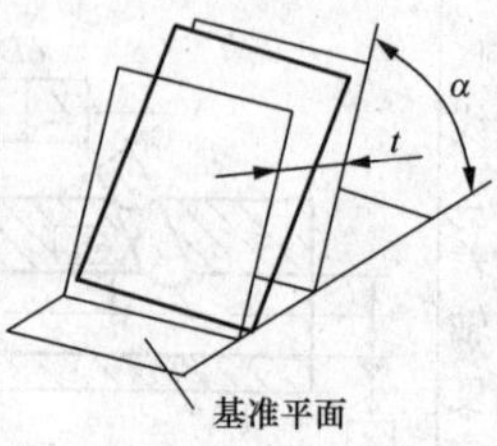	浮动	提取（实际）表面必须位于距离为公差值 0.01mm，且与基准面成理论正确角度 45° 的两平行平面之间

（1）平行度

平行度是表示零件上两平行要素间保持等距离的状况。

平行度公差是限制被测实际要素相对基准在平行方向上变动量的一项指标，是被测要素的实际方向和与基准要素相平行的理想方向之间所允许的最大变动量，用来控制线或面的平行度误差。平行度公差包括线对线、线对面、面对面、面对线的平行度。

（2）垂直度

垂直度是表示零件上两要素间保持 90° 方向的状况，即通常所说的两要素间保持正交的程度。

垂直度公差是被测实际要素相对基准在垂直方向上变动量的一项指标，是被测要素的实际方向和与基准要素相垂直的理想方向之间所允许的最大变动量，用来控制线或面的垂直度误差。垂直度公差包括线对线、线对面、面对面、面对线的垂直度。

（3）倾斜度

倾斜度是表示零件上被测要素相对基准保持任一给定角度的状况。

倾斜度公差是被测实际要素相对基准在倾斜方向上变动量的一项指标，是被测要素的实际方向对与基准给定角度的理想方向之间所允许的最大变动量。与平行度公差和垂直度公差同理，倾斜度公差用来控制线或面的倾斜度误差，只是将理论正确角度从 0° 或 90° 变成任意角度 α（$0° < \alpha < 90°$）。标注时，应将角度值用理论正确角度标出。倾斜度公差包括线对线、线对面、面对面、面对线的倾斜度。

2．位置公差

位置公差为关联实际被测要素相对于具有确定位置的理想要素所允许的变动量。它用来控制点、线或面的位置误差，能综合控制被测要素的方向、位置和形状误差。理想要素的位置由基准及理论正确尺寸（角度）确定。公差带相对于基准有确定位置。位置公差是为了限制位置误差而设置的，它等于限制误差的最大值。

位置公差具有以下特点。

① 公差带相对于基准有确定的位置，即位置公差的方向和位置由基准确定。

② 位置公差带具有综合控制被测要素位置误差、方向误差和形状误差的能力。通常被测要素给出位置公差后，不再给出方向和形状公差。除非对它的形状或（和）方向提出进一步要求，可再给出形状公差或（和）方向公差，且其值要小于位置公差值。

位置公差有同轴度（同心度）、对称度和位置度 3 个项目及线、面轮廓度，见表 4-4。

（1）同轴度

同轴度是表示两个轴线保持在同一直线的状况，即通常所说的共轴状况。

同轴度公差是被测实际轴线相对于基准轴线所允许的最大变动量，用来控制轴线或中心点的同轴度误差。

（2）对称度

对称度是表示零件上两对称中心要素保持在同一平面内的状况。

对称度公差是被测实际中心要素相对于基准中心要素所允许的最大变动量。对称度公差用来控制对称中心平面（中心线）的对称度误差。对称度公差通常用来控制开槽零件的误差，开槽的两个提取（实际）表面会有对称的中心面，而这个对称中心如果与基准中心面不重合，就是对称度误差。

（3）位置度

位置度是表示零件上的点、线或面要素相对于其理想位置的准确程度。

位置度公差是被测要素的实际位置相对于理想位置所允许的最大变动量，用来控制被测点、线、面的实际位置相对于其理想位置的位置度误差，而理想位置是由基准和理论正确尺寸来确定的。位置度公差可分为点的位置度公差、线的位置度公差、面的位置度公差以及成组要素的位置度公差。

位置度公差具有极为广泛的控制功能。原则上，位置度公差可以代替各种形状公差、定向公差和定位公差所表达的设计要求，但在实际设计和检测中，还是应该使用最能表达特征的项目。

表 4-4　　　　　　　　　　　　　位置公差带定义及标注示例

几何特征	项目	公差带定义	图样标注	公差带形状	公差带位置	说明
同心度	◎	公差带是公差值为 ϕt，且与基准圆心同心的圆内的区域	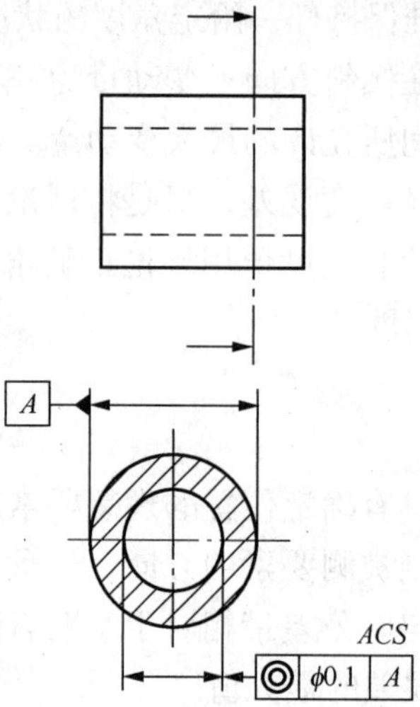	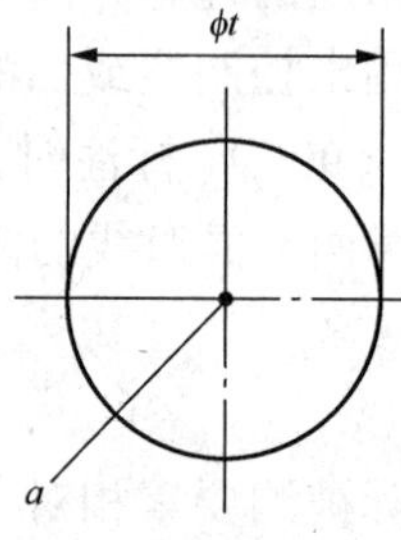 a 基准点	固定	外圆的圆心必须位于公差值为 $\phi 0.2mm$，且与基准圆心同心的圆内
同轴度	◎	公差带是直径为公差值 ϕt 的圆柱面内的区域，该圆柱面轴线与基准轴线同轴	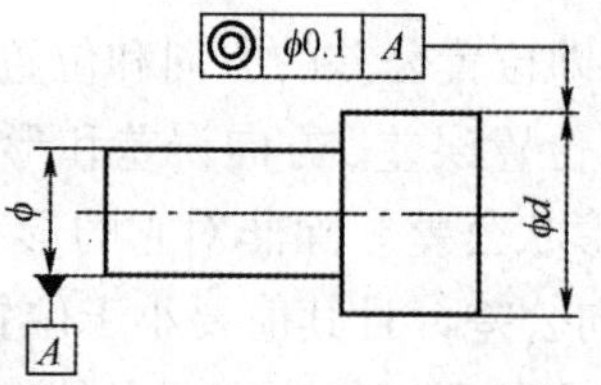	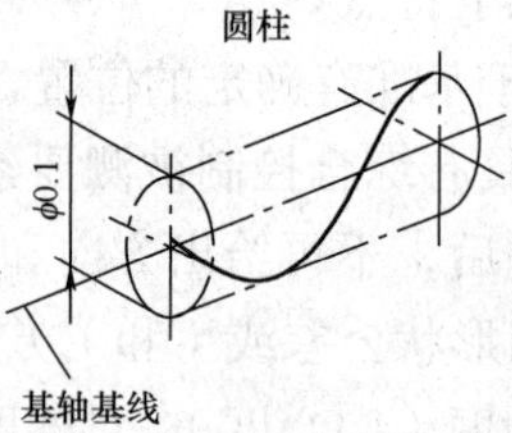 基轴基线	固定	ϕd 圆柱面的轴线必须位于直径为公差值 $\phi 0.1mm$，且与基准轴线同轴的圆柱面内
		公差带是直径为公差值 ϕt 的圆柱面内的区域，该圆柱面的轴线与基准轴线同轴	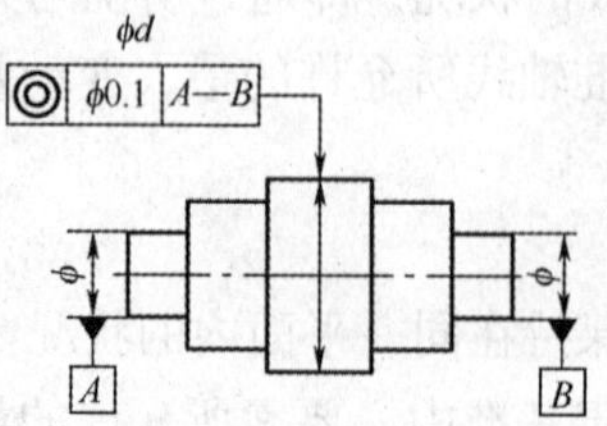	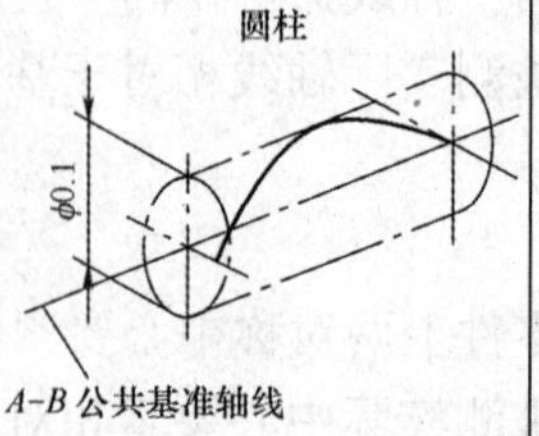 A-B 公共基准轴线	固定	大圆柱面的轴线必须位于直径为公差值 $\phi 0.1mm$，且与公共基准轴线 A-B 同轴的圆柱面内。公共基准轴线为 A 与 B 两段实际轴线所共有的理想轴线

几何特征	项目	公差带定义	图样标注	公差带形状	公差带位置	说　明
对称度	⫪	（1）面对基准面　公差带是距离为 t，且被测实际要素的对称中心平面与基准中心平面重合的两平行平面之间的区域	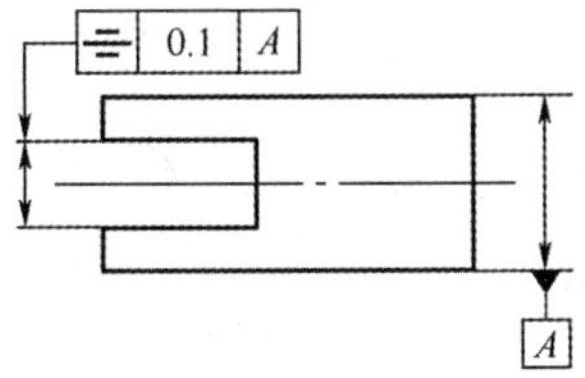	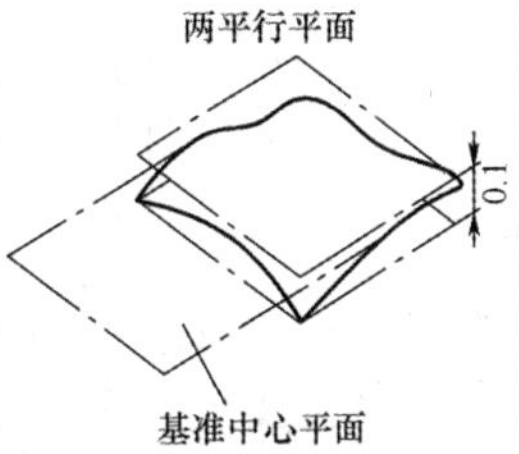 两平行平面 基准中心平面	固定	提取（实际）中心平面必须位于距离为公差值 0.1mm，且相对基准中心平面对称配置的两平行平面之间
		（2）面对基准线　公差带是指距离为公差值 t，且被测实际要素的对称中心平面与基准中心线重合的两平行平面之间的区域	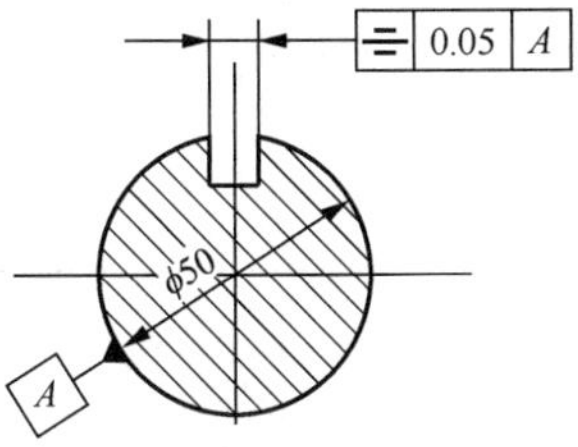	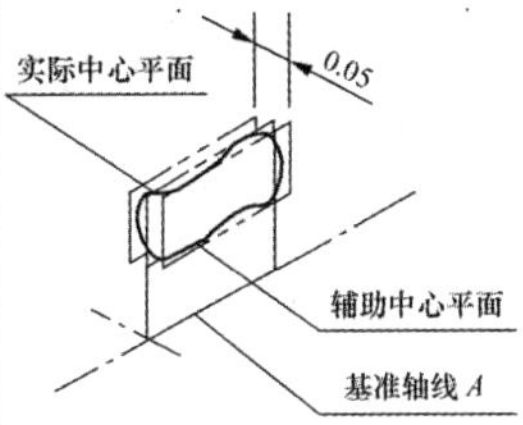 实际中心平面　0.05 辅助中心平面 基准轴线 A	固定	提取（实际）键槽中心平面必须位于距离为公差值 0.05mm 的两平行平面之间的区域内，而且该平面对称配置在通过基准轴线的辅助平面两侧
位置度	⊕	（1）点的位置度　公差带是指直径为公差值 t（平面点）或 St（空间点）、且以点的理想位置为中心的圆或球面内的区域	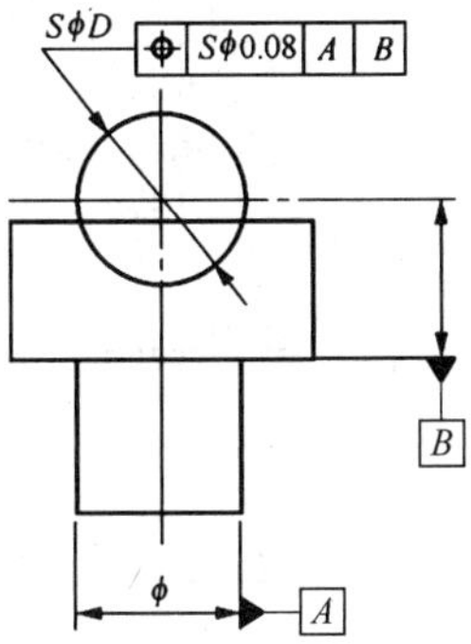	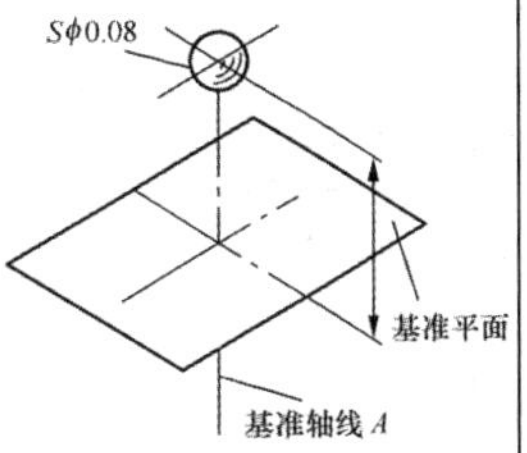 Sϕ0.08 基准平面 基准轴线 A	固定	提取（实际）球心必须位于直径为公差值 $S0.08$mm，且圆心在相对于基准 A 重合、与 B 距离为理论正确尺寸的理想位置上的圆球内
		（2）线的位置度　公差带是直径为公差值 t，且以理想位置为轴线的圆柱面内的区域	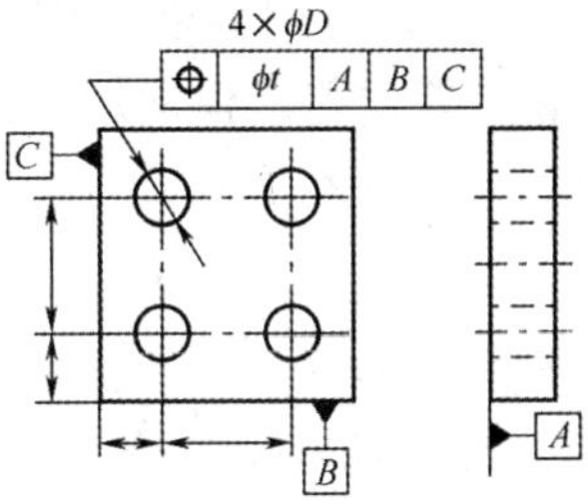	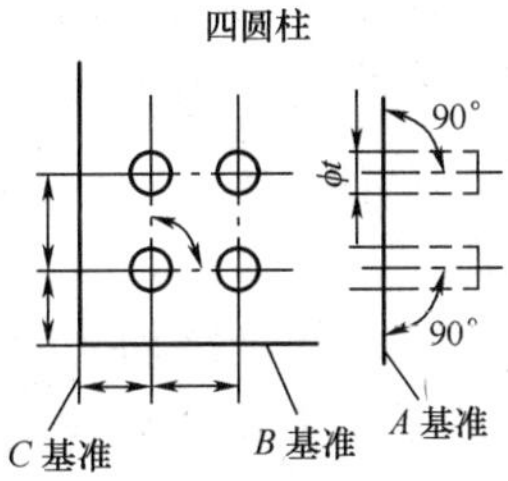 四圆柱 C 基准　B 基准　A 基准	固定	提取（实际）4 个 ϕD 孔的轴线必须分别位于直径为 ϕtmm，且以理想位置为轴线的 4 个圆柱面内，4 孔为一组，其理想轴线形成几何图框。几何图框在零件上的位置由理论正确尺寸相对于基准 A、B、C 确定

续表

几何特征	项目	公差带定义	图样标注	公差带形状	公差带位置	说　明
位置度	⊕	（3）面的位置度 公差带是距离为公差值 t，且以面的理想位置为中心对称配置的两平行平面之间的区域，面的理想位置是由相对于三基面体系的理论正确尺寸确定的			固定	提取（实际）表面必须位于距离为公差值 0.1mm，且以相对于基准线 B 和基准表面 A 所确定的理想位置对称配置的两平行平面之间
		（4）成组要素的位置度 公差带是直径为公差值 t，且以理想位置为轴线的圆柱面内的区域			位置度公差带可随其几何图框一起在孔组定位尺寸公差带内平移、转动或倾斜	4 个 φD 孔的轴线必须分别位于直径为 φ0.05mm，且以理想位置为轴线的 4 个圆柱面内。其 4 孔组的几何图框可在其定位尺寸（L₁ 和 L₂）的公差带（±ΔL₁ 和 ±ΔL₂）内作上下及左右的平移、转动及倾斜

4.2.3　跳动公差

跳动公差为关联实际被测要素绕基准轴线回转一周或连续回转时所允许的最大变动量。它可用来综合控制被测要素的形状误差和位置误差，仅适用于回转类零件。

跳动公差是针对特定的测量方式而规定的公差项目。跳动误差就是指示表指针在给定方向上指示的最大与最小读数之差。

跳动公差有圆跳动公差和全跳动公差，见表 4-5。

（1）圆跳动公差是关联实际被测要素对理想圆的允许变动量，其理想圆的圆心在基准轴线上。测量时被测实际要素绕基准轴线回转一周，指示表指针无轴向移动。

圆跳动根据测量方向的不同，可分为径向圆跳动（测量方向垂直于基准轴线）、端面圆跳动（测量方向与基准轴线平行）、斜向圆跳动（测量方向与基准轴线成给定角度）。

表 4-5   跳动公差带定义及标注示例

几何特征	符号	公差带定义	图样标注	公差带形状	公差带位置	说明
圆跳动	↗	（1）径向圆跳动　公差带是在垂直于基准轴线的任一测量平面内半径差为公差值 t，且圆心在基准轴线上的两个同心圆之间的区域	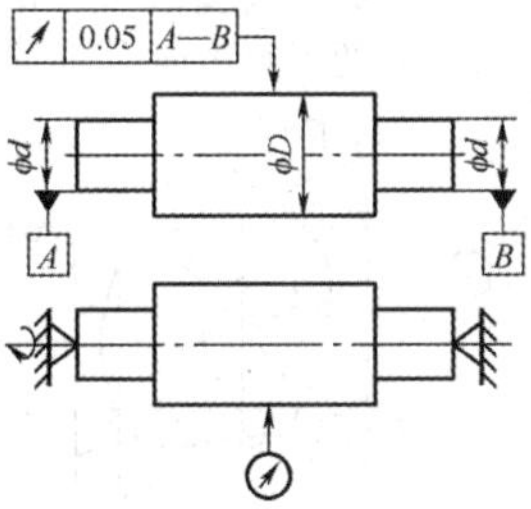	垂直于基准轴线的任一测量平面内，圆心在基准轴线上的半径差为公差值 0.05mm 的两同心圆 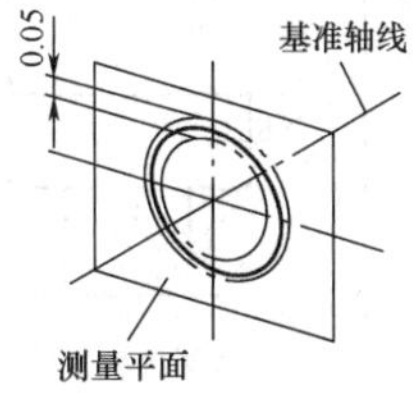	浮动	ϕD 圆柱面绕基准轴线作无轴向移动回转时，在任一测量平面内的径向跳动量（指示表测得的最大与最小读数之差）均不得大于 0.05mm
		（2）端面圆跳动　公差带是在与基准同轴的任一半径位置测量圆柱面上距离为 t 的两圆之间的区域	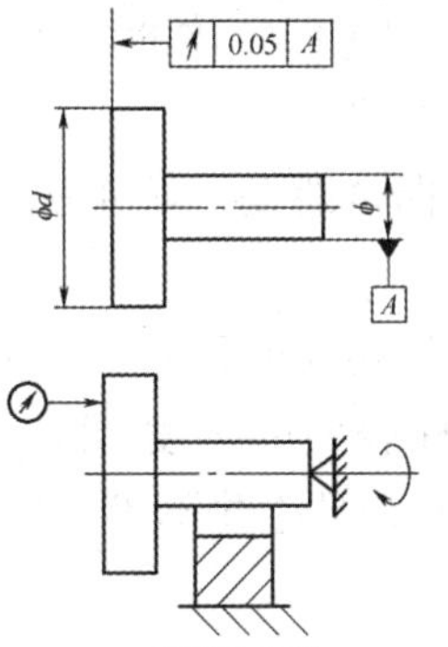	与基准轴线同轴的任一直径位置的测量圆柱面上，沿母线方向宽度为公差值0.05mm的圆柱面 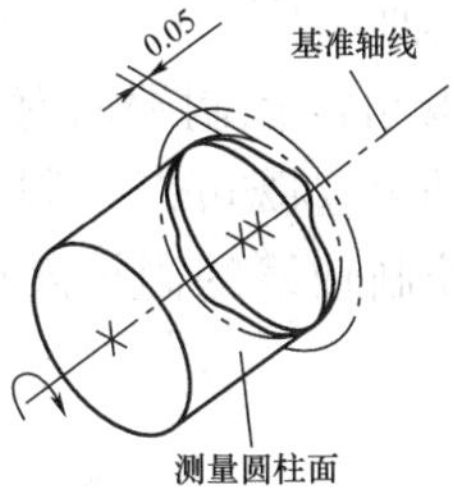	浮动	提取（实际）表面绕基准线 A（基准轴线）旋转一周时，在任一测量圆柱面内轴向的跳动量均不得大于 0.05mm
		（3）斜向圆跳动　公差带是在与基准轴线同轴的任一测量圆锥面上距离为 t 的两圆之间的区域，测量方向应与被测面垂直	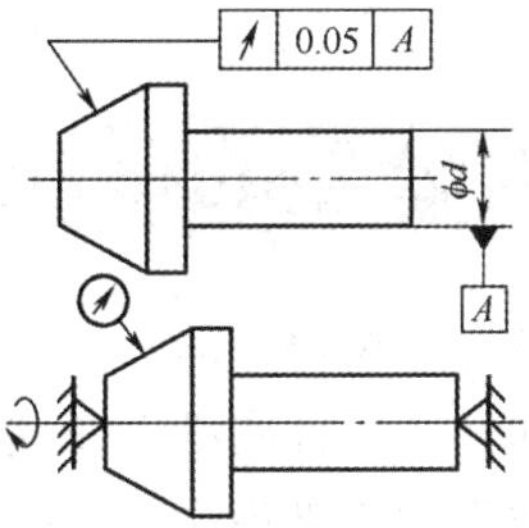	与基准轴线同轴且母线垂直于被测表面的任一测量圆锥面上，沿母线方向宽度为公差值 0.05mm 的圆锥面 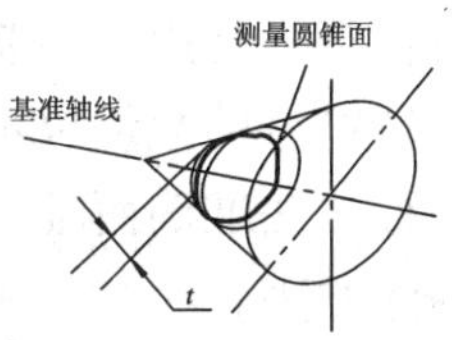	浮动	提取（实际）表面在绕基准线 A（基准轴线）旋转一周时，在任一测量圆锥面上的跳动量均不得大于 0.05mm
全跳动	↗↗	（1）径向全跳动　公差带是半径差为公差值 t，且与基准轴线同轴的两圆柱面之间的区域	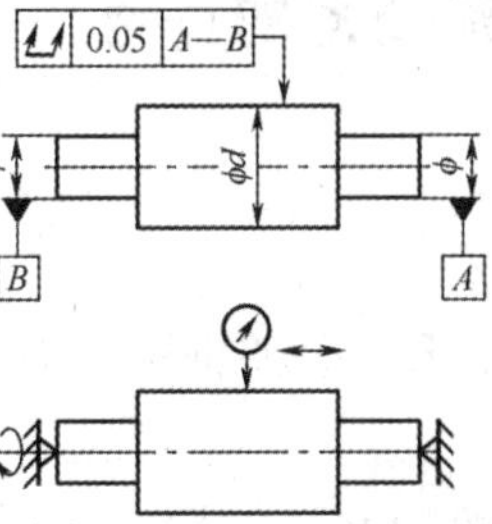	半径差为公差值0.05mm且与基准轴线同轴的两同轴圆柱面 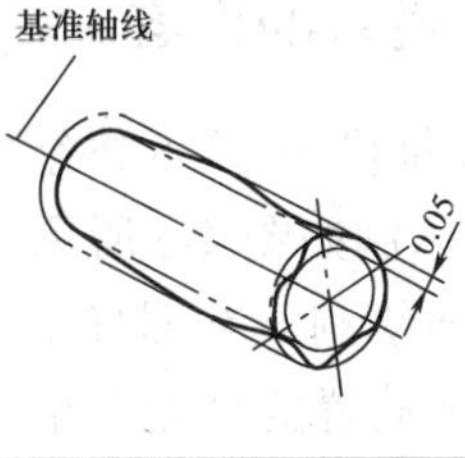	浮动	提取（实际）ϕd 表面绕基准轴线作无轴向移动的连续回转，指示表平行于基准轴线方向作直线移动，在整个 ϕd 表面上的跳动量不得大于 0.05mm

续表

几何特征	符号	公差带定义	图样标注	公差带形状	公差带位置	说明
全跳动	↗↗	（2）端面全跳动　公差带是距离为公差值 t，且与基准轴线垂直的两平行平面之间的区域	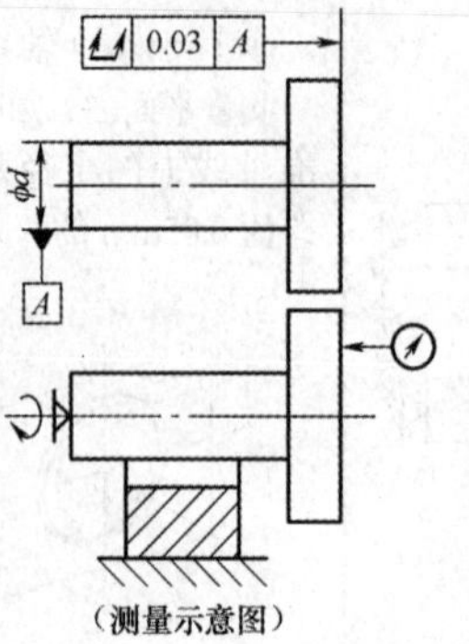 ↗ 0.03 A　ϕd　A　（测量示意图）	垂直于基准轴线，距离为公差值 0.03mm 的两平行平面 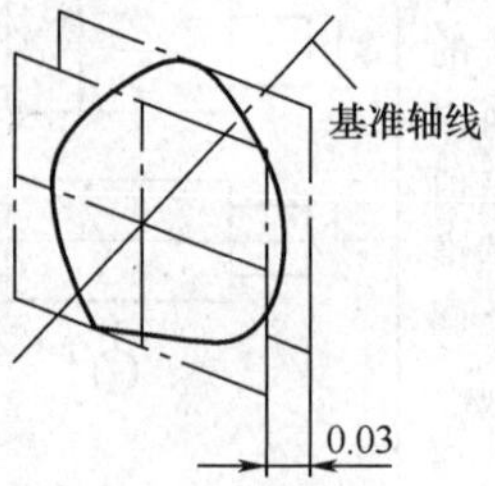　基准轴线　0.03	浮动	提取（实际）表面绕基准轴线作无轴向移动的连续回转，指示表沿垂直轴线移动，在整个端面上描摹，跳动量不得大于 0.03mm

（2）全跳动公差是关联实际被测要素对理想回转体的允许变动量。测量时被测实际要素绕基准轴线连续回转，指示表同时做轴向移动。

全跳动根据测量方向的不同，可分为径向全跳动（测量方向垂直于基准轴线）、端面全跳动（测量方向与基准轴线平行）。

端面全跳动公差既可以控制端面对回转轴线的垂直度公差，又可以控制该端面的平面度误差；径向全跳动公差既可以控制圆柱表面的圆度、圆柱度、素线和轴线的直线度等形状误差，又可以控制轴线的同轴度误差，但这并不等于跳动公差可以完全代替前面的项目。

4.3
几何公差的标注

几何公差的几何特征符号是用来控制各种形位误差的，由于零件的形状各异、要求不同，所以标注的几何特征符号的数量也不同。在零件图纸上，这些特征符号是通过公差框格来标注的。公差框格标注法准确而唯一地表示出被控制要素的几何公差要求，是国际上统一规定的几何公差标注方法。

4.3.1　几何公差的符号

1. 公差框格及填写的内容

几何（形位）公差框格由 2～5 格组成。形状公差框格一般为两格，方向、位置、跳动公差框格为 2～5 格，示例如图 4-6 所示。

公差框格用细实线绘制，在图样上一般为水平放置，当受空间限制时，也允许将框格垂直放置。对于水平放置的公差框格，应从框格的左边起，第 1 格填写几何（形位）

公差项目符号；第 2 格填写公差值和有关符号；第 3、4、5 格填写代表基准的字母和有
关符号。代表基准的字母 A、B、C 依次为第一、第二和第三基准。基准的顺序在公差框
格中是固定的，总是第三格填写第一基准，依次填写第二、第三基准。基准要素的前后
顺序，表示其精度要求控制顺序，是由零件功能要求确定的，因而与字母在字母表中的
顺序无关。此外，组合基准采用两个字母中间加一短横线的形式，如图 4-6（f）所示。
当公差框格在图面上垂直放置时，应从框格下方的第 1 格起填写公差项目符号，顺次向
上填写公差值，代表基准的字母等。

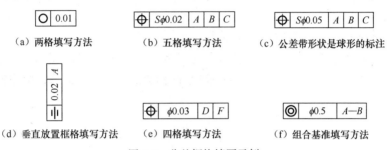

| （a）两格填写方法 | （b）五格填写方法 | （c）公差带形状是球形的标注 |

| （d）垂直放置框格填写方法 | （e）四格填写方法 | （f）组合基准填写方法 |

图 4-6　公差框格填写示例

公差框格中填写的公差值必须以 mm 为单位，当公差带形状为圆、圆柱和球形时，应
分别在公差值前面加注"ϕ"和"$S\phi$"。

如果需要限制被测要素在公差带内的形状，或公差带的其他说明，则应在公差值后或
框格上、下加注相应的符号，见表 4-6。

表 4-6　　　　　　　　　　　　被测要素说明与限制符号

含义	符号	举例	含义	符号	举例
公共公差带	CZ	⌓ 0.1CZ	线要素	LE	∥ 0.02 | A | B | LE
不凸起	NC	⌓ 0.1 NC	任意横截面	ACS	◎ ϕ0.1 | A | ACS

当某项公差应用于几个相同要素时，应在公差框格的上方被测要素的尺寸之前注明要
素的个数，并在两者之间加上符号"×"，如图 4-7 所示。

2. 指引线

指引线用于连接被测要素和公差框格。指引线由细实线和箭头构成，它从公差框格
的一端引出，并保持与公差框格端线垂直，引向被测要素时允许弯折，一般不得多于两
次。指引线的箭头应指向公差带的宽度方向或直径方向，如图 4-8 所示。公差带的宽度
方向为被测要素的法向（另有说明的除外）。圆度公差带的宽度应在垂直于公称轴线的
平面内确定。

3. 基准

基准有 3 种：单一基准、公共（组合）基准和三基面体系，在确定位置公差时必须给
出基准。

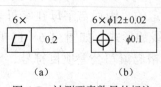

图 4-7 被测要素数量的标注

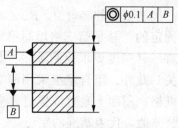

图 4-8 几何公差标注示例

（1）单一基准：由一个要素建立的基准，如图 4-9 所示。

（2）公共（组合）基准：由两个或两个以上的要素建立的一个独立基准，如图 4-10 所示。

（3）三基面体系：由 3 个互相垂直的基准平面构成的一个基准体系，标注如图 4-11（a）所示。

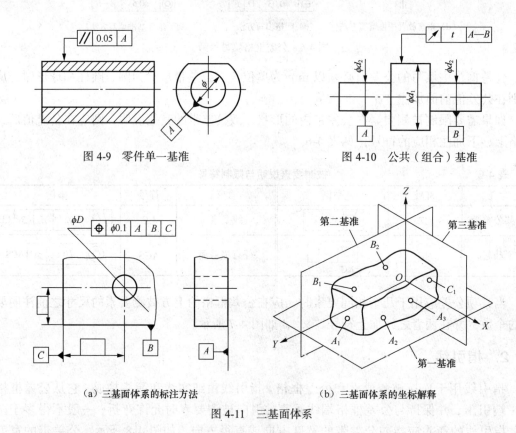

图 4-9 零件单一基准

图 4-10 公共（组合）基准

（a）三基面体系的标注方法

（b）三基面体系的坐标解释

图 4-11 三基面体系

4．基准符号

与被测要素相关的基准用一个大写字母表示，但不准使用 E、I、J、M、O、P、L、R、F 这 9 个容易引起混淆的字母。字母标注在基准方格内，与一个涂黑的或空白的三角形相连以表示

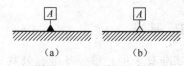

图 4-12 基准代号的标注

基准，如图 4-12 所示；表示基准的字母还应标注在公差框格内。涂黑的和空白的基准三角形含义相同。基准符号和字母都应水平书写。

4.3.2 几何公差的标注方法

1. 被测要素的标注

（1）当被测要素是轮廓要素时，箭头应指向轮廓线，也可指向轮廓线的延长线，但必须与尺寸线明显地错开，如图 4-13 所示。

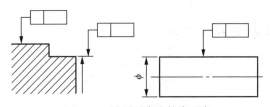

图 4-13 被测要素为轮廓要素

（2）当被测要素为导出要素（中心要素）时，指引线箭头应与该要素的尺寸线对齐或直接标注在轴线上，被测要素指引线的箭头可代替一个尺寸箭头，如图 4-14 所示。

（3）受图形限制，需表示图样中某要素的几何公差要求时，可由黑点处作引出线。箭头指向引出线的水平线，如图 4-15 所示。

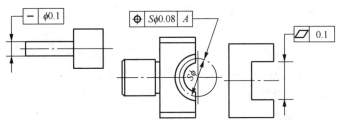

图 4-14 被测要素为中心要素

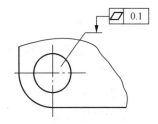

图 4-15 表示要素的几何公差要求

（4）当被测要素是圆锥体的轴线时，指引线应对准圆锥体的大端或小端的尺寸线。如图 4-16 所示图样中仅有任意处的空白尺寸线，则可与该尺寸线相连。如需给出某要素几种几何特征公差，可将公差框格放在另一个的下面。

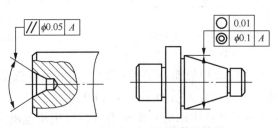

图 4-16 被测要素为圆锥体的轴线

（5）仅对被测要素的局部提出几何公差要求，可用粗点画线画出其范围，并标注尺寸，如图 4-17 所示。

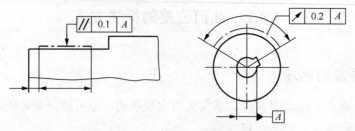

图 4-17　被测要素的局部有要求

2. 基准要素的常用标注方法

（1）当基准要素是轮廓线或面时，基准三角形应放在基准要素的轮廓线或轮廓面，也可在靠近轮廓的延长线上，但必须与尺寸线明显地分开，如图 4-18 所示。

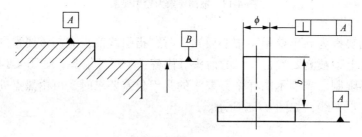

图 4-18　基准要素为轮廓要素时的标注

（2）当基准要素是导出要素轴线、中心面或中心点时，基准三角形应放在尺寸线的延长线上并对齐。基准符号中的三角形也可代替尺寸线中的一个箭头，如图 4-19 所示。

（3）受图形限制，需表示图样中某要素为基准要素时，可由黑点处作引出线，基准三角形可置于引出线的水平线上，如图 4-20 所示。

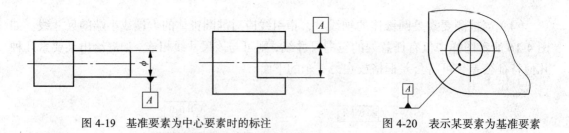

图 4-19　基准要素为中心要素时的标注　　　　图 4-20　表示某要素为基准要素

（4）当基准要素与被测要素相似而不易分辨时，应采用任选基准。任选基准符号如图 4-21（a）所示，任选基准的标注方法如图 4-21（b）所示。

（5）仅用要素的局部而不是整体作为基准要素时，可用粗点画线画出其范围，并标注尺寸，如图 4-22 所示。

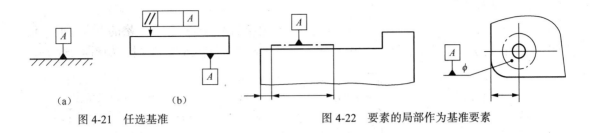

图 4-21　任选基准　　　　　　图 4-22　要素的局部作为基准要素

3. 几何公差的特殊标注方法

（1）公共公差带

① 图 4-23（a）所示为若干分离要素给出单一公差带时，在公差框格内公差值的后面加注公共公差带的符号 CZ。

② 图 4-23（b）所示为一个公差框格可以用于具有相同几何特征和公差值的若干个分离要素。

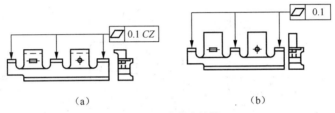

（a）　　　　　　　　　　　　　（b）

图 4-23　公共公差带

（2）全周符号

轮廓度特征适用于横截面的整周轮廓或由该轮廓所示的整周表面时，应采用"全周"符号表示，如图 4-24 所示。

① 图 4-24（a）所示为外轮廓线的全周统一要求。

② 图 4-24（b）所示为外轮廓面的全周统一要求。

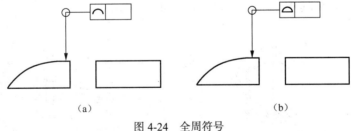

（a）　　　　　　　　　　　　　（b）

图 4-24　全周符号

（3）对误差值的进一步限制

对同一被测要素，如在全长上给出公差值的同时，又要求在任一长度上进行进一步的限制，可同时给出全长上和任意长度上两项要求，任一长度的公差值要求用分数表示，如图 4-25（a）所示。

同时给出全长和任一长度上的公差值时，全长上的公差值框格并置于任一长度的公差值框格上面，如图 4-25（b）所示。

（4）说明性内容

表示被测要素的数量，应注在框格的上方，其他说明性内容应注在框格的下方。但也允许例外的情况，如上方或下方没有位置标注时，可注在框格的周围或指引线上，如图 4-26 所示。

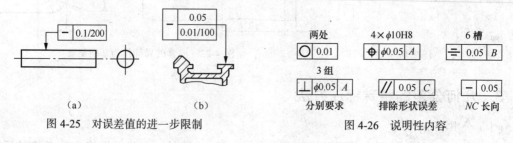

图 4-25　对误差值的进一步限制　　　　图 4-26　说明性内容

（5）螺纹

一般情况下，以螺纹的中径轴线作为被测要素或基准要素时，不需另加说明。如需以螺纹的大径或小径作为被测要素或基准要素时，应在框格下方或基准符号中的方框下方加注"MD"或"LD"，如图 4-27 所示。

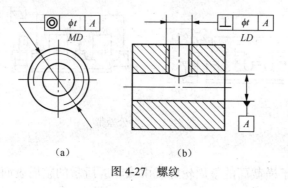

图 4-27　螺纹

（6）齿轮、花键

由齿轮和花键作为被测要素或基准要素时，其分度圆轴线用"PD"表示。大径（对外齿轮是顶圆直径，内齿轮是根圆直径）轴线用"MD"表示，小径（对外齿轮是根圆直径，内齿轮是顶圆直径）轴线用"LD"表示，如图 4-28 所示。

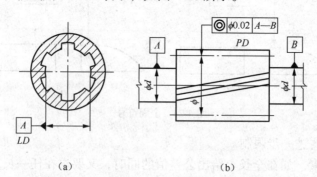

图 4-28　齿轮、花键

4. 几何公差的附加符号

如果要求在公差带内进一步限定被测要素的形状，则应在公差值后面加附加符号，如

表 4-7 所示。

表 4-7　　　　　　　　　　　　　几何公差的附加符号

含义	符号	举例
只许中间向材料内凹下	（－）	── | $t(-)$
只许中间向材料外凸起	（＋）	▱ | $t(+)$
只许从左至右减小	（▷）	⟋ | $t(▷)$
只许从右至左减小	（◁）	⟋ | $t(◁)$

4.4 公差原则

　　尺寸误差和形位误差是影响零件质量的两个重要因素，因此，设计零件时，需要根据其功能和互换性要求，同时给定尺寸公差和几何公差。为了保证设计要求，正确判断零件是否合格，必须明确零件同一要素或几个要素的尺寸公差与几何公差的内在联系。公差原则就是处理尺寸公差与几何公差之间的关系的原则。

　　公差原则包括独立原则和相关要求。其中，相关要求又包括包容要求和最大实体要求、最小实体要求及可逆要求。

4.4.1　术语及其意义

1. 提取组成要素的局部尺寸（局部实际尺寸）

　　提取组成要素的局部尺寸（局部实际尺寸）(D_a, d_a) 是指在实际要素的任意正截面上，测得两对应点之间测得的距离。由于存在形状误差和测量误差，因此提取组成要素的局部尺寸（局部实际尺寸）是随机变量，如图 4-29 所示。

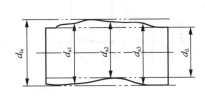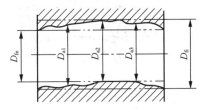

图 4-29　局部实际尺寸

2. 作用尺寸

　　（1）体外作用尺寸。它是指在被测要素的给定长度上，与实际内表面的体外相接的最大理想面，或与实际外表面的体外相接的最小理想面的直径或宽度。

对于单一要素，实际内、外表面的体外作用尺寸分别用 D_{fe}、d_{fe} 表示，如图 4-30 所示。

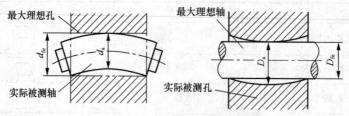

图 4-30　单一要素的体外作用尺寸

对于关联要素，实际内、外表面的体外作用尺寸分别用 D'_{fe}、d'_{fe} 表示，如图 4-31 所示。对于关联要素，该理想面的轴线或中心平面必须与基准保持图样给定的几何关系。与实际外表面（轴）的体外相接的理想面除了要保证最小的外接直径外，还要保证该理想面的轴线与基准面 A 垂直的几何关系。

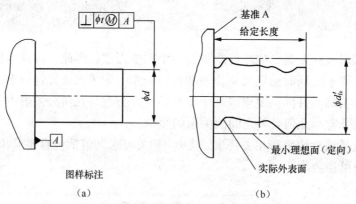

图样标注

（a）　　　　　　　　　　　　　　（b）

图 4-31　关联要素的体外作用尺寸

（2）体内作用尺寸。它是指在被测要素的给定长度上，与实际内表面的体内相接的最小理想面，或与实际外表面的体内相接的最大理想面的直径或宽度。

对于单一要素，实际内、外表面的体内作用尺寸分别用 D_{fi}、d_{fi} 表示，如图 4-32 所示。

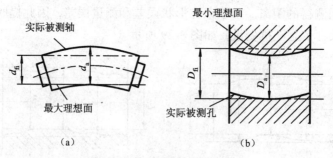

（a）　　　　　　　　　　　　　　（b）

图 4-32　单一要素体内作用尺寸

对于关联要素，实际内、外表面的体内作用尺寸分别用 D'_{fi}、d'_{fi} 表示，如图 4-33 所示。对于关联要素，该理想面的轴线或中心平面必须与基准保持图样给定的几何关系。与实际外表面（轴）的体内相接的理想面除了要保证最小的外接直径外，还要保证该理想面的轴

线与基准面 A 垂直的几何关系。

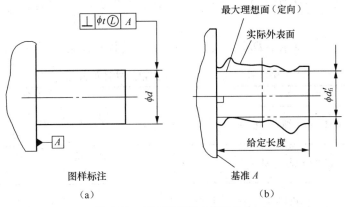

图 4-33　关联要素体内作用尺寸

应当注意：作用尺寸不仅与实际要素的局部实际尺寸有关，还与其形位误差有关。因此，作用尺寸是实际尺寸和形位误差的综合尺寸。对一批零件而言，每个零件都不一定相同，但每个零件的体外或体内作用尺寸只有一个；对于被测实际轴，$d_{fe} \geq d_{fi}$；而对于被测实际孔，$D_{fe} \leq D_{fi}$。

3. 最大实体状态（MMC）与最小实体状态（LMC）

实际要素在给定长度上处处位于极限尺寸之内，并具有材料量最多时的状态，称为最大实体状态。

实际要素在给定长度上处处位于极限尺寸之内，并具有材料量最少时的状态，称为最小实体状态。

4. 最大实体尺寸（MMS）与最小实体尺寸（LMS）

实际要素在最大实体状态下的极限尺寸，称为最大实体尺寸。孔和轴的最大实体尺寸分别用 D_M、d_M 表示。对于孔，$D_M = D_{min}$；对于轴，$d_M = d_{max}$。

实际要素在最小实体状态下的极限尺寸，称为最小实体尺寸。孔和轴的最小实体尺寸分别用 D_L、d_L 表示。对于孔，$D_L = D_{max}$；对于轴，$d_L = d_{min}$。

5. 最大实体实效状态（MMVC）与最小实体实效状态（LMVC）

在给定长度上，实际要素处于最大实体状态，且其中心要素的形状或位置误差等于给出公差值时的综合极限状态，称为最大实体实效状态。

在给定长度上，实际要素处于最小实体状态，且其中心要素的形状或位置误差等于给出公差值时的综合极限状态，称为最小实体实效状态。

6. 最大实体实效尺寸（MMVS）与最小实体实效尺寸（LMVS）

最大实体实效状态下的体外作用尺寸，称为最大实体实效尺寸。对于单一要素，孔和轴的最大实体实效尺寸分别用 D_{MV}、d_{MV} 表示；对于关联要素，孔和轴的最大实体实效尺寸分别用 D'_{MV}、d'_{MV} 表示。

最小实体实效状态下的体内作用尺寸，称为最小实体实效尺寸。对于单一要素，孔和轴的最小实体实效尺寸分别用 D_{LV}、d_{LV} 表示；对于关联要素，孔和轴的最小实体实效尺寸分别用 D'_{LV}、d'_{LV} 表示。

D_{MV}、d_{MV}、D'_{MV}、d'_{MV}、D_{LV}、d_{LV}、D'_{LV}、d'_{LV} 的计算式见表 4-7。

表 4-7　　　　　　　　　　　　轴和孔最大（小）实体实效尺寸计算公式

计算通式	实际计算式
MMVS=MMS±t（轴+，孔−）	轴：d_{MV}（d'_{MV}）$=d_M+t=d_{max}+t$
	孔：D_{MV}（D'_{MV}）$=D_M-t=D_{min}-t$
LMVS=LMS∓t（轴−，孔+）	轴：d_{LV}（d'_{LV}）$=d_L-t=d_{min}-t$
	孔：D_{LV}（D'_{LV}）$=D_L+t=D_{max}+t$

如图 4-34 所示，孔的最大实体实效尺寸为

$$D_{MV} = D_M - t = D_{min} - t = 30 - 0.03 = 29.97（mm）$$

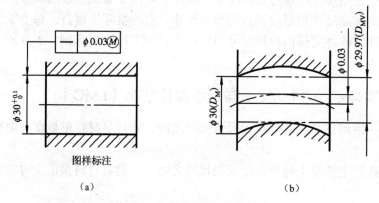

图 4-34　孔的最大实体实效尺寸

如图 4-35 所示，轴的最大实体实效尺寸为

$$d'_{MV} = d_M + t = d_{max} + t = 15 + 0.02 = 15.02（mm）$$

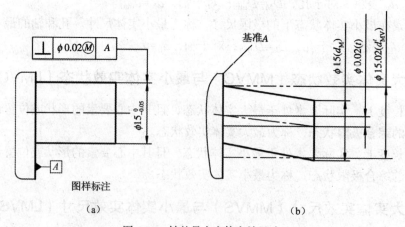

图 4-35　轴的最大实体实效尺寸

如图 4-36 所示，孔的最小实体实效尺寸为

$$D_{LV} = D_L + t = D_{max} + t = 20.05 + 0.02 = 20.07（mm）$$

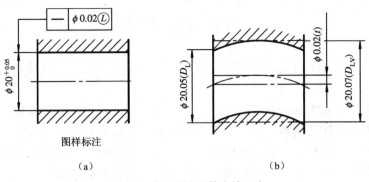

图样标注

（a）   （b）

图 4-36　孔的最小实体实效尺寸

如图 4-37 所示，轴的最小实体实效尺寸为

$$d'_{LV} = d_L - t = d_{min} - t = 14.95 - 0.02 = 14.93（mm）$$

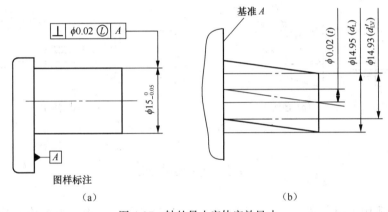

图样标注

（a）   （b）

图 4-37　轴的最小实体实效尺寸

应当注意的是，最大（最小）实效尺寸是最大（最小）实体尺寸和几何公差的综合尺寸，对一批零件而言是定值；作用尺寸是实际尺寸和形位误差的综合尺寸，对一批零件而言是变化值。换句话说，实效尺寸是作用尺寸的极限值。

7. 边界和边界尺寸

由设计给定的具有理想形状的极限包容面，称为边界。这里所说的包容面，既包括孔，也包括轴。边界尺寸是指极限包容面的直径或距离。当极限包容面为圆柱面时，其边界尺寸为直径；当极限包容面为两平行平面时，其边界尺寸是距离。

（1）最大实体边界（MMB）指具有理想形状且边界尺寸为最大实体尺寸的包容面。

（2）最小实体边界（LMB）指具有理想形状且边界尺寸为最小实体尺寸的包容面。

（3）最大实体实效边界（MMVB）指具有理想形状且边界尺寸为最大实体实效尺寸的包容面。

（4）最小实体实效边界（LMVB）指具有理想形状且边界尺寸为最小实体实效尺寸的包容面。

单一要素的理想边界没有对方向和位置的要求；而关联要素的理想边界，必须与基准保持图样给定的几何关系。

4.4.2　独立原则

独立原则是指图样上给定的几何公差和尺寸公差相互无关、各自独立、分别满足要求的公差原则。

图样中给出的公差大部分遵守独立原则，因此该原则也是基本公差原则。采用独立原则时，图样上不需标注任何特定符号。独立原则的适用范围较广，在尺寸公差、几何公差二者要求都严、一严一松、二者要求都松的情况下，使用独立原则都能满足要求。如印刷机滚筒几何公差要求严、尺寸公差要求松；通油孔几何公差要求松、尺寸公差要求严；连杆的小头孔尺寸公差、几何公差二者要求都严，使用独立原则均能满足要求，如图 4-38 所示。

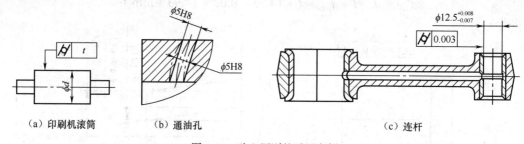

（a）印刷机滚筒　　　　（b）通油孔　　　　　　　（c）连杆

图 4-38　独立原则的适用实例

4.4.3　包容要求

包容要求适用于单一要素。采用包容要求时，应在其尺寸极限偏差或公差带代号之后加注符号Ⓔ。

包容要求是指实际要素遵守其最大实体边界，且其局部实际尺寸不得超出其最小实体尺寸的一种公差要求，如图 4-39 所示。

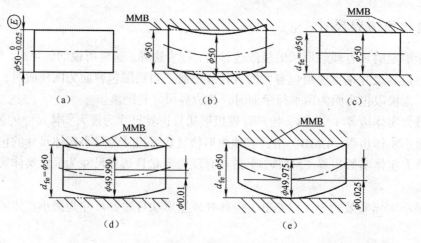

图 4-39　包容要求

① 其局部实际尺寸 $d_a = 49.975 \sim 50$。

② 该轴的实际轮廓不允许超出其最大实体边界（MMS = 50）。

适用包容要求的被测实际要素应遵守最大实体边界，在最大实体状态下给定的形状公差值为 0。当被测实际要素偏离最大实体状态时，形状公差可以获得补偿值 t_2，其补偿量来自尺寸公差，补偿量的一般计算公式为 $t_2 = |MMS - Da(da)|$。当被测实际要素为最小实体状态时，补偿量等于尺寸公差，为最大值。

形状公差 t 与尺寸公差 T 的关系可以用动态公差带图表示，如图 4-40 所示。

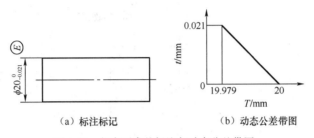

（a）标注标记 （b）动态公差带图

图 4-40　包容要求的标注与动态公差带图

符合包容要求的被测实体（D_{fe}、d_{fe}）不得超越最大实体边界；被测要素的局部实际尺寸（D_a、d_a）不得超越最小实体尺寸。符合包容要求的被测实际要素的合格条件如下。

对于孔：$D_{fe} \geqslant D_M = D_{min}$；$D_a \leqslant D_L = D_{max}$。

对于轴：$d_{fe} \leqslant d_M = d_{max}$；$d_a \geqslant d_L = d_{min}$。

本例合格条件为

$$d_{fe} \leqslant \phi 20\text{mm}，d_a \geqslant \phi 19.979\text{mm}$$

综上所述，在使用包容要求的情况下，图样上所标注的尺寸公差具有双重职能，既控制尺寸误差，又控制形状误差。

包容要求用于机器零件上配合性质要求较严格的配合表面，如滑动轴承与轴的配合、滑块和滑块槽的配合、车床尾座孔与其套筒的配合等。

4.4.4　最大实体要求

1. 最大实体要求的公差带解释及合格条件

最大实体要求适用于中心要素，主要用于保证零件具有互换性的场合。其表示方法是在公差框格中的几何公差给定值 t_1 后面加注 Ⓜ，如图 4-41（a）所示。

适用最大实体要求的被测实际要素应遵守最大实体实效边界，当其实际尺寸偏离最大实体尺寸时，允许几何公差获得补偿值 t_2。补偿量的一般计算公式为 $t_2 = |MMS - D_a(d_a)|$。当被测要素为最小实体状态时，补偿量等于尺寸公差，为最大值，如图 4-41（b）所示。其几何公差的最大允许值为 $t_{max} = t_{2max} + t_1$。由于几何公差的给定值 t_1 不为 0，故动态公差带图一般为直角梯形，如图 4-41（c）所示。符合最大实体要求的被测实际要素的合格条件如下。

对于孔：$D_{fe} \geqslant D_{MV} = D_{min} - t_1$；$D_{min} = D_M \leqslant D_a \leqslant D_L = D_{max}$

对于轴：$d_{fe} \leqslant d_{MV} = d_{max} + t_1$；$d_{max} = d_M \geqslant d_a \geqslant d_L = d_{min}$

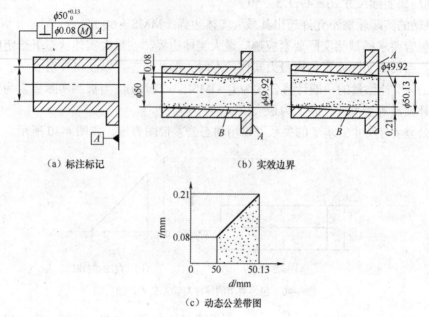

图 4-41　最大实体要求的标注标记与动态公差带图

本例合格条件为

$$D_{fe} \geq \phi 49.92\text{mm}, \quad \phi 50\text{mm} \leq D_a \leq \phi 50.13\text{mm}$$

　　生产中常采用位置量规（只有通规，专为按最大实体实效尺寸判定孔、轴作用尺寸合格性而设计制造的定值量具，可以参考形位误差检验的相关标准和有关书籍）检验使用最大实体要求的被测实际要素的实体，位置量规（通规）检验体外作用尺寸（D_{fe}、d_{fe}）是否超越最大实体实效边界，即位置量规测头模拟最大实体实效边界，位置量规测头通过为合格；被测实际要素的局部实际尺寸（D_a、d_a，采用通用量具按两点法测量，以判定是否超越最大实体尺寸和最小实体尺寸，局部实际尺寸落入极限尺寸内为合格。

　　最大实体要求主要用于需保证装配成功率的螺栓或螺钉连接处（即法兰盘上的连接用孔组或轴承盖上的连接用孔组）的中心要素；一般是孔组轴线的位置度，还有槽类的对称度和同轴度。

2. 最大实体要求的零几何公差

　　这是最大实体要求的特殊情况，在零件图样上的标注标记是在位置公差框格的第 2 格内，即位置公差值的格内写 0Ⓜ或 ϕⓂ，如图 4-42（a）所示。此种情况下，被测实际要素的最大实体实效边界就变成了最大实体边界。对于位置公差而言，最大实体要求的零几何公差比起最大实体要求来，显然更严格。由于零几何公差的缘故，动态公差带的形状由直角梯形转为直角三角形，如图 4-42（b）所示。

　　生产中采用位置量规（轴型通规）检验被测要素的体外作用尺寸 D_{fe}，采用两点法检验被测要素的实际尺寸 D_a。

本例合格条件为

$$D_{fe} \geq \phi 49.92\text{mm}, \quad \phi 49.92\text{mm} \leq D_a \leq \phi 50.13\text{mm}$$

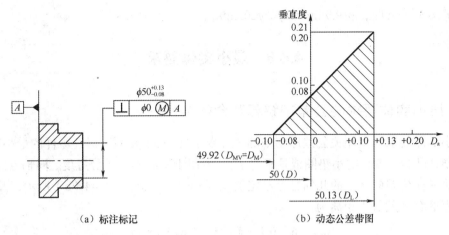

（a）标注标记　　　　　　　　　（b）动态公差带图

图 4-42　最大实体要求的零几何公差

3. 可逆要求用于最大实体要求

在不影响零件功能的前提下，位置公差可以反过来补给尺寸公差，即位置公差有富余的情况，允许尺寸误差超过给定的尺寸公差，显然，这在一定程度上能够降低工件的废品率。在零件图样上，可逆要求用于最大实体要求的标注标记是在位置公差框格的第 2 格内位置公差值后面加写 $\textcircled{M}\textcircled{R}$，如图 4-43（a）所示。此时，尺寸公差有双重职能：一是控制尺寸误差；二是协助控制形位误差。而位置公差也有双重职能：一是控制形位误差；二是协助控制尺寸误差。

动态公差带图如图 4-43（b）所示。当被测要素尺寸为最小实体状态尺寸（$d_1 = d_{\min} = \phi19.9\text{mm}$）时，在最大实体状态（$d_M = d_{\max} = \phi20\text{mm}$）下给定的几何公差值 t_1（0.2mm）即可获得补偿值 t_2（0.1mm），其位置公差最大允许值为 $t_{\max} = 0.2 + 0.1 = 0.3$（mm）。

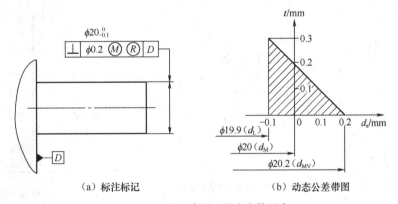

（a）标注标记　　　　　　　　（b）动态公差带图

图 4-43　可逆要求用于最大实体要求

当位置公差有富余时，也允许位置公差补给尺寸公差，如本例尺寸为 $\phi20.2\text{mm}$ 时，位置公差值为最小，等于 0，相当于使被测要素的尺寸公差增大。需强调的是，被测实际要素的实际轮廓仍要遵守其最大实体实效边界。

本例合格条件为

$$d_{\text{fe}} \leqslant \phi20.2\text{mm}, \quad \phi19.9\text{mm} \leqslant d_{\text{a}} \leqslant \phi20\text{mm}$$

当 $f_\perp < 0.2mm$ 时，$\phi19.9mm \leqslant d_a \leqslant \phi20.2mm$。

4.4.5　最小实体要求

1. 最小实体要求的公差带解释及合格条件

最小实体要求也是相关公差原则中的 3 种要求之一，主要用于保证零件的最小壁厚（如空心的圆柱凸台、带孔的小垫圈或耳板等），一般用于中心轴线的位置度、同轴度等处。其表示方法是在公差框格中的几何公差给定值 t_1 后面加注，如图 4-44（a）所示，此时要保证孔边距平面 A 的最小距离为

$$s_{\min} = 6 - 0.2 - 4.125 = 1.675（mm）$$

适用最小实体要求的被测实际要素应遵守最小实体实效边界（DLV），当其实际尺寸偏离最小实体尺寸时，允许几何公差获得补偿值 t_2。补偿量的一般计算公式为 $t_2 = |LMS - D_a(d_a)|$。

当被测实际要素为最大实体状态时，几何公差获得的补偿量为最多，这种情况下几何公差的最大允许值为 $t_{\max} = t_{2\max} + t_1$。

由于几何公差的给定值 t_1 不为 0，故动态公差带图一般为直角梯形，如图 4-44（c）所示。符合最小实体要求的被测实际要素的合格条件如下：

对于孔：$D_{fi} \leqslant D_{LV} = D_{\max} + t_1$；$D_{\min} = D_{\max} \leqslant D_a \leqslant D_L = D_{\max}$。

对于轴：$d_{fi} \geqslant d_{LV} = d_{\min} - t_1$；$d_{\max} = d_M \geqslant d_a \geqslant d_L = d_{\min}$。

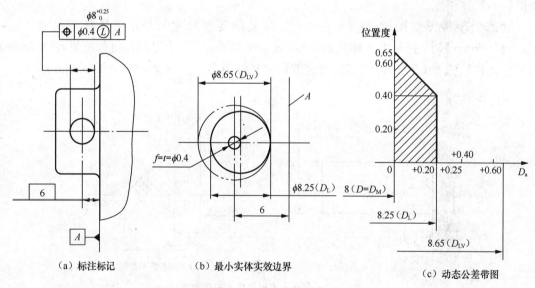

（a）标注标记　　　（b）最小实体实效边界　　　（c）动态公差带图

图 4-44　最小实体要求

2. 最小实体要求的零几何公差

这是最小实体要求的特殊情况，允许在最小实体状态时给定位置公差值为 0。在零件图样上的标注标记是在位置公差框格的第 2 格内，即在位置公差值的格内写 0L 或 $\phi\text{L}0$。此种情况下，被测实际要素最小实体实效边界就变成了最小实体边界。对于位置公差而言，

最小实体要求的零几何公差比起最小实体要求来，显然更严格。

3. 可逆要求用于最小实体要求

在零件图样上，可逆要求用于最小实体要求的标注标记，是在位置公差框格的第 2 格内位置公差值后面加写$\textcircled{R}$，如图 4-45（a）所示。此时尺寸公差也具有双重职能：一是控制尺寸误差；二是协助控制形位误差。而位置公差也有双重职能：一是控制形位误差；二是协助控制尺寸误差。当被测要素实际尺寸偏离最小实体尺寸时，其偏离量可补偿给几何公差值；当被测要素的形位误差值小于公差框格中的给定值时，也允许实际尺寸超出尺寸公差所给出的极限尺寸（最小实体尺寸）。此时被测要素的实际轮廓仍应遵守其最小实体实效边界。

可逆要求解释：当孔的实际尺寸偏离最小实体尺寸时，其轴线对基准 A 的位置度公差值增大，最大至 0.65mm，如图 4-45（c）所示；而当孔的轴线对基准 A 的位置度误差值小于给出的位置度公差值时，也允许孔的实际尺寸超出其最小实体尺寸（$D_L = D_{max} = \phi8.25\text{mm}$）。即允许其尺寸公差值增大，但必须保证其体内作用尺寸 D_{fi} 不超出其定位最小实体实效尺寸 $D_{LV} = D_L + t_1 = 8.25 + 0.4 = 8.65（\text{mm}）$。给出的孔轴线的位置公差值与孔轴线的位置度误差值之差就等于孔的尺寸公差的增加值，所以，当孔的轴线对基准 A 的位置度误差为 0 时（即该孔具有理想形状及位置），其实际尺寸可以等于孔的定位最小实体实效尺寸 $\phi8.65\text{mm}$，即其尺寸公差可达最大值，且等于给出的尺寸公差与给出的位置度公差之和 $T_D = 0.25 + 0.4 = 0.65（\text{mm}）$。可逆要求用于最小实体要求的动态公差带图如图 4-45（e）所示。

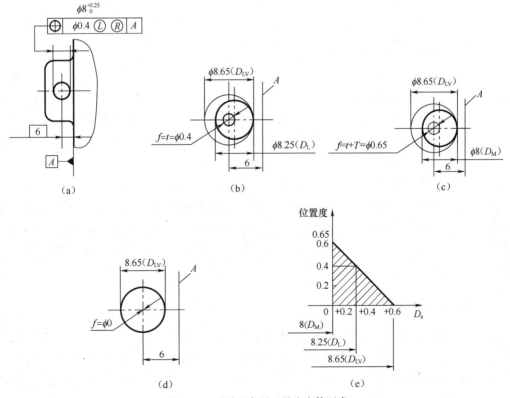

图 4-45　可逆要求用于最小实体要求

4.5 几何公差的选用

零件的形位误差对机器、仪器的正常使用有很大的影响，同时也会直接影响到产品质量、生产效率与制造成本。因此，正确合理地选择几何公差，对保证机器的功能要求、提高经济效益十分重要。

几何（形位）公差的选用，主要包含4方面的内容，即几何公差项目、基准、公差数值以及公差原则的选用。

4.5.1 几何公差项目的选择

选择几何公差项目可以从以下几个方面考虑。

1. 零件的使用要求

根据零件的不同功能要求，给出不同的几何（形位）公差项目。例如圆柱形零件，当仅需要顺利装配时，可选轴心线的直线度；如果孔、轴之间有相对运动，应均匀接触，或为了保证密封性，应选择圆柱度以综合控制圆度、素线直线度和轴线直线度。

2. 零件的结构特点

任何一个机械零件都是由简单的几何要素组成的，几何（形位）公差项目就是对零件上某个要素的形状或要素之间的相互位置精度提出的要求。例如回转类（轴、套类）零件中的阶梯轴，它的轮廓要素是圆柱面、端面和中心要素。圆柱面选择圆柱度是理想项目，因为它能综合控制径向的圆度误差、轴向的直线度误差和素线的平行度误差。但须注意，当选定为圆柱度，若对圆度无进一步要求，就不必再选圆度，以避免重复要素之间的位置关系。若阶梯轴的轴线有位置要求，可选用同轴度或跳动项目。同轴度主要用于限制轴线的偏离；跳动能综合限制要素的形状和位置误差，且检测方便，但它不能反映单项误差。从零件的使用要求看，若阶梯轴两轴颈明确要求限制轴线间的偏差时，应采用同轴度；平面类零件可选平面度，机床导轨这类窄长零件可选直线度，齿轮类零件可选径向跳动、端面跳动，凸轮类零件可选轮廓度。

3. 检测的方便性

检测方法是否简便，将直接影响零件的生产效率和成本，所以，在满足功能要求的前提下，尽量选择检测方便的几何公差项目。例如，齿轮箱中某传动轴的两支承轴径，根据几何特征和使用要求应当规定圆柱度公差和同轴度公差，但为了测量方便，可规定径向圆跳动（或全跳动）公差代替同轴度公差。

4. 几何公差的控制功能

各项几何公差的控制功能各不相同，有单一控制项目，如直线度、圆度、线轮廓度等；也有综合控制项目，如圆柱度、同轴度、位置度及跳动等，选择时应充分考虑它们之间的关系。例如，圆柱度公差可以控制该要素的圆度误差；定向公差可以控制与之有关的形状误差；定位公差可以控制与之有关的定向误差和形状误差；跳动公差可以控制与之有关的定位、定向和形状误差等。因此，应该尽量减少图样的几何公差项目，充分发挥综合控制项目的功能。

4.5.2　几何公差基准的选择

基准是确定关联要素间方向或位置的依据。在考虑选择方向、位置公差项目时，必然同时考虑要采用的基准，如选用单一基准、组合基准还是多基准。单一基准由一个要素作基准使用，如平面、圆柱面的轴线，可建立基准平面、基准线；组合基准是由两个或两个以上要素构成的，作为单一基准使用。

选择基准时，一般应考虑以下几方面。

（1）根据要素的功能及对被测要素间的几何关系来选择基准。如轴类零件，通常以两个轴承为支撑运转，其运转轴线是安装轴承的两轴颈的公共轴线。因此，从功能要求和控制其他要素的位置精度来看，应选这两个轴颈的公共轴线为基准。

（2）基准要素应有足够的刚度和大小，以保证定位稳定和可靠。例如，用两条或两条以上距离较远的轴线组合成公共基准轴线比一条基准轴线要稳定。

（3）根据装配关系，应选择零件相互配合、相互接触的表面作为各自的基准，以保证装配要求。例如，箱体的底平面和侧面，盘类零件的轴线。

（4）选用加工较精确的表面作基准。从加工、检验角度考虑，应选择在夹具、检具中定位的相应要素为基准。这样能使所选基准与定位基准、检测基准、装配基准重合，以消除由于基准不重合引起的误差。

4.5.3　几何公差值的选择

总的原则是在满足零件功能要求的前提下，选取最经济的公差值。

公差值的选用原则如下所述。

（1）根据零件的功能要求，并考虑加工的经济性和零件的结构、刚性等情况，按公差表中数系确定要素的公差值，并考虑以下情况。

① 在同一要素上给出的形状公差值应小于位置公差值。例如，要求平行的两个表面，其平面度公差值应小于平行度公差值。

② 圆柱形零件的形状公差值（轴线的直线度除外）一般情况下应小于其尺寸公差值。圆度、圆柱度的公差值小于同级的尺寸公差值 1/3，因而可按同级选取，但也可根据零件的功能，在邻近的范围内选取。

③ 平行度公差值应小于其相应的距离公差值。

（2）几何公差等级

几何（形位）公差值的大小是由公差等级来确定的。按国家标准 GB/T 1184-1996 规定，几何（形位）公差项目中除线、面轮廓度和位置度未规定公差等级外，其余均有规定（对于位置度，国家标准只规定了公差数系，而未规定公差等级）。几何公差等级一般划分为 12 级，即 1～12 级，精度依次降低。其中，圆度和圆柱度划分为 13 级，即 0～12 级。其中，6、7 级为基本级。各几何公差的公差值表见表 4-8～表 4-12。在设计中，公差等级的确定常采用类比法。

表 4-8 直线度、平面度

主参数 L/mm	公 差 等 级											
	1	2	3	4	5	6	7	8	9	10	11	12
	公差值/μm											
≤10	0.2	0.4	0.8	1.2	2	3	5	8	12	20	30	60
>10～16	0.25	0.5	1	1.5	2.5	4	6	10	15	25	40	80
>16～25	0.3	0.06	1.2	2	3	5	8	12	20	30	50	100
>25～40	0.4	0.8	1.5	2.5	4	6	10	15	25	40	60	120
>40～63	0.5	1	2	3	5	8	12	20	30	50	80	150
>63～100	0.6	1.2	2.5	4	6	10	15	25	40	60	100	200
>100～160	0.8	1.5	3	5	8	12	20	30	50	80	120	250
>160～250	1	2	4	6	10	15	25	40	60	100	150	300
>250～400	1.2	2.5	5	8	12	20	30	50	80	120	200	400
>400～630	1.5	3	6	10	15	25	40	60	100	150	250	500
>630～1000	2	4	8	12	20	30	50	80	120	200	300	600
>1000～1600	2.5	5	10	15	25	40	60	100	150	250	400	800
>1600～2500	3	6	12	20	30	50	80	120	200	300	500	1000
>2500～4000	4	8	15	25	40	60	100	150	250	400	500	1200
>4000～6300	5	10	20	30	50	80	120	200	300	500	800	1500
>6300～10000	6	12	25	40	60	100	150	250	400	600	1000	2000

表 4-9 平行度、垂直度、倾斜度

主参数 L，d(D)L/mm	公 差 等 级											
	1	2	3	4	5	6	7	8	9	10	11	12
	公差值/μm											
≤10	0.4	0.8	1.5	3	5	8	12	20	30	50	80	120
>10～16	0.5	1	2	4	6	10	15	25	40	60	100	150
>16～25	0.6	1.2	2.5	5	8	12	20	30	50	80	120	200
>25～40	0.8	1.5	3	6	10	15	25	40	60	100	150	250
>40～63	1	2	4	8	12	20	30	50	80	120	200	300
>63～100	1.2	2.5	5	10	15	25	40	60	100	150	250	400
>100～160	1.5	3	6	12	20	30	50	80	120	200	300	500
>160～250	2	4	8	15	25	40	60	100	150	250	400	600

续表

主参数 L，d(D)L/mm	公差等级											
	1	2	3	4	5	6	7	8	9	10	11	12
	公差值/μm											
>250 ~ 400	2.5	5	10	20	30	50	80	120	200	300	500	800
>400 ~ 630	3	6	12	25	40	60	100	150	250	400	600	1000
>630 ~ 1000	4	8	15	30	50	80	120	200	300	500	800	1200
>1000 ~ 1600	5	10	20	40	60	100	150	250	400	600	1000	1500
>1600 ~ 2500	6	12	25	50	80	120	200	300	500	800	1200	2000
>2500 ~ 4000	8	15	30	60	100	150	250	400	600	1000	1500	2500
>4000 ~ 6300	10	20	40	80	120	200	300	500	800	1200	2000	3000
>6300 ~ 10000	12	25	50	100	150	250	400	600	1000	1500	2500	4000

表 4-10　　　　　　　　同轴度、对称度、圆跳动和全跳动

主参数 L，d(D)L/mm	公差等级											
	1	2	3	4	5	6	7	8	9	10	11	12
	公差值/μm											
≤1	0.4	0.6	1.0	1.5	2.5	4	6	10	15	25	40	60
>1 ~ 3	0.4	0.6	1.0	1.5	2.5	4	6	10	20	40	60	120
>3 ~ 6	0.5	0.8	1.2	2	3	5	8	12	25	50	80	150
>6 ~ 10	0.6	1	1.5	2.5	4	6	10	15	30	60	100	200
>10 ~ 18	0.8	1.2	2	3	5	8	12	20	40	80	120	250
>18 ~ 30	1	1.5	2.5	4	6	10	15	25	50	100	150	300
>30 ~ 50	1.2	2	3	5	8	12	20	30	50	120	200	400
>50 ~ 120	1.5	2.5	4	6	10	15	25	40	80	150	250	500
>120 ~ 250	2	3	5	8	12	20	30	50	100	200	300	600
>250 ~ 500	2.5	4	6	10	15	25	40	60	120	250	400	800
>500 ~ 800	3	5	8	12	20	30	50	80	150	300	500	1000
>800 ~ 1250	4	6	10	15	25	40	60	100	200	400	600	1200
>1250 ~ 2000	5	8	12	20	30	50	80	120	250	500	800	1500
>2000 ~ 3150	6	10	15	25	40	60	100	150	300	600	1000	2000
>3150 ~ 5000	8	12	20	30	50	80	120	200	400	800	1200	2500
>5000 ~ 8000	10	15	25	40	60	100	150	250	500	1000	1500	3000
>8000 ~ 10000	12	20	30	50	80	120	200	300	600	1200	2000	4000

表 4-11　　　　　　　　圆度、圆柱度

主参数 d(D)L/mm	公差等级												
	0	1	2	3	4	5	6	7	8	9	10	11	12
	公差值/μm												
≤3	0.1	0.2	0.3	0.5	0.8	1.2	2	3	4	6	10	14	25
>3 ~ 6	0.1	0.2	0.4	0.6	1	1.5	2.5	4	5	8	12	18	30
>6 ~ 10	0.12	0.25	0.4	0.6	1	1.5	2.5	4	6	9	15	22	36

主参数 $d(D)L$/mm	公差 等 级												
	0	1	2	3	4	5	6	7	8	9	10	11	12
	公差值/μm												
>10 ~ 18	0.15	0.25	0.5	0.8	1.2	2	3	5	8	11	18	27	43
>18 ~ 30	0.2	0.3	0.6	1	1.5	2.5	4	6	9	13	21	33	52
>30 ~ 50	0.25	0.4	0.6	1	1.5	2.5	4	7	11	16	25	39	62
>50 ~ 80	0.3	0.5	0.8	1.2	2	3	5	8	13	19	30	46	74
>80 ~ 120	0.4	0.6	1	1.5	2.5	4	6	10	15	22	35	54	87
>120 ~ 180	0.6	1	1.2	2	3.5	5	8	12	18	25	40	63	100
>180 ~ 250	0.8	1.2	2	3	4.5	7	10	14	20	29	46	72	115
>250 ~ 315	1.0	1.6	2.5	4	6	8	12	16	23	22	52	81	130
>315 ~ 400	1.2	2	3	5	7	9	13	18	25	36	57	89	140
>400 ~ 500	1.5	2.5	4	6	8	10	15	20	27	40	63	97	155

表 4-12　　　　　　　　　　　位置度系数

1	1.2	1.5	2	2.5	3	4	5	6	8
1×10^n	1.2×10^n	1.5×10^n	2×10^n	2.5×10^n	3×10^n	4×10^n	5×10^n	6×10^n	8×10^n

（3）几何公差等级的确定

确定几何公差等级可以参考 4-13 ~ 表 4-16 提供的各种几何公差项目及其常用等级的应用实例，根据具体情况进行选择，并应注意以下几点。

① 形状公差、方向公差、位置公差之间的关系，即位置公差值 > 方向公差值 > 形状公差值。

② 几何公差与尺寸公差及表面粗糙度参数之间的协调关系，即 $T > t > Ra$（Ra 为表面粗糙度参数，见第 5 章）。

表 4-13　　　　　　　直线度和平面度公差常用等级的应用举例

公差 等 级	应 用 举 例
5	用于 1 级平板，2 级宽平尺，平面磨床的纵导轨、垂直导轨、立柱导轨及工作台，液压龙门刨床和六角车床床身导轨，柴油机进气、排气阀门导杆
6	用于普通机床导轨，如卧式车床、龙门刨床、滚齿机、自动车床等的床身导轨，立柱导轨，柴油机壳体
7	用于 2 级平板，机床主轴箱体，摇臂钻底座工作台，镗床工作台，液压泵盖，减速器壳体的结合面
8	用于机床传动箱体，交换齿轮箱体，车床溜板箱体，柴油机气缸体，连杆分离面，缸盖结合面，汽车发动机缸盖，曲轴箱结合面，液压管件和法兰连接面
9	用于 3 级平板，自动车床床身底面，摩托车曲轴箱体，汽车变速器壳体，手动机械的支撑面

表 4-14　　　　　　　　圆度和圆柱度公差常用等级的应用举例

公差 等 级	应 用 举 例
5	一般计量仪器主轴、测杆外圆柱面，陀螺仪轴颈，一般机床主轴轴颈及主轴轴承孔，柴油机、汽油机活塞、活塞销，与 6 级滚动轴承配合的轴颈

续表

公差等级	应用举例
6	仪表端盖外圆柱面，一般机床主轴及前轴承孔，泵、压缩机的活塞和气缸，汽车发动机凸轮轴，纺机锭子，减速器转轴轴颈，高速船用柴油机、拖拉机曲轴主轴颈，与6级滚动轴承配合的外壳孔，与0级滚动轴承配合的轴颈
7	大功率低速柴油机曲轴轴颈、活塞、活塞销、连杆、气缸，高速柴油机箱体轴承孔，千斤顶或压力油缸活塞，机车传动轴，水泵及通用减速器转轴轴颈，与0级滚动轴承配合的外壳孔
8	大功率低速发动机曲轴轴颈，压气机连杆盖、连杆体，拖拉机气缸、活塞，炼胶机冷铸轴辊，印刷机传墨辊，内燃机曲轴轴颈，柴油机凸轮轴承孔、凸轮轴，拖拉机、小型船用柴油机气缸套
9	空气压缩机缸体，液压传动件，通用机械杠杆与拉杆用套筒销子，拖拉机活塞环

表 4-15　　　平行度、垂直度和倾斜度公差常用等级的应用举例

公差等级	应用举例
4, 5	卧式车床导轨、重要支撑面，机床主轴轴承孔对基准的平行度，精密机床重要零件，计量仪器、量具、模具的基准面和工作面，机床主轴箱体重要孔，通用减速器壳体孔，齿轮泵的油孔端面，发动机轴和离合器的凸级，气缸支撑端面，安装精密滚动轴承的壳体孔的凸肩
6, 7, 8	一般机床的基准面和工作面，压力机和滚烫的工作面，中等精度钻模的工作面，机床一般轴承孔对基准的平行度，变速器箱体孔，主轴花键对定心表面轴线的平行度，重型机械滚动轴承端盖，提升机、手动传动装置中的传动轴，一般导轨，主轴箱体孔、刀架、砂轮架、气缸配合面对基准轴线及活塞销孔对活塞轴线的垂直度，滚动轴承内、外围端面对轴线的垂直度
9, 10	低精度零件，重型机械滚动轴承端盖，柴油机、煤气发动机箱体的曲轴孔、曲轴轴颈，花键轴和轴肩端面，带式运输机法兰盘等端面对轴线的垂直度，手动提升机及传动装置中轴承孔端面，减速器壳体平面

表 4-16　　　同轴度、对称度和径向跳动度公差常用等级的应用举例

公差等级	应用举例
5, 6, 7	这是应用范围较广的公差等级。用于形位精度要求较高、尺寸的标准公差等级为IT8及高于IT8的零件。5级常用于机床主轴轴颈，计量仪器的测杆，汽轮机主轴，柱塞油泵转子，高精度滚动轴承外圈，一般精度滚动轴承内圈。6、7级用于内燃机曲轴，凸轮轴、齿轮轴、水泵轴、汽车后轮输出轴，电动机转子、印刷机传墨辊的轴颈，键槽
8, 9	常用于形位精度要求一般、尺寸的标准公差等级为IT9~IT11的零件。8级用于拖拉机、发动机分配轴轴颈，与9级精度以下齿轮相配的轴，水泵叶轮，离心泵泵体，棉花精梳机前后滚子，键槽等。9级用于内燃机气缸套配合面、自行车中轴

4.5.4　几何公差的未注公差值的规定

图样上没有标注几何公差值的要素，其几何精度要求由未注几何公差来控制。

1. 采用未注公差值的优点

采用未注公差值的优点：图样易读；节省设计时间；图样很清楚地指出哪些要素可以

用一般加工方法加工，即保证工程质量又不需一一检测；保证零件特殊的精度要求，有利于安排生产、质量控制和检测。

2. 几何公差的未注公差值

GB/T 1184—1996 对直线度、平面度、垂直度、对称度和圆跳动的未注公差值进行规定，见表 4-17 ~ 表 4-20。其他项目如线轮廓度、面轮廓度、倾斜度、位置度和全跳动均应由各要素的注出或未注几何公差、线性尺寸公差或角度公差控制。

（1）直线度和平面度

表 4-17　　　　　　　直线度和平面度的未注公差值　　　　　　单位：mm

公差等级	基本长度范围					
	≤10	>1030	>30 ~ 100	>100 ~ 300	>300 ~ 1000	>100 ~ 3000
H	0.02	0.05	0.1	0.2	0.3	0.4
K	0.05	0.1	0.2	0.4	0.6	0.8
L	0.1	0.2	0.4	0.8	1.2	1.6

（2）圆度

圆度的未注公差值等于标准的直径公差值，但不能大于表 4-20 中的径向圆跳动公差值。

（3）圆柱度

圆柱度的未注公差值不做规定。

① 圆柱度误差由 3 部分组成：圆度、直线度和相对素线的平行度误差，而其中每一项误差均由它们的注出公差或未注公差来控制。

② 若因功能要求，圆柱度应小于圆度、直线度和平行度的未注公差的综合结果，应在被测要素上按 GB/T 1184—1996 的规定注出圆柱度公差值。

③ 采用包容要求。

（4）平行度

平行度的未注公差值等于给出的尺寸公差值，或是直线度和平面度未注公差值中的较大者。应取两要素中的较长者为基准。若两要素的长度相等，则可选任一要素为基准。

（5）垂直度

垂直度的未注公差值见表 4-18。取形成直角的两边中较长的一边作为基准，较短的一边作为被测要素。若两边的长度相等，则可取其中的任意一边作为基准。

表 4-18　　　　　　　　垂直度的未注公差值　　　　　　　　单位：mm

公 差 等 级	基本长度范围			
	≤100	>100 ~ 300	>300 ~ 1000	>1000 ~ 3000
H	0.2	0.3	0.4	0.5
K	0.4	0.6	0.8	1
L	0.6	1	1.5	2

（6）对称度

对称度的未注公差值见表 4-19。应取两要素中较长者作为基准，较短者作为被测要素。若两要素长度相等，则可选任一要素为基准。

表4-19   对称度的未注公差值   单位：mm

公 差 等 级	基本长度范围			
	≤100	>100～300	>300～1000	>1000～3000
H	0.5			
K	0.6		0.8	1
L	0.6	1	1.5	2

 注 意

对称度的未注公差值用于至少两个要素中的一个是中心平面，或两个要素的轴线相互垂直。

（7）圆跳动

圆跳动（径向、端面和斜向）的未注公差值见表4-20。对于圆跳动的未注公差值，应以设计或工艺给出的支承面作为基准，否则，应取两要素中较长的一个作为基准。若两要素的长度相等，则可选任一要素为基准。

表4-20   圆跳动的未注公差值   单位：mm

公 差 等 级	圆跳动公差值
H	0.1
K	0.2
L	0.5

（8）同轴度

同轴度的未注公差值未规定。在极限状况下，同轴度的未注公差值可以和表4-20中规定的径向圆跳动的未注公差值相等。应选两要素中的较长者为基准。若两要素的长度相等，则可选任一要素为基准。

3. 未注公差值的图样表示法

若采用GB/T 1184—1996规定的未注公差值，应在标题栏附近或技术要求、技术文件（如企业标准）中注出标准号及公差等级代号：

GB/T 1184—1996   X

例如，圆要素注出直径公差值$\phi25_{-0.1}^{0}$ mm，圆度未注公差值等于尺寸公差值0.1mm（见图4-46（a））。

又如，圆要素直径采用未注公差值，按GB/T 1804—2000中的m级（见图4-46（b））。

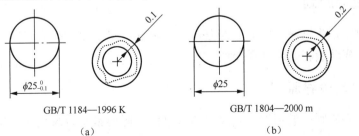

GB/T 1184—1996 K   GB/T 1804—2000 m

（a）   （b）

图4-46 圆度未注公差示例

4.6 几何误差的检测

形位误差是指被测提取（实际）要素对其拟合（理想）要素的变动量。测量时，表面粗糙度、划痕、擦伤以及其他外观缺陷，应排除在外。

4.6.1 几何（形位）误差的检测原则

由于几何公差的项目繁多，生产实际中其检验方法也是多种多样的，GB/T 1958—2004（产品几何量技术规范（GPS）形状和位置公差 检测规定）将常用的检测方法归纳了 5 种检测原则，并以附录的形式推荐了 108 种检测方案。这 5 种检测原则是检测形位误差的理论依据，实际应用时，根据被测要素的特点，按照这些原则，选择正确的检测方法。现将这 5 种原则描述如下。

1. 与理想要素比较原则

与理想要素比较原则是将被测实际要素与其理想要素相比较，用直接法或间接法测出其形位误差值。如以平板、小平面、光线扫描平面作为理想平面；以刀口尺、拉紧的钢丝等作为理想的直线。

这是一条基本原则，大多数形位误差的检测都应用这个原则。

2. 测量坐标值原则

测量坐标值原则是测量被测要素的坐标值（如直角坐标值、极坐标值、圆柱面坐标值），并经过数据处理获得形位误差值。

3. 测量特征参数原则

测量特征参数原则是测量被测实际要素上有代表性的参数，并以此来表示形位误差值。

该原则检测简单，在车间条件下尤为适用。

4. 测量跳动原则

测量跳动原则是将被测实际要素绕基准轴线回转，沿给定方向测量其对某参考点或线的变动量。这一变动量就是跳动误差值。

5. 控制实效边界原则

控制实效边界原则一般用综合量规来检验被测实际要素是否超出实效边界，以判断合格与否。

4.6.2　几何（形位）误差的检测

　　形位误差的测量方法有许多种，主要取决于被测工件的数量、精度高低、使用量仪的性能及种类、测量人员的技术水平和素质等方面。所采取的检测方案，要在满足测量要求的前提下，经济且高效地完成检测工作。

1．形状误差的检测

（1）直线度误差的检测及数据处理

① 直线度误差的检测。

直线度误差检测的具体内容见表4-21。

直线度误差检测
方法及案例

表4-21　　　　　　　　　　　　　直线度误差的检测

序号	公差带与应用示例	检测方法	设备	检测方法说明
1	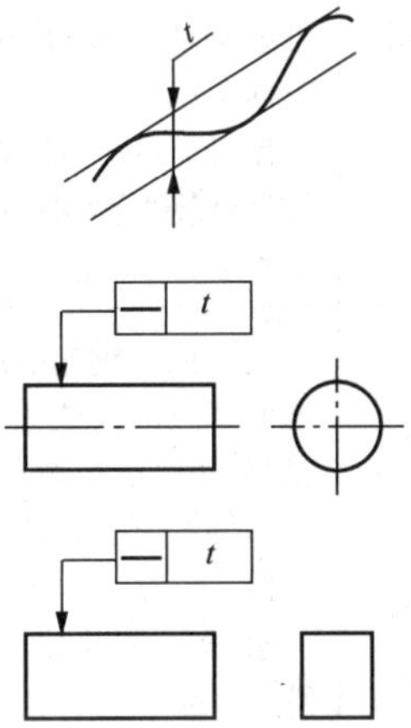	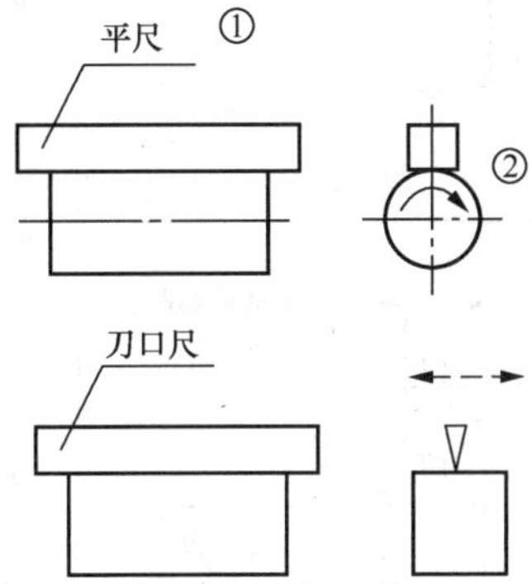	平尺（或刀口尺）、塞尺	① 将平尺（或刀口尺）与被测素线直线接触，并使两者之间的最大间隙为最小，此时的最大间隙即为该条被测素线的直线度误差，误差的大小应根据光隙测定。当光隙较小时，可按标准光隙来估读；当光隙较大时，则可用塞尺测量 ② 按上述方法测量若干条素线，取其中最大的误差值，并将其作为该被测零件的直线度误差
2	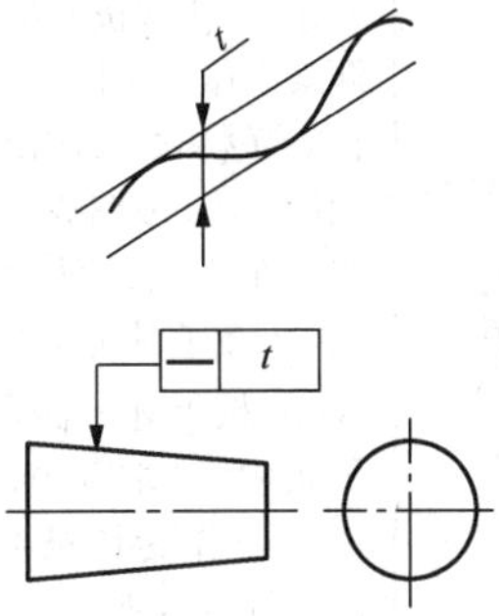	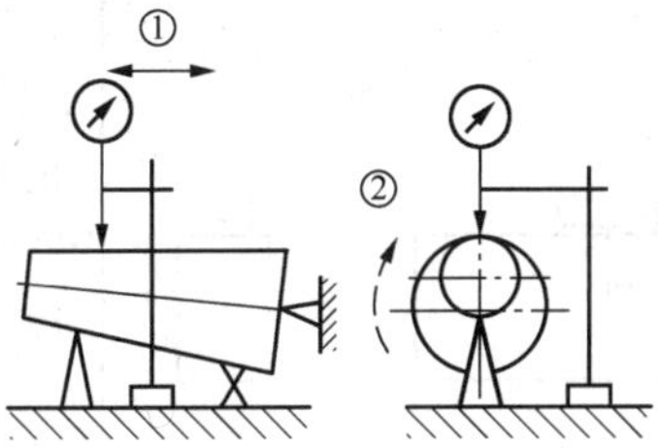	平板，固定和可调节器支承，带指示计的测量架	将被测素线的两端点调整到与平板等高 ① 在被测素线的全长范围内测量，同时记录示值。根据记录的读数用计算法（或图解法）按最小条件（也可按两端点连线法）计算直线度误差 ② 按上述方法测量若干条素线，取其中最大的误差值作为该被测零件的直线度误差

序号	公差带与应用示例	检测方法	设备	检测方法说明
3	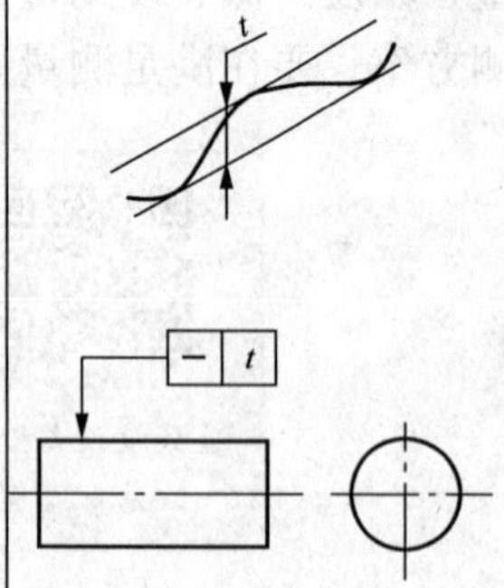	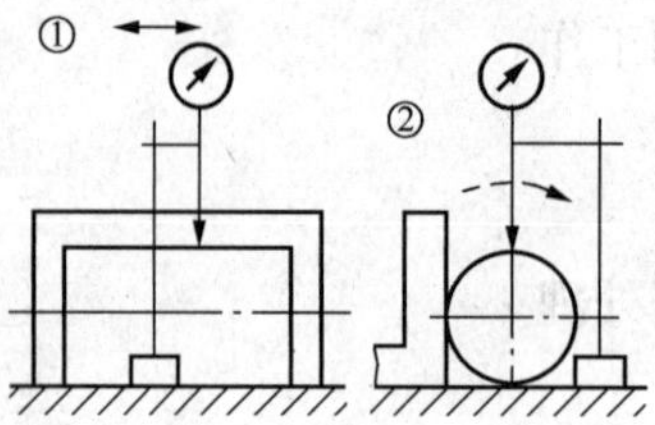	平板，直角座，带指示计的测量架	将被测零件放置在平板上，并使其紧靠直角座 ① 在被测素线的全长范围内测量，同时记录示读数。根据记录的读数用计算法（或图解法）按最小条件（也可按两端点连线法）计算直线度误差 ② 按上述方法测量若干条素线，取其中最大的误差值作为该被测零件的直线度误差
4	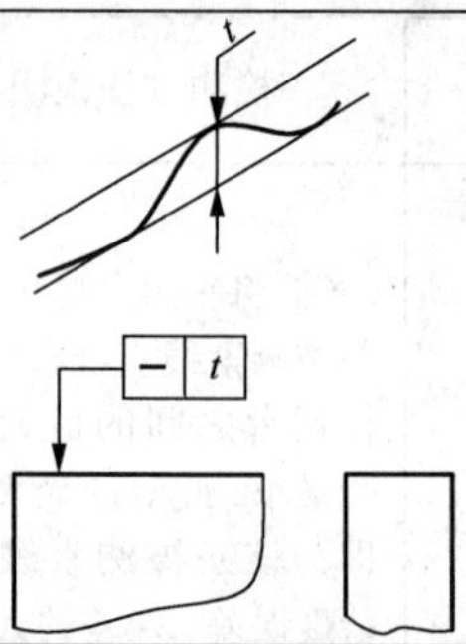	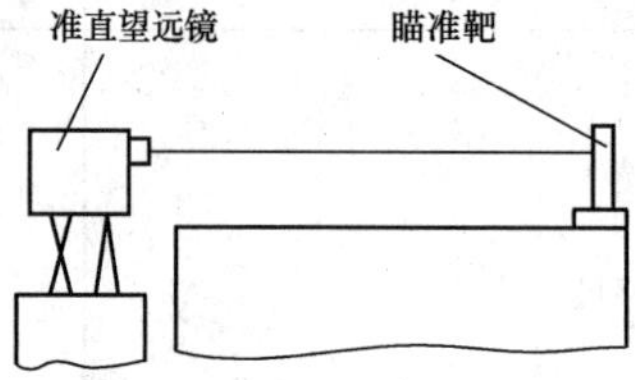	准直望远镜、瞄准靶，固定和可调支承	将瞄准靶放在被测素线的两端，调整准直望远镜，使两端点读数相等 将瞄准靶沿被测素线等距移动，同时记录垂直方向上的读数 用计算法（或图解法）按最小条件（也可按两端点连线法）计算直线度误差
5	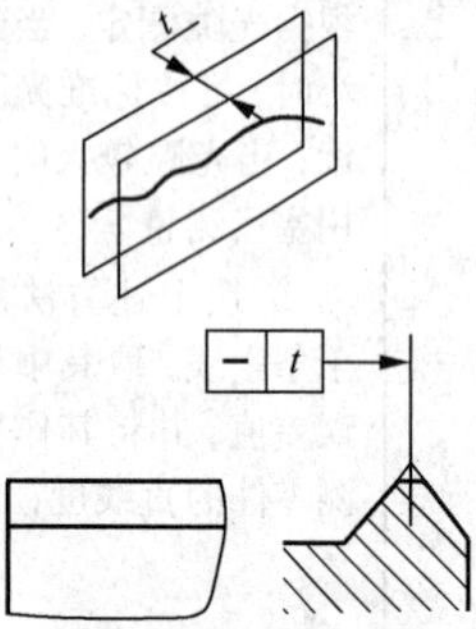	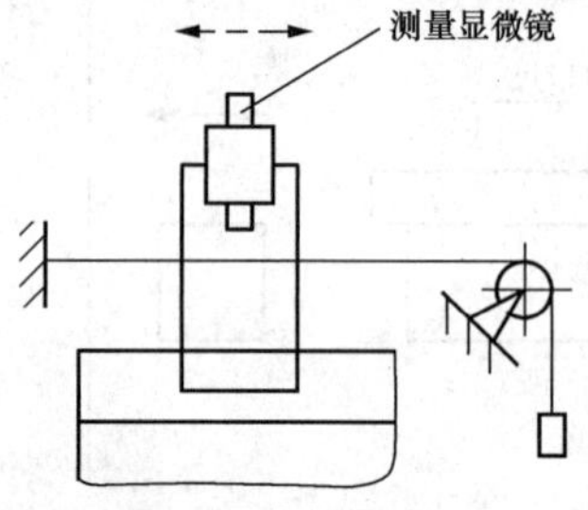	优质钢丝，测量显微镜（或接触式测量仪）	调整测量钢丝的两端，使两端点的读数相等。测量显微镜在被测线的全长内等距测量，同时记录示值 根据记录的读数用计算法（或图解法）按最小条件（也可按两端点连线法）计算直线度误差
6	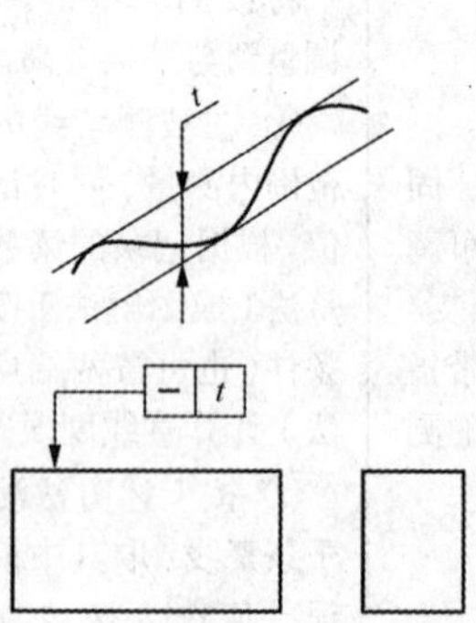	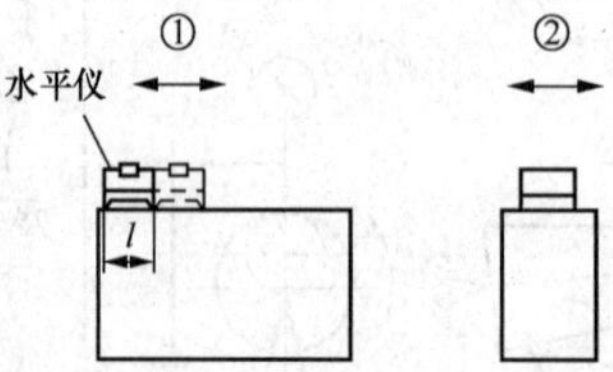	水平仪，桥板	将被测零件调整到水平位置 ① 水平仪按节距 l 沿被测素线移动，同时记录水平仪的读数；根据记录的读数用计算法（或图解法）按最小条件（也可按两端点连线法）计算直线度误差 ② 按上述方法测量若干条素线，取其中最大的误差值作为该被测零件的直线度误差 此方法适用于测量较大的零件

续表

序号	公差带与应用示例	检测方法	设备	检测方法说明
7	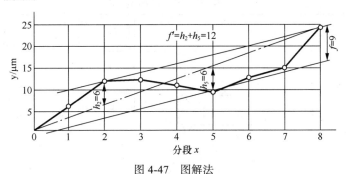		自准直仪，反射镜，桥板	将反射镜放在被测件的两端，调整自准仪使其光轴与两端点连线平行 ① 反射镜按节距 l 沿被测素线移动，同时记录垂直方向上的示值；根据记录的读数用计算法（或图解法）按最小条件（也可按两端点连线法）计算直线度误差 ② 按上述方法测量若干条素线，取其中最大的误差值作为该被测零件的直线度误差 此方法适用于测量较大的零件

② 直线度误差的数据处理（图解法）。

采用图解法求出直线度误差是一种直观易行的方法。根据相对测量基准的测得数据，在直角坐标纸上按一定的放大比例，可以描绘出误差曲线的图像，然后按图像读出直线度误差，如图 4-47 所示。

图 4-47　图解法

例如，用水平仪测得下列数据，见表 4-22（表中读数已化为线性值，线性值=水平仪分度值×桥板长度×水平仪格数值）。

表 4-22　　　　　　　　　　　　　直线度初测数据

测点序号	0	1	2	3	4	5	6	7	8
水平仪读数	0	+6	+6	0	−1.5	−1.5	+3	+3	+9
累计值 h_i	0	+6	+12	+12	+10.5	+9	+12	+15	+24

根据表 4-22 中数据，从起始点"0"开始逐段累积作图。累计值相当于图 4-47 中的 y 坐标值；测点序号相当于图中 x 轴上的各分段点。作图时，对于累计值 h_i 来说，采用的是放大比例，根据 h_i 值的大小可以任意选取放大比例，以作图方便、读图清晰为准。横坐标是将被测长度按缩小的比例尺进行分段。通常，纵坐标的放大比例和横坐标的缩小比例两

者之间并无必然的联系。但从绘图的要求上来说，对于纵坐标在图上的分度以小于横坐标的分度为好，这样画出的图像在坐标系里比较直观形象，否则就把误差过分夸大而使误差曲线严重歪曲。

按最小区域法评定直线度误差时，可在绘制出的误差曲线图像上直接寻找最高点和最低点，需要找到最高和最低相间的 3 点。

从图 4-47 中可知，该例的最高点为序号 2 和序号 8 的测点，而序号 5 的测量点为最低点。过这些点可作两条平行线，将直线度误差曲线全部包容在两平行线之内。由于接触的 3 点已符合规定的相间准则，于是，可沿 y 轴坐标方向量取两平行线之间的距离，按 y 轴的分度值就可确定直线度误差。从图中可以取得 9 个分度，因分度值为 1μm，故该例按最小区域法评定的直线度误差为 9μm。

如果按两端点连线法来评定该例的直线度误差，则可在图 4-47 上把误差曲线的首尾连接成一条直线，该直线即为这种评定法的理想直线。相对于该理想直线来说，序号为 2 的测量点至两端点连线的距离为最大正值，而序号为 5 的测量点至两端点连线的距离为最大负值，这里所指的"距离"也是按 y 轴方向量取（因为绘图时，纵坐标和横坐标采用了差距较大的比例），可在图上量得 $h_2 = 6μm$、$h_5 = 6μm$。因此，按两端点连线法评定的直线度误差为 $f = 12μm$。

平面度误差检测方法及案例

（2）平面度误差的检测及数据处理

① 平面度误差的检测。

平面度误差检测的具体内容见表 4-23。

表 4-23   平面度误差的检测

序号	公差带与应用示例	检测方法	设备	检测方法说明
1	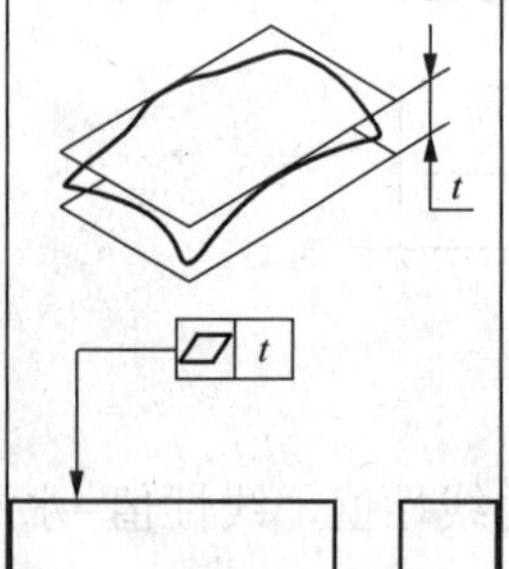	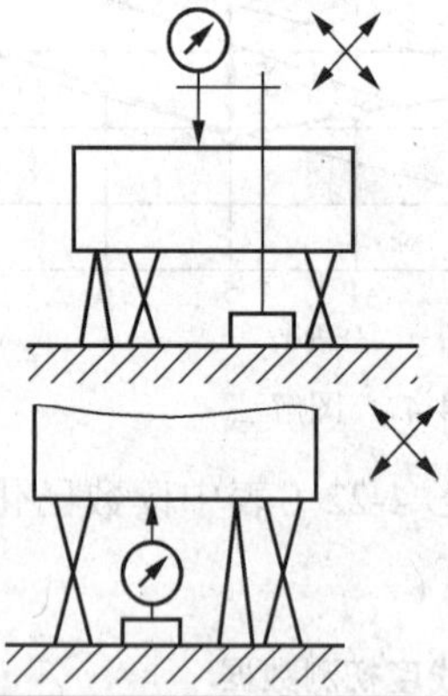	平板，带指示计的测量架，固定和可调支承	将被测零件支撑在平板上，调整被测表面最远 3 点，使其与平板等高 按一定的布点测量被测表面，同时记录示值 一般可用指示计最大与最小示值的差值近似地作为平面度误差。必要时，可根据记录的示值用计算法（或图解法）按最小条件计算平面度误差
2	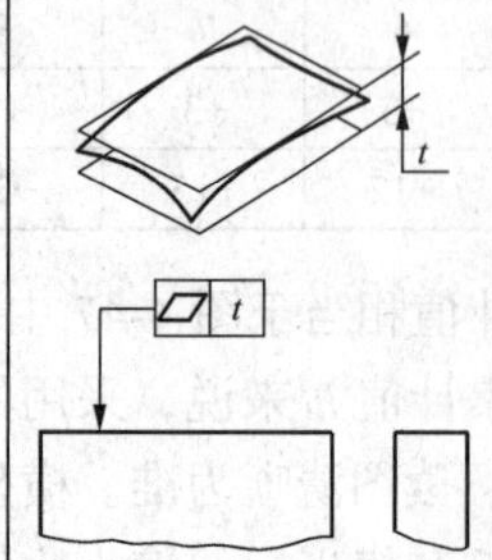	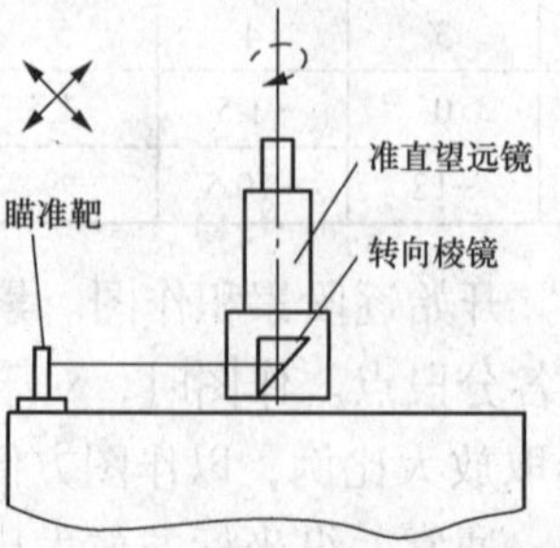 瞄准靶　准直望远镜　转向棱镜	装有轴向棱镜的准直望远镜，瞄准靶	将准直望远镜和瞄准靶放在被测表面上，按三点法调整望远镜，使其回转轴线垂直于由 3 点构成的平面 将瞄准靶放成若干位置测量被测表面，同时记录示值 一般可用指示计最大与最小示值的差值近似地作为平面度误差。必要时，可根据记录的示值用计算法（或图解法）按最小条件计算平面度误差

续表

序号	公差带与应用示例	检测方法	设备	检测方法说明
3	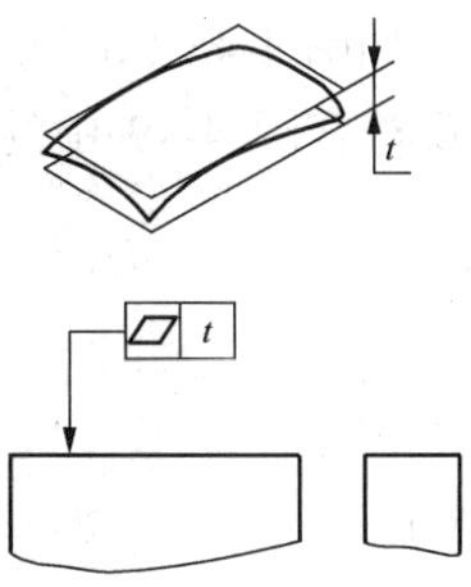	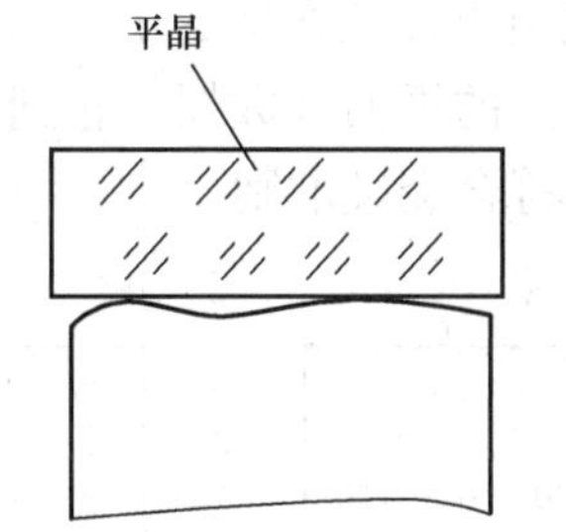 平晶	平晶	平晶放在被测表面上，观察干涉条纹 被测表面的平面度误差为封闭的干涉条纹乘以光波波长之半，对不封闭的干涉条纹，为条纹的弯曲度与相邻两条纹间距之比再乘以光波波长之半 此方法适用于测量高精度的小平面
4	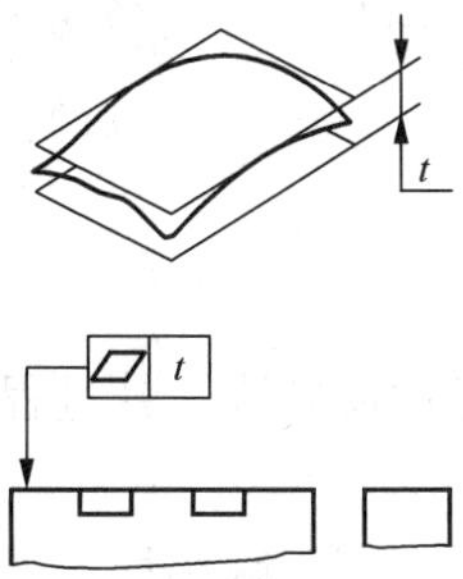	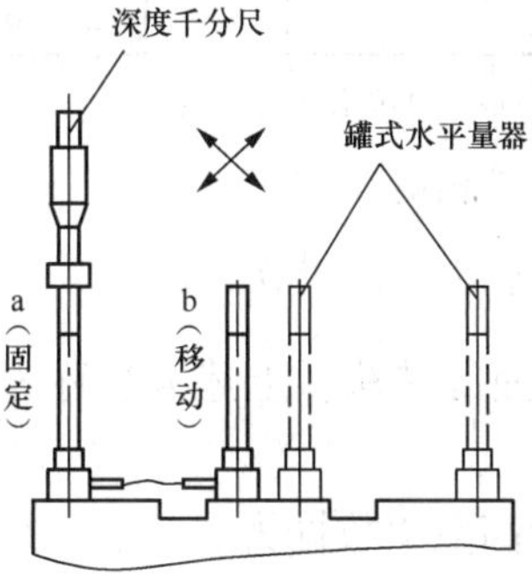 深度千分尺 罐式水平量器 a（固定）b（移动）	罐式水平器，深度千分尺	两个罐式水平量器a和b用管连通，并放在被测表面上。先取量器a、b在同一位置的示值作零位，然后固定量器a，再按一定的布点移动量器b，同时，将示值乘以2（即实际差值）后，记录在图表上，根据图表记录的数据，用计算法（或图解法）按最小条件（也可按对角线法）计算平面度误差 此方法适用于测量大平面
5	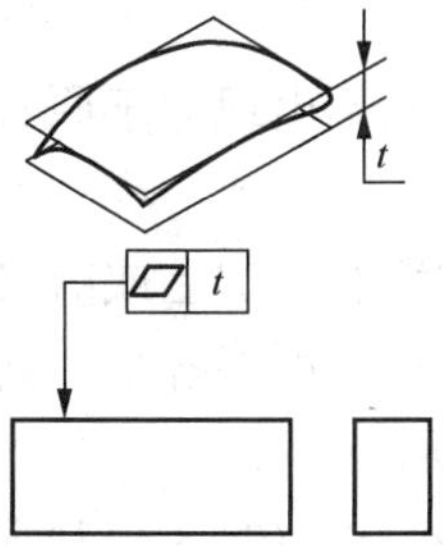	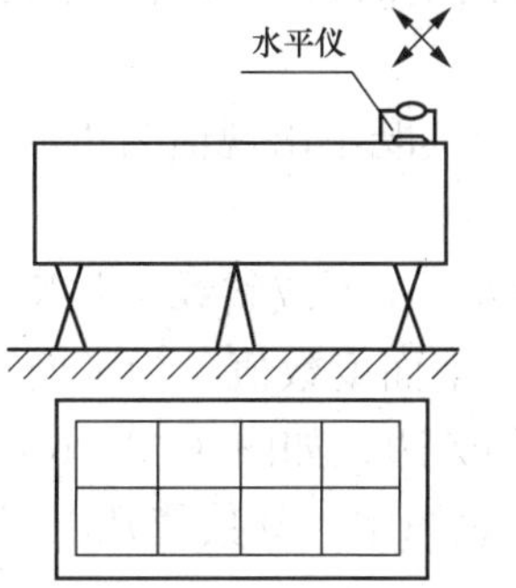 水平仪	平板、水平仪，桥板，固定和可调支承	将被测表面调水平。用水平仪按一定的布点和方向逐点地测量被测表面，同时记录示值，并换算成线值 根据各线值用计算法（或图解法）按最小条件（也可按对角线法）计算平面度误差
6	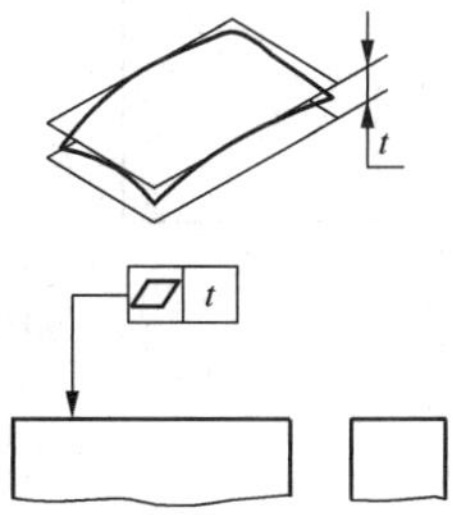	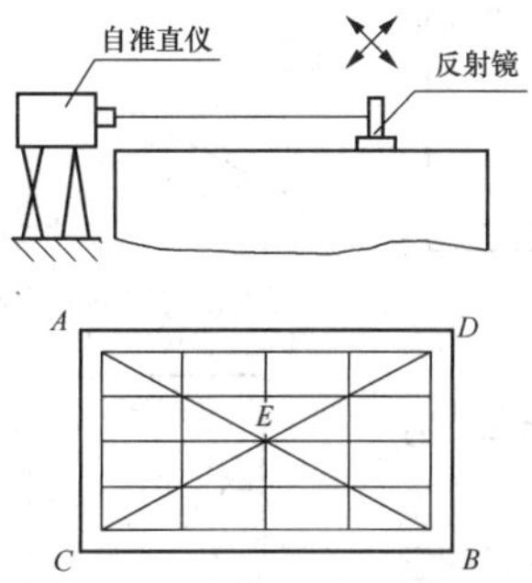 自准直仪 反射镜 A D E C B	自准直仪，反射镜、桥板	将反射镜放在被测表面上，并把自准仪调整至与被测表面平行。沿对角线 AB 按一定布点测量 重复用上述方法分别测量另一条对角线 CD 和被测表面上其他各直线上的布点 把各点示值换算成线值，记录在图表上，通过中心点 E，建立参考平面，由计算法（或图解法）按对角线法计算平面度误差 必要时应按最小条件计算平面度误差

② 平面度误差的数据处理。

数据处理的目的是要找到符合最小条件的平面度误差值。这里仅就适用于车间和计量室的简便图解法作一介绍，步骤如下。

a. 初测数据。首先选一测量基面，按表 4-23 所示的测量装置进行。而后测得一组均布的数据，如图 4-48（a）所示。

b. 各点数据减去其中的最大值，把结果标注在新的示意图上，如图 4-48（b）所示。

c. 旋转被测面，多次变换被测面各点的平面度数据，直到出现符合图 4-49 中的最小条件判别准则为止。图 4-48（c）所示为符合交叉准则。

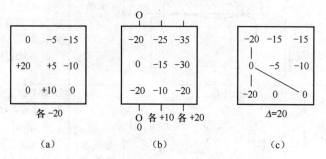

图 4-48 平面度误差的数据处理

最小条件评定平面度误差，常用基面旋转法。上述方法称为基面旋转法，其过程和要领总结如下。

a. 合理选定转轴：一般选择通过最高点（数据为零的点）并最有利于减小最大平面度数据的任一行、列或斜线（不在行与列方向上的任意两点的连线即为斜线）为转轴，用 $O\text{-}O$ 标出转轴位置，如图 4-48（b）所示。

b. 决定最低点的旋转量 Q：原则是使其既不出现值为正的点，又不出现大于原有最大负值的点。（注：转轴旋转一定为 0。）

c. 计算各点的平面度误差：将位于各行（列或斜线）上各点的原有值加上或减去该行（列或斜线）的旋转量 Q_i，即为各点新的平面度数值。为了便于检查，可将各行（列或斜线）的旋转量标注在该行（列或斜线）的旁边，如图 4-48（b）所示。

d. 用准则进行判别：在每一新的示意图中，其数值凡出现图 4-49 中的 3 个判别准则之一，即已经符合最小条件。

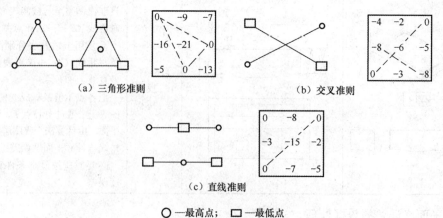

○—最高点； □—最低点

图 4-49 平面度最小条件判别准则

（3）圆度误差的检测

圆度误差检测的具体内容见表 4-24。

表 4-24　　　　　　　　　　　　圆度误差的检测

序号	公差带与应用示例	检测方法	设备	检测方法说明
1			投影仪（或其他类似量仪）	将被测要素轮廓的投影与极限同心圆比较。此方法适用于测量具有刃口形边缘的小型零件
2			圆度仪（或类似量仪）	将被测零件放置在量仪上，同时调整被测零件的轴线，使它与量仪的回（旋）转轴线同轴 ① 记录被测零件在回转一周过程中测量截面上各点的半径差　由极坐标图（或用电子计算机）按最小条件（也可按最小二乘圆中心或最小外接圆中心）（只适用于外表面）或最大内接圆中心（只适用于内表面）计算该截面的圆度误差 ② 按上述方法测量若干截面，取其中最大的误差值作为该零件的圆度误差

（4）圆柱度误差的检测

圆柱度误差检测的具体内容见表 4-25。

（5）线轮廓度误差的检测

线轮廓度误差检测的具体内容见表 4-26。

表 4-25   圆柱度误差的检测

序号	公差带与应用示例	检测方法	设备	检测方法说明
1	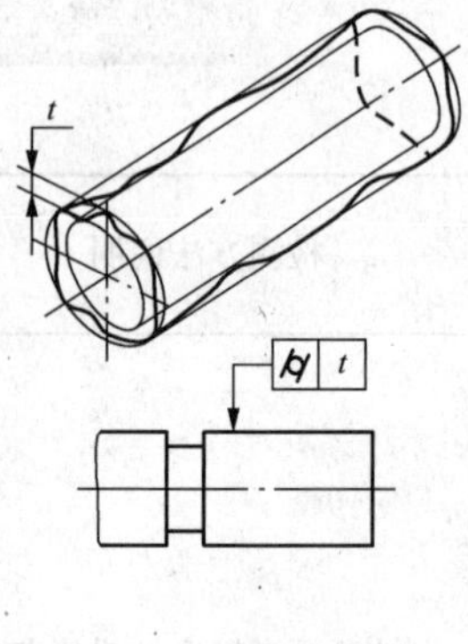	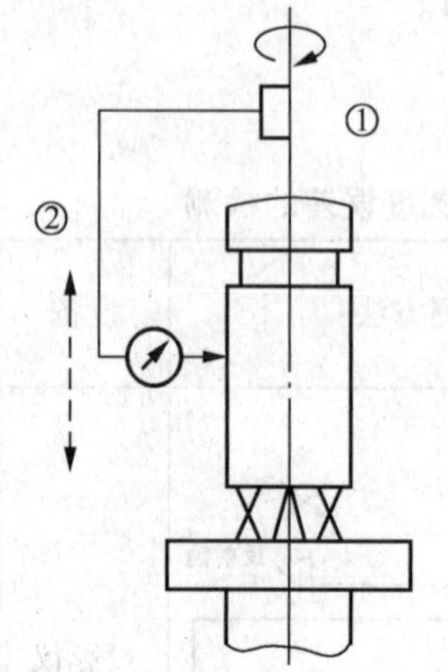	圆度仪（或其他类似仪器）	将被测零件的轴线调整到与量仪的轴线同轴 ① 记录被测零件在回转一周过程中测量截面上各点的半径差 ② 在测头没有径向偏移的情况下，可按上述方法测量若干个横截面（测头也可沿螺旋线移动） 由电子计算机按最小条件确定圆柱度误差。也可用极坐标图近似求出圆柱度误差
2	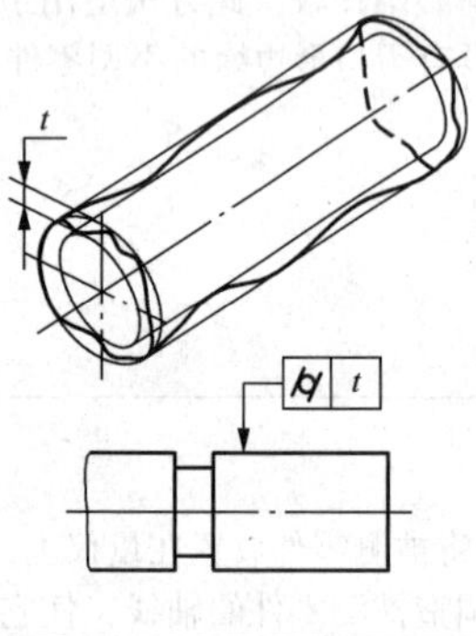	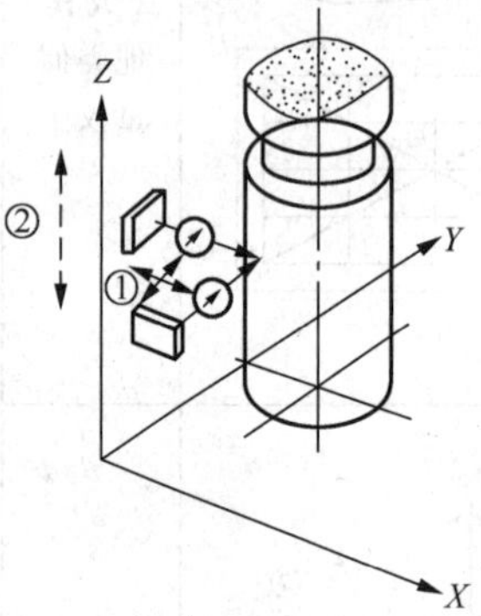	配备计算机的三坐标测量装置	把被测零件放置在测量装置上，并将其轴线调整至与 z 轴平行 ① 在被测表面的横截面上测量若干个点的坐标值 ② 按需要测量若干个横截面 由电子计算机按最小条件确定该零件的圆柱度误差

表 4-26   线轮廓度误差的检测

序号	公差带与应用示例	检测方法	设备	检测方法说明
1	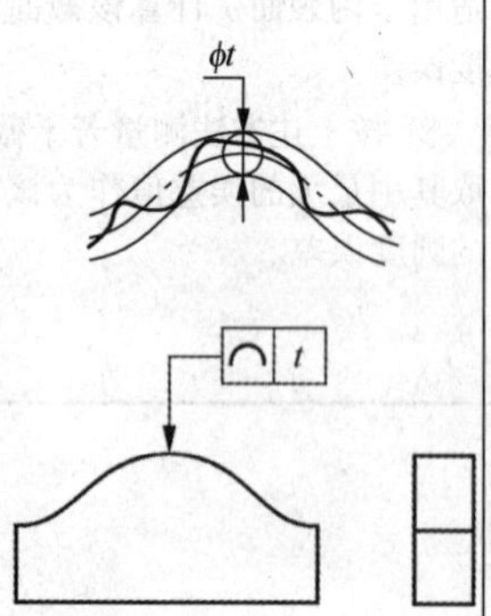	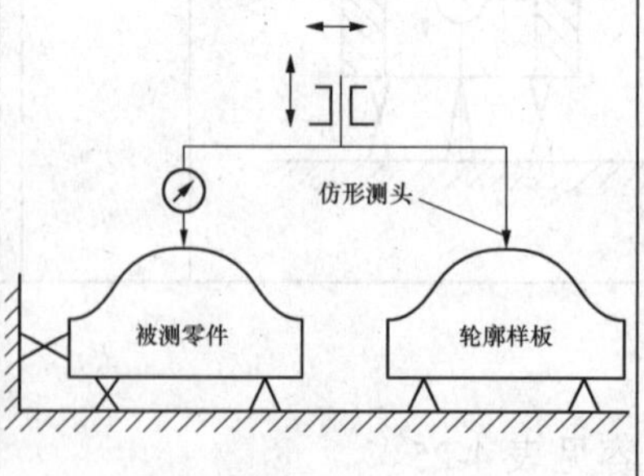	仿形测量装置，指示计，固定和可调支承，轮廓样板	调整被测零件相对于仿形系统和轮廓样板的位置再将指示计调零。仿形测头在轮廓样板上移动，由指示计上读取示值。取其数值的两倍作为该零件的线轮廓度误差。必要时将测得值换算成垂直于理想轮廓方向（法向）上的数值后评定误差 指示计测头应与仿形测头的形状相同

续表

序号	公差带与应用示例	检测方法	设备	检测方法说明
2	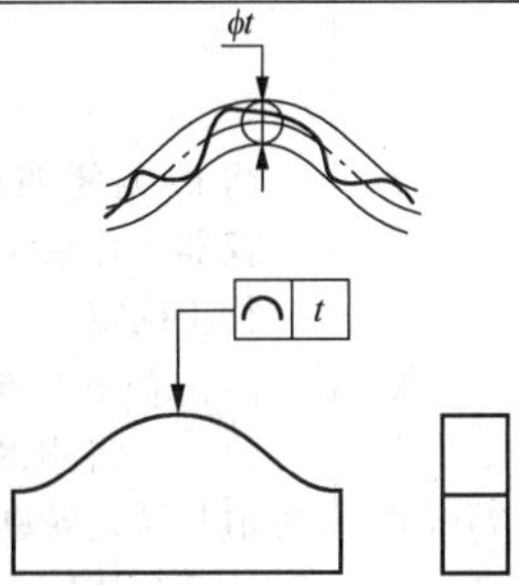	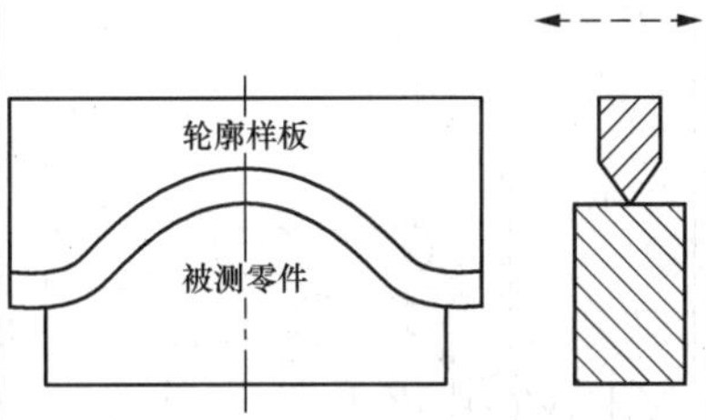 轮廓样板 被测零件	轮廓样板	将轮廓样板按规定的方向放置在被测零件上，根据光隙法估读间隙的大小，取最大间隙作为该零件的线轮廓度误差
3	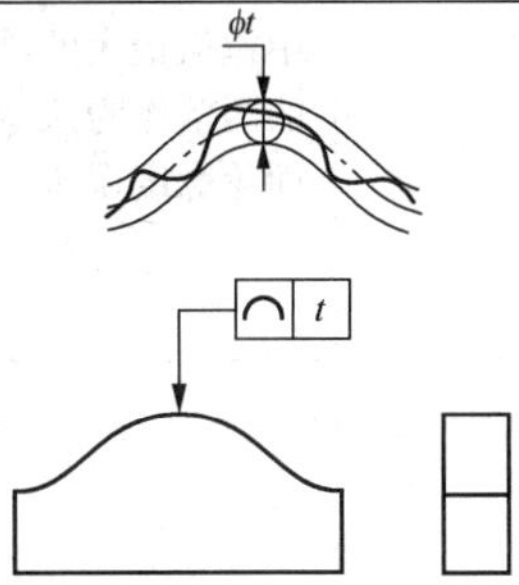	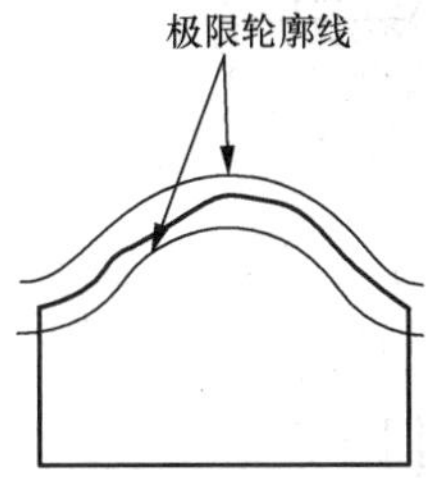 极限轮廓线	投影仪	将被测轮廓，投影在投影屏上与极限轮廓相比较，实际轮廓的投影应在极限轮廓线之间 此方法适用于测量尺寸较小和薄的零件
4	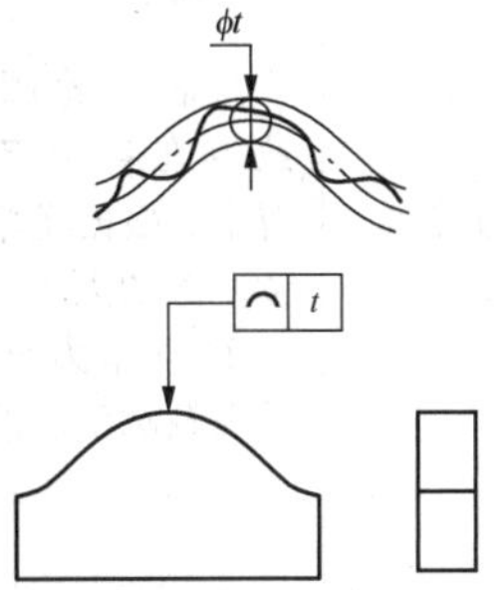	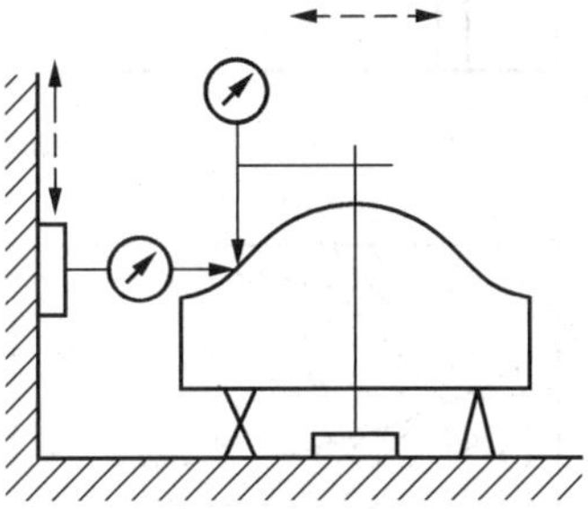	固定和可调支承，坐标测量装置	测量被测轮廓上各点的坐标，同时记录其示值并绘出实际轮廓图形 用等距的线轮廓区域包容实际轮廓，取包容宽度作为该零件的线轮廓度误差。也可用计算法计算误差

（6）面轮廓度误差的检测

面轮廓度误差检测的具体内容见表 4-27。

表 4-27 面轮廓度误差的检测

序号	公差带与应用示例	检测方法	设备	检测方法说明
1	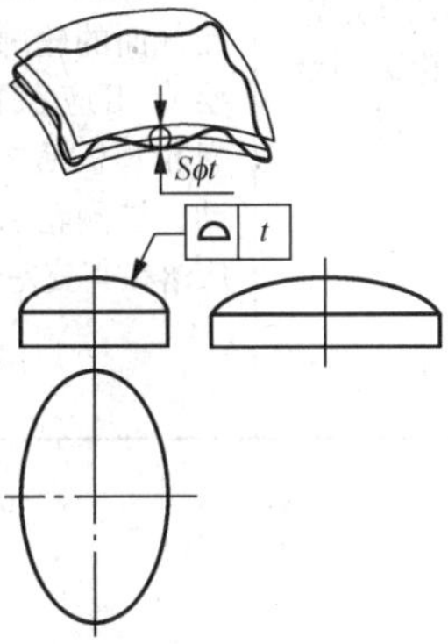	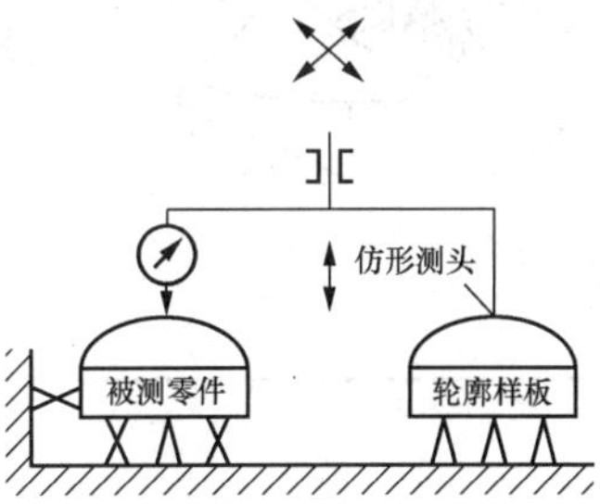 仿形测头 被测零件 轮廓样板	仿形测量装置，指示计，固定和可调支承，轮廓样板	调整被测零件相对于仿形系统和轮廓样板的位置，再将指示计调零。仿形测头在轮廓样板上移动，由指示计上读取示值。取其最大示值的两倍作为该零件的面轮廓度误差。必要时将各数值换算成理想轮廓相应点的法线方向上的数值后评定误差

序号	公差带与应用示例	检测方法	设备	检测方法说明
2	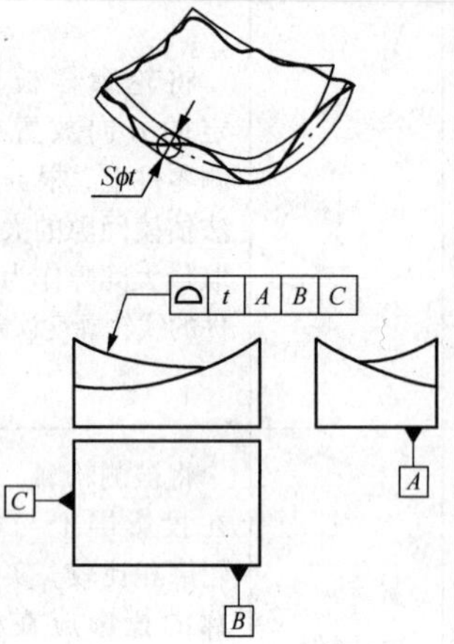	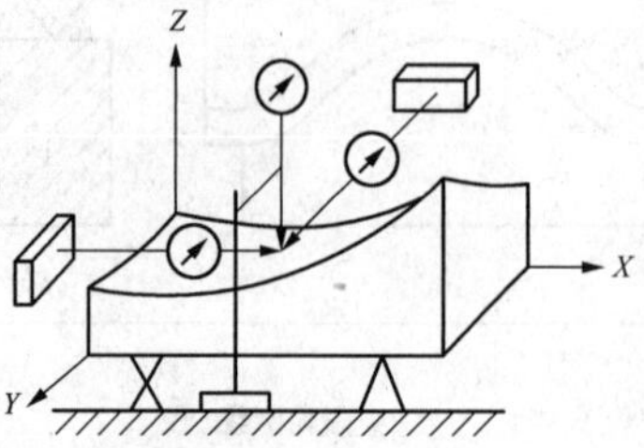	三坐标测量装置,固定和可调支承	将被测零件放置在仪器工作台上,并进行正确定位 测出若干个点的坐标值,并将测得的坐标值与理论轮廓的坐标值进行比较,取其中差值最大的绝对值的两倍作为该零件的面轮廓度误差
3	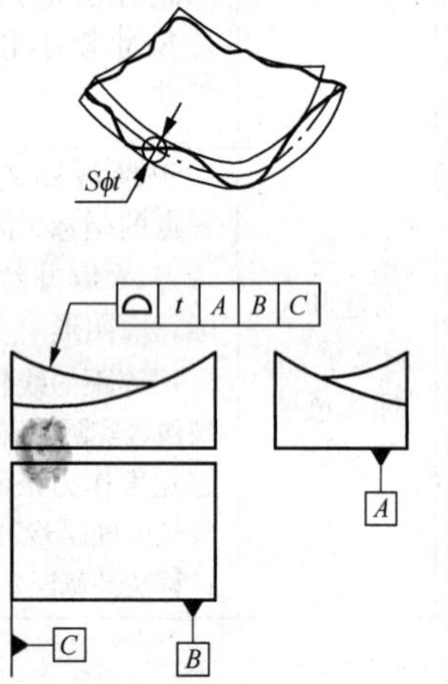	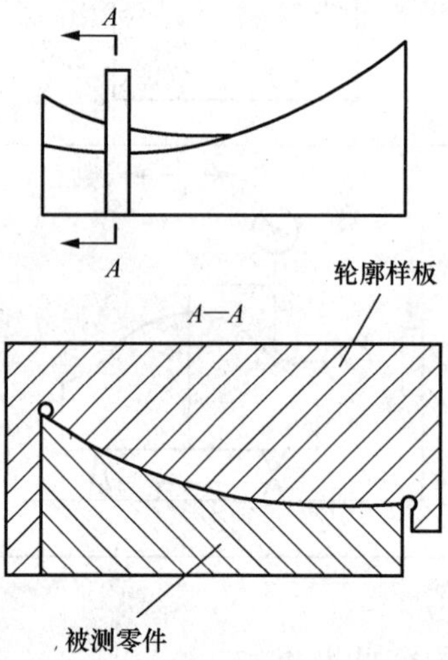	截面轮廓样板	将若干轮廓样板放置在各指定的位置上,根据光隙法估读间隙的大小,取最大间隙作为该零件的面轮廓度误差
4	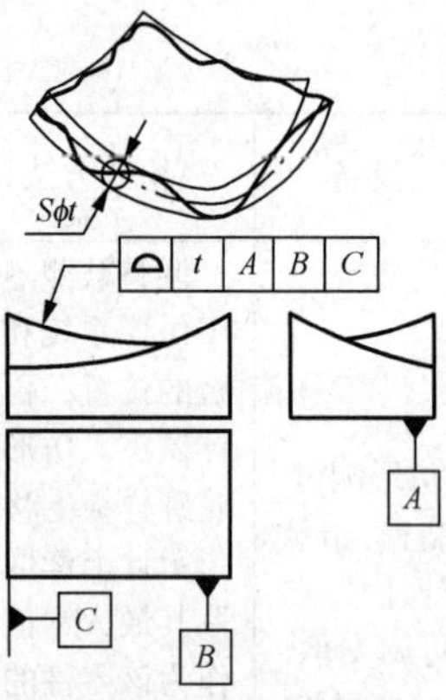	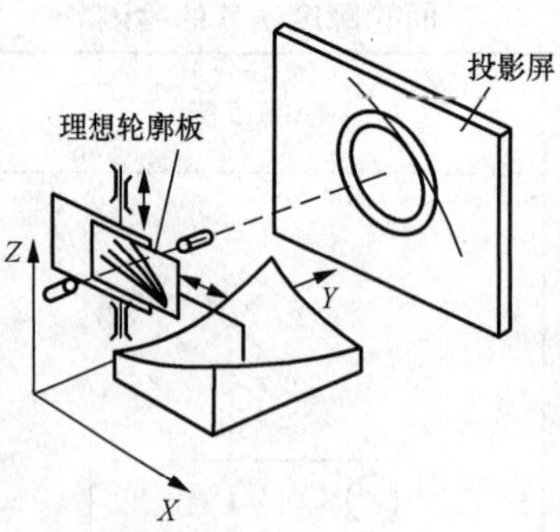	光学跟踪轮廓测量仪	将被测零件放置在仪器工作台上并正确定位。测头沿被测截面的轮廓移动,绘有相应截面的理想轮廓板随之一起移动,被测轮廓的投影应落在其公差带内

（7）平行度误差的检测

平行度误差检测的具体内容见表 4-28。

表 4-28 平行度误差的检测

序号	公差带与应用示例	检测方法	设备	检测方法说明
1	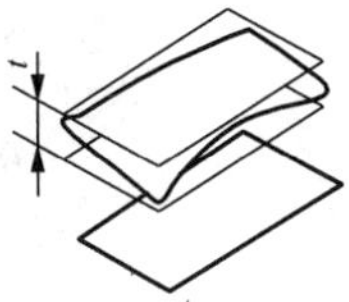 （a） 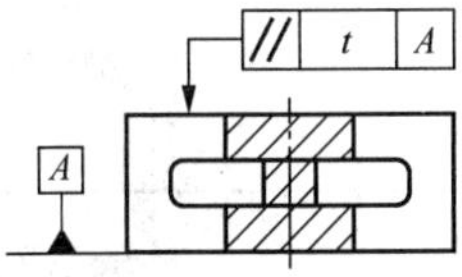 // t A A （b） // t/l B B 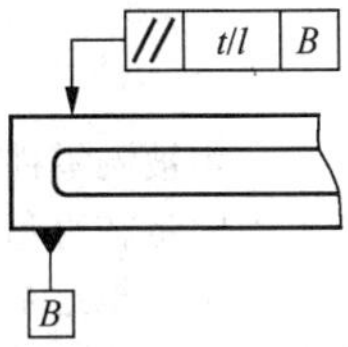 （c）	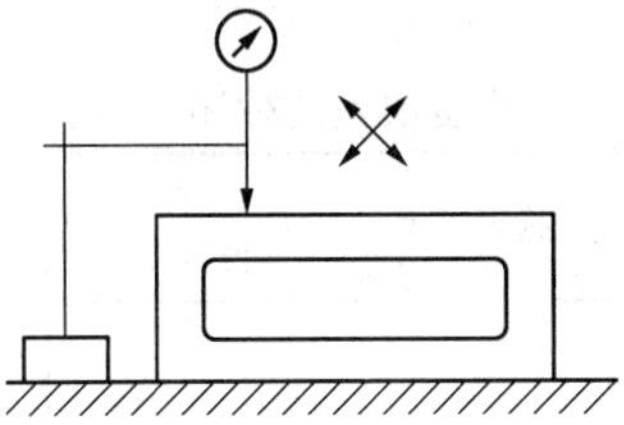	平板，带指示计的测量架	将被测零件放置在平板上 在整个被测表面上按规定测量线进行测量 ① 取指示计的最大与最小示值之差作为该零件的平行度误差 ② 取各条测量线上任意给定 l 长度内指示计的最大与最小示值之差，作为该零件的平行度误差
2	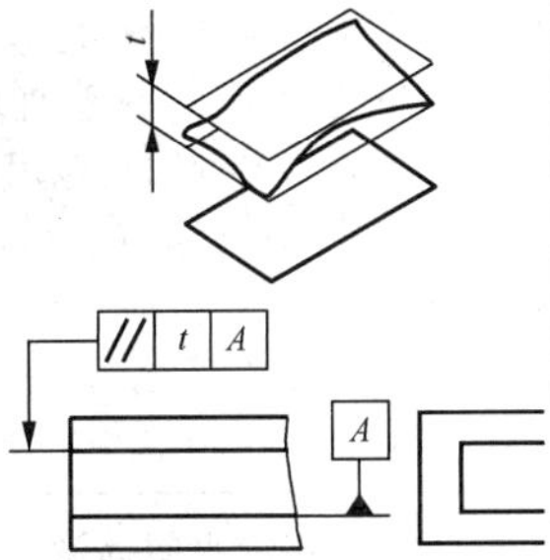 t // t A A	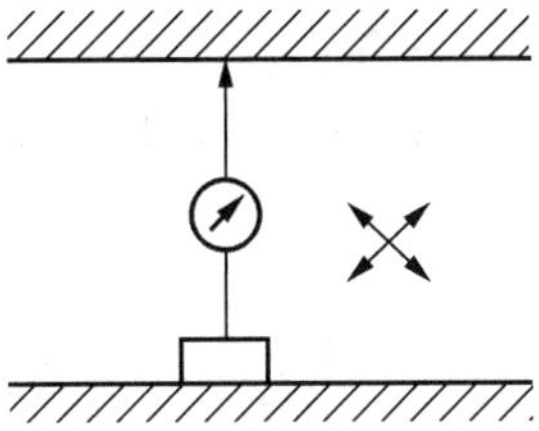	带指示计的测量架	带指示计的测量架在基准要素表面上移动（以基准要素作为测量基准面），并测量整个被测表面。取指示计的最大与最小示值之差作为该零件的平行度误差 此方法适用于基准表面的形状误差（相对平行度公差）较小的零件
3	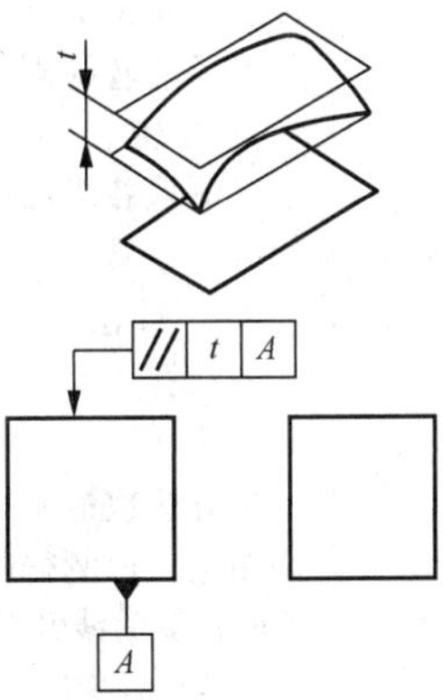 t // t A A	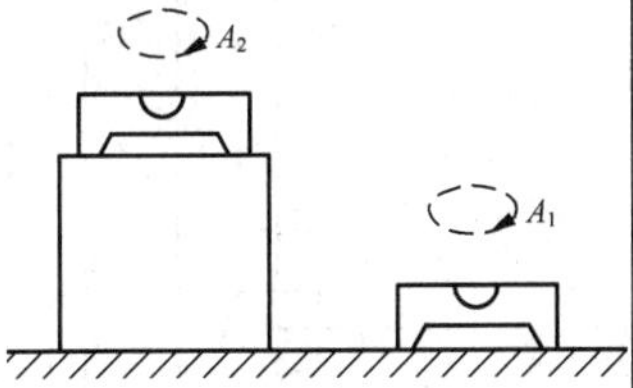 A_2 A_1	平板，水平仪	将被测零件放置在平板上。用水平仪分别在平板和被测零件上的若干个方向上记录水平仪的示值 A_1，A_2。各方向上平行度误差 $f=|A_2-A_1|\cdot L\cdot C$ 式中，C——水平仪刻度值（线值） $|A_2-A_1|$——对应的每次示值差 L——沿测量方向的零件表面长度 取各个方向上平行度误差的最大值作为该零件的平行度误差

（8）垂直度误差的检测

面对面及面对线垂
直度误差检测

线对面及线对线垂
直度误差检测

垂直度误差检测的具体内容见表4-29。

表 4-29   垂直度误差的检测

序号	公差带与应用示例	检测方法	设备	检测方法说明
1			平板，直角座，带指示计的测量架	将被测零件的基准表面固定在直角座上，同时调整靠近基准的被测表面的读数差为最小，然后读出指示计在整个被测表面各点测得的最大与最小示值之差，作为该零件的垂直度误差，必要时可按定向最小区域评定垂直度误差
2			准直望远镜，转向棱镜，瞄准靶	将准直望远镜放置在基准表面上，同时调整准直望远镜使其光轴平行于基准表面 然后沿着被测表面移动瞄准靶，通过转向棱镜测取各纵向测位的示值 用计算法（或图解法）计算该零件的垂直度误差 此方法也适用自准直仪测量，但测得的角度差应换算为线性差 此方法适用于测量大型零件

序号	公差带与应用示例	检测方法	设备	检测方法说明
3	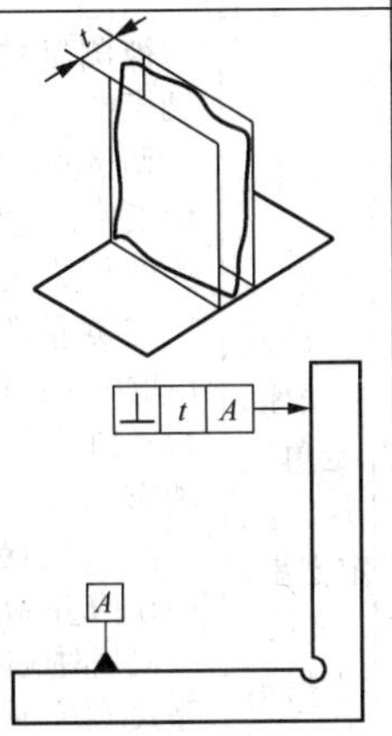	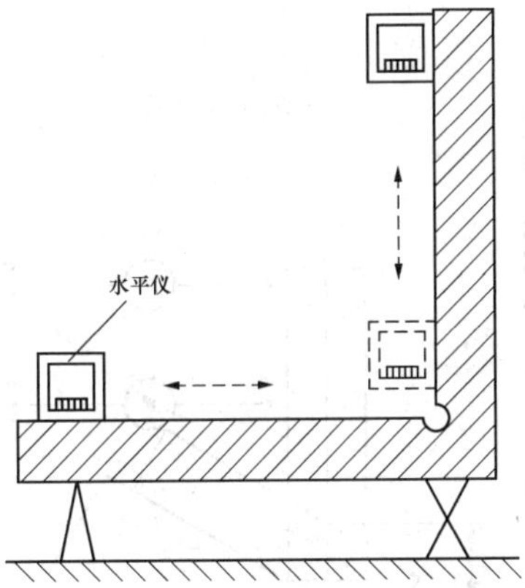	水平仪，固定和可调支承	用水平仪粗调基准表面到水平 分别在基准表面和被测表面上用水平仪分段逐步测量并记录换算成线值的示值 用图解法（或计算法）确定基准方位，然后求出被测表面相对于基准的垂直度误差 此方法适用于测量大型零件
4	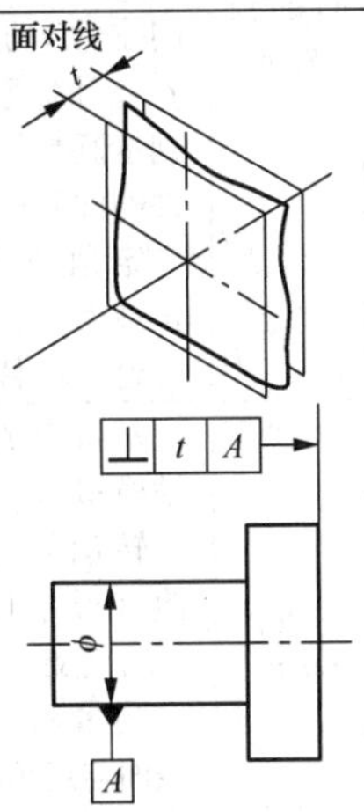	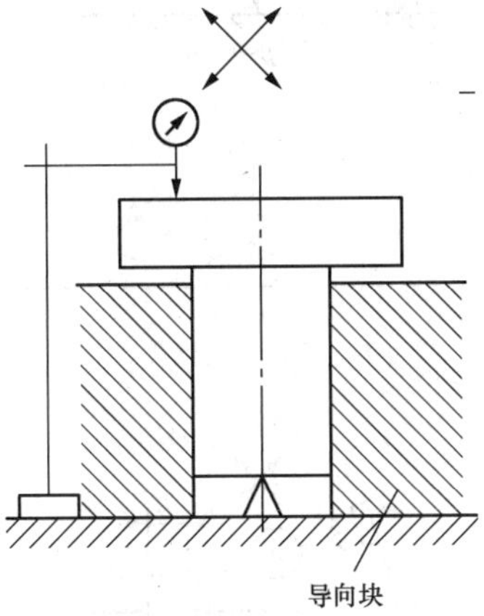	平板，导向块，固定支承，带指示计的测量架	将被测零件放置在导向块内（基准轴线由导向块模拟）然后测量整个被测表面，并记录示值。取最大示值差作为该零件的垂直度误差

（9）倾斜度误差的检测

倾斜度误差检测的具体内容见表 4-30。

表 4-30　　　　　　　　　　　　倾斜度误差的检测

序号	公差带与应用示例	检测方法	设备	检测方法说明
1	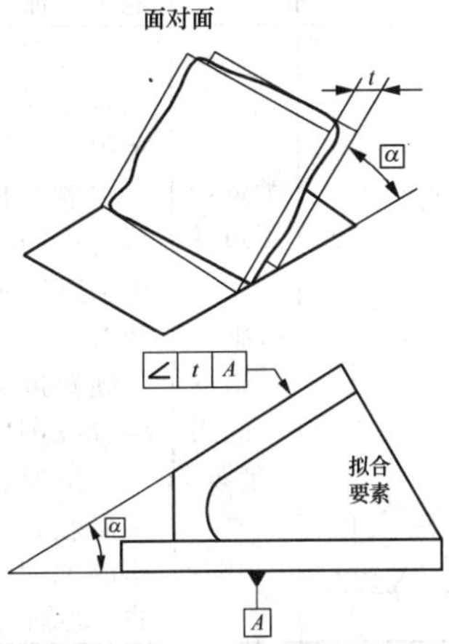	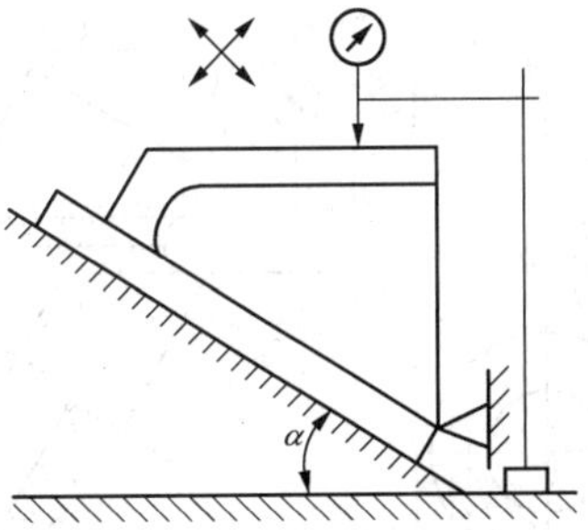	平板，定角座，固定支承，带指示计的测量架	将被测零件放置在定角座上 调整被测件，使指示计在整个被测表面的示值差为最小值 取指示计的最大与最小示值之差作为该零件的倾斜度误差 定角座可用正弦尺（或精密转台）代替

序号	公差带与应用示例	检测方法	设备	检测方法说明
2	线对面 ϕt α ϕ $\boxed{\angle\ \phi t\ \|\ A}$ α $\boxed{A}$	M_1 M_2 L_2 L_1 β $\beta=90°-\alpha$	平板，直角座，定角垫块，固定支承，心轴，带指示计的测量架	被测轴线由心轴模拟 调整被测零件，使指示计示值 M_1 为最大（距离最小） 在测量距离为 L_2 的两个位置上测得示值分别为 M_1 和 M_2 倾斜度误差为 $f=(L_1/L_2)\cdot|M_1-M_2|$ 测量时应选用可胀式（或与孔成无间隙配合的）心轴，若选用 L_2 等于 L_1，则示值差即为该零件的倾斜度误差 定角垫块可用正弦尺（或精密转台）代替
3	面对线 α $\boxed{\angle\ t\ \|\ A}$ α ϕ $\boxed{A}$	B α	平板，定角座，等高支承，心轴，带指示计的测量架	基准轴线由心轴模拟 转动被测零件使其最小长度 B 的位置处在顶部 测量整个被测表面与定角座之间各点的距离，取指示计最大与最小示值之差作为该零件的倾斜度误差 测量时，应选用可胀式（或与孔成无间隙配合的）心轴
4	线对线 α t $\boxed{\angle\ t\ \|\ A}$ ϕ 拟合要素 α ϕ $\boxed{A}$	L_2 L_1 M_1 M_2 α	平板，定角导向座，心轴，带指示计的测量架	使心轴平行于测量装置导向座定角 α 所在平面 在测量距离为 L_2 的两个位置上测得示值分别为 M_1 和 M_2 倾斜度误差为 $f=(L_1/L_2)\cdot|M_1-M_2|$ 测量时，应选用可胀式（或与孔成无间隙配合的）心轴

（10）同轴度误差的检测

同轴度误差检测的具体内容见表4-31。

表4-31			同轴度误差的检测
序号	公差带与应用示例	检测方法	设备	检测方法说明
1	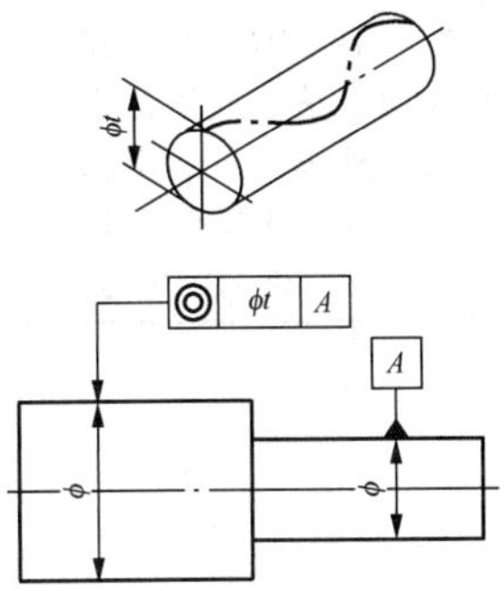	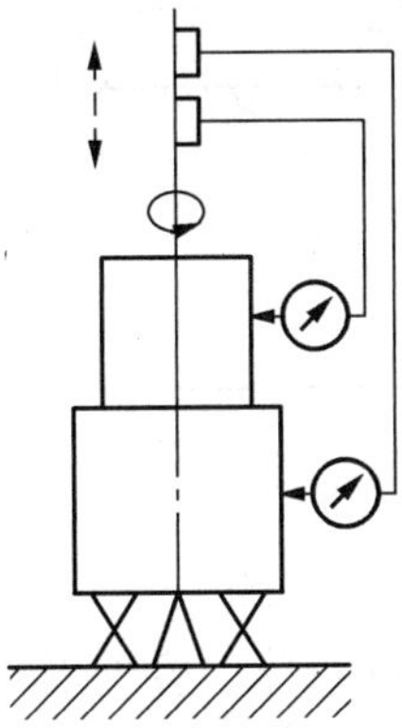	圆度仪（或其他类似仪器）	调整被测零件，使其基准轴线与仪器主轴的回转轴线同轴 在被测零件的基准要素和被测要素上测量若干截面并记录轮廓图形 根据图形按定义求出该零件的同轴度误差 按照零件的功能要求也可对轴类零件用最小外接圆柱面（对孔类零件用最大内接圆柱面）的轴线求出同轴度误差
2	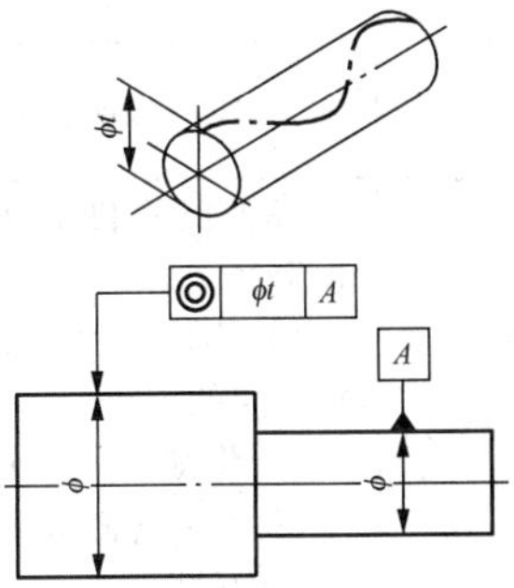	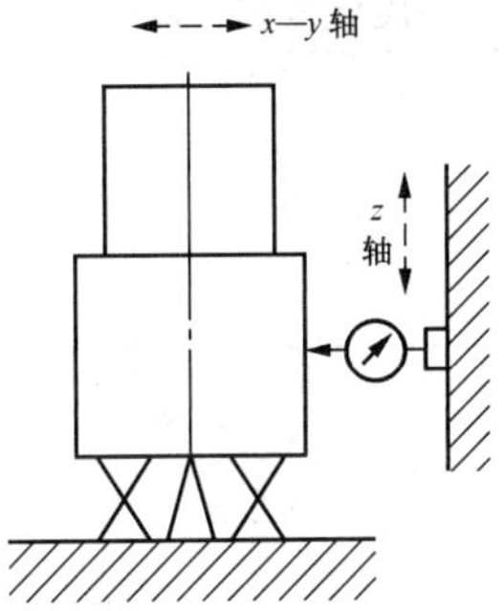	三坐标测量装置	将被测零件放置在工作台上，调整被测零件使其基准轴线平行于z轴 在被测部位上测量若干横截面并在每个截面上测取实际轮廓在x和y轴方向的4个点的坐标，以及各截面之间的距离 根据各截面与其各对应点的坐标的相互关系用计算法（或作图法）求得外接（或内接）圆柱面轴线与基准轴线之间的最大距离的两倍作为该零件的同轴度误差
3	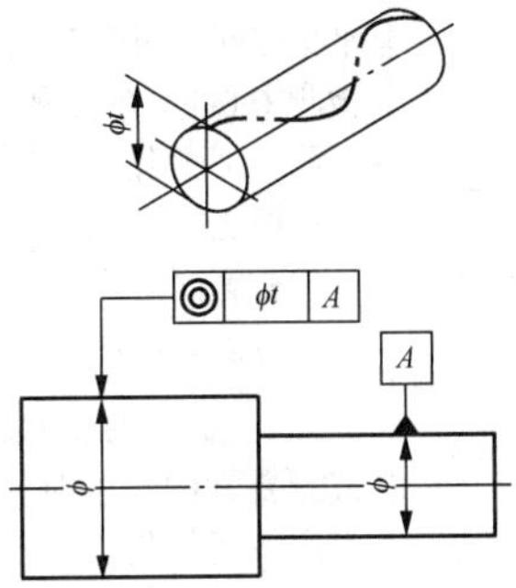	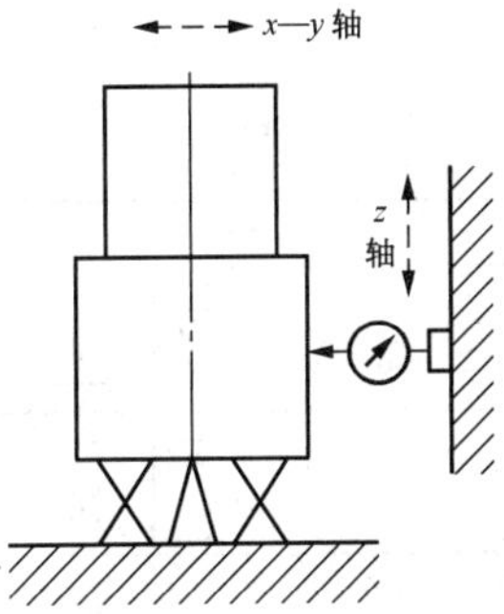	三坐标测量装置	注：在确定外接（或内接）圆柱面时应使该圆柱面在径向两端的动程α相等，见下图 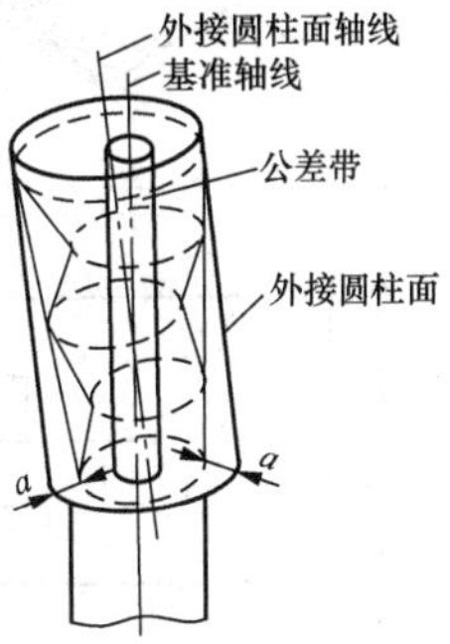 外接圆柱面轴线 基准轴线 公差带 外接圆柱面

135

序号	公差带与应用示例	检测方法	设备	检测方法说明
4	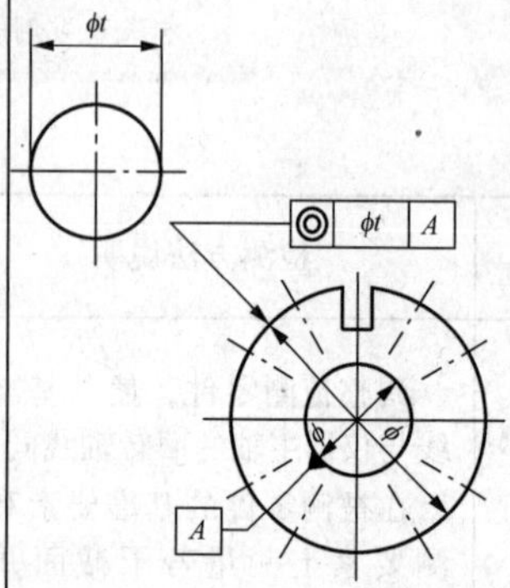	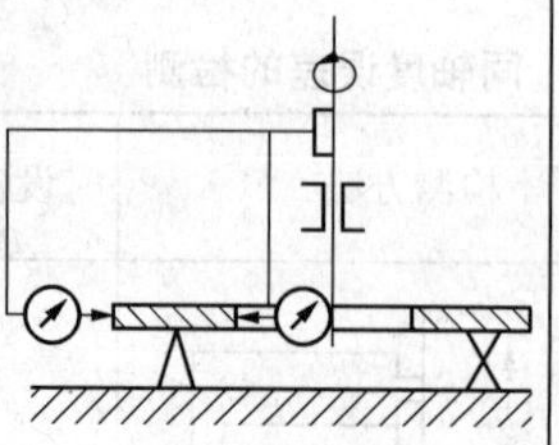	径向变动测量装置	调基准要素使其提取中心线与测量装置同轴，并使被测零件端面垂直于回转轴线 在同一张记录纸上记录基准和被测要素的轮廓 由轮廓图形用最小区域法求各自的圆心，取两圆心距离的2倍作为该零件的同轴度误差 根据功能要求，也可对记录的图形，用最大内接圆中心（内表面）法，或用最小外接圆中心（外表面）法求出各自的圆心，取这两圆心的距离的2倍作为该零件的同轴度误差

对称度误差检测
方法及案例

（11）对称度误差的检测

对称度误差检测的具体内容见表4-32。

表 4-32　　　　　　　　　　　　　　对称度误差的检测

序号	公差带与应用示例	检测方法	设备	检测方法说明
1	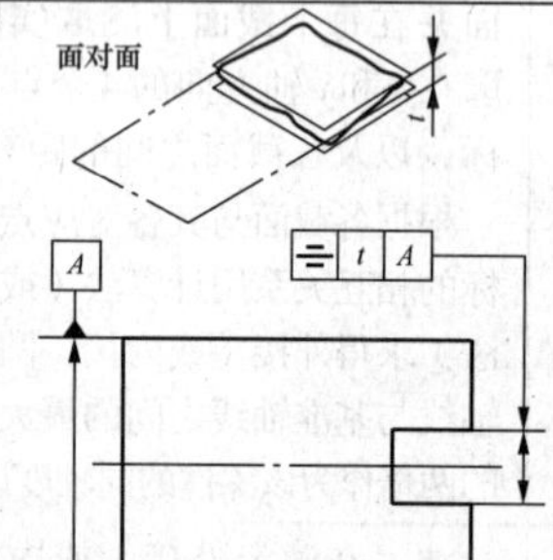	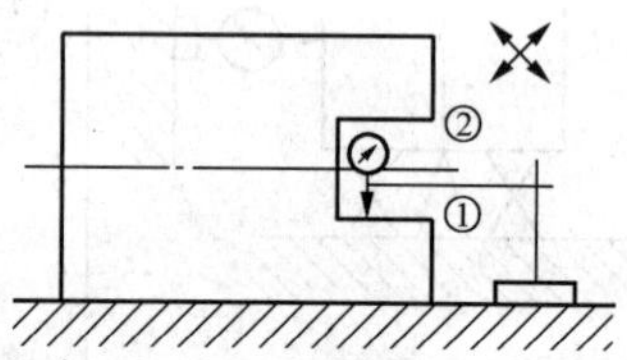	平板，带指示计的测量架	将被测零件放置在平板上 ① 测量被测表面与平板之间的距离 ② 将被测件翻转后，测量另一被测表面与平板之间的距离 取测量截面内对应两测点最大差值作为对称度误差
2	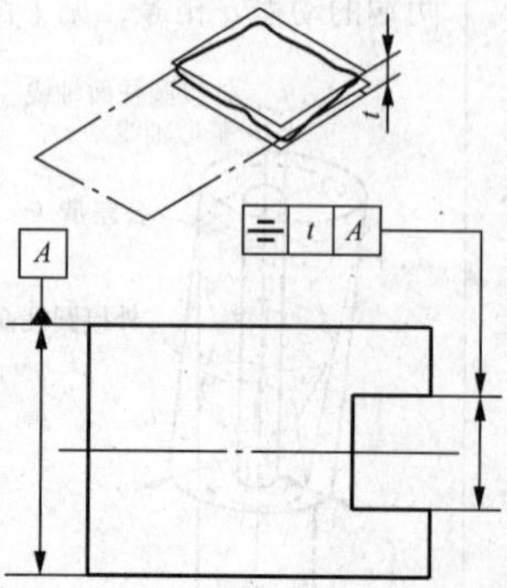	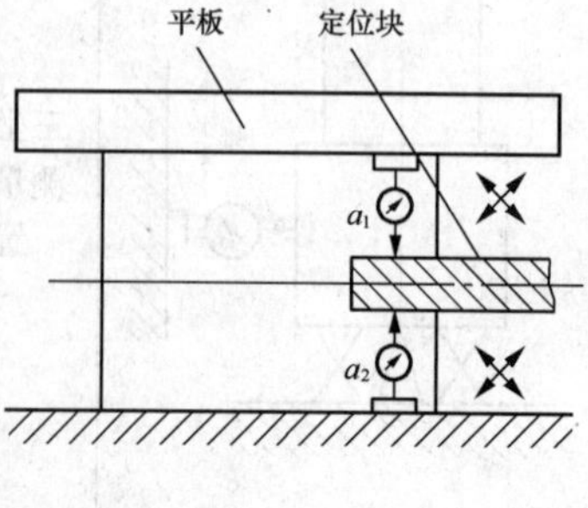	平板，定位块，带指示计的测量架	将被测零件放置在两块平板之间，并用定位块模拟被测中心面。在被测零件的两侧分别测出定位块与上、下平板之间的距离 a_1 和 a_2。 对称度误差： $$f = \mid a_1 - a_2 \mid_{\max}$$ 当定位块的长度大于被测要素的长度时，误差值应按比例折算 此方法适用于测量大型零件

续表

序号	公差带与应用示例	检测方法	设备	检测方法说明
3	面对线 ⊜ | t | A ⌀ |A|	定位块 h	平板，V形块，定位块，带指示计的测量架	基准轴线由 V 形块模拟，被测中心平面由定位块模拟，调整被测零件使定位块沿径向与平板平行。在键槽长度两端的径向截面内测量定位块至平板的距离。再将被测零件旋转 180° 后重复上述测量，得到两径向测量截面内的距离之半 Δ_1 和 Δ_2，对称度误差按正式计算： $$f = \frac{2\Delta_2 h + d(\Delta_1 - \Delta_2)}{d - h}$$ 式中，d——轴的直径； $\quad\quad h$——键槽深度。 注：以绝对值大者为 Δ_1，小者为 Δ_2
4	线对面 ⊜ | t | A—B |A|　　|B|	③ ① ③ ④ ② ④	平板，固定和可调支承，带指示计的测量架	测量基准要素③、④，并进行计算和调整，使公共基准中心平面与平板平行（该中心平面由在槽深 1/2 处的槽宽中点确定） 　再测量被测要素①、②，计算出孔的轴线。取在各个正截面中孔的轴线与对应的公共基准中心平面之最大变动量的 2 倍作为该零件的对称度误差

（12）位置度误差的检测

位置度误差检测的具体内容见表 4-33。

表 4-33　　　　　　　　位置度误差的检测

序号	公差带与应用示例	检测方法	设备	检测方法说明
1	$S\phi t$ $S\phi$ ⊕ | $S\phi t$ | A | B |A| ⌀ |B|	钢球 回转定心夹头	标准零件，测量钢球，回转定心夹头，平板，带指示计的测量架	被测件由回转定心夹头定位，选择适当直径的钢球，放置在被测零件的球面内，以钢球球心模拟被测球面的中心 　在被测零件回转一周的过程中，径向指示计最大示值差之半为相对基准轴线 A 的径向误差 f_x，垂直方向指示计直接读取相对于基准轴线 B 的轴向误差 f_y。该指示计应先按标准零件调零 　被测点位置误差为 $$f = 2\sqrt{f_x^2 + f_y^2}$$

续表

序号	公差带与应用示例	检测方法	设备	检测方法说明
2			坐标测量装置	按基准调整被测零件，使其与测量装置的坐标方向一致 将测出的被测点的坐标值 x_0、y_0 分别与相应的理论正确尺寸比较，得出差值 f_x 和 f_y 位置度误差为 $$f = 2\sqrt{f_x^2 + f_y^2}$$
3			坐标测量装置，心轴	按基准调整被测件，使其与测量装置的坐标方向一致 将心轴放置在孔中，在靠近被测零件的板面处，测量 x_1、x_2、y_1、y_2。按下式分别计算出坐标尺寸 x、y x 方向坐标尺寸： $$x = \frac{x_1 + x_2}{2}$$ y 方向坐标尺寸： $$y = \frac{y_1 + y_2}{2}$$ 将 x、y 分别与相应的理论正确尺寸比较，得到 f_x 和 f_y，位置度误差为 $$f = 2\sqrt{f_x^2 + f_y^2}$$ 然后把被测件翻转，对其背面按上述方法重复测量，取其中的误差较大值作为该零件的位置度误差

跳动误差检测
方法及案例

（13）圆跳动误差的检测

圆跳动误差检测的具体内容见表 4-34。

表 4-34　　　　　　　　　　　　圆跳动误差的检测

序号	公差带与应用示例	检测方法	设备	检测方法说明
1	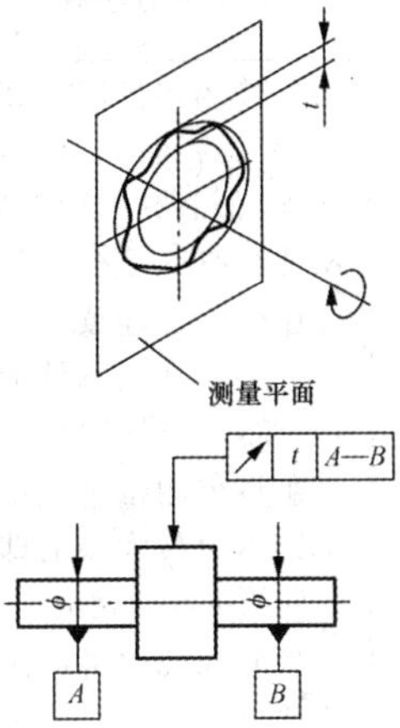	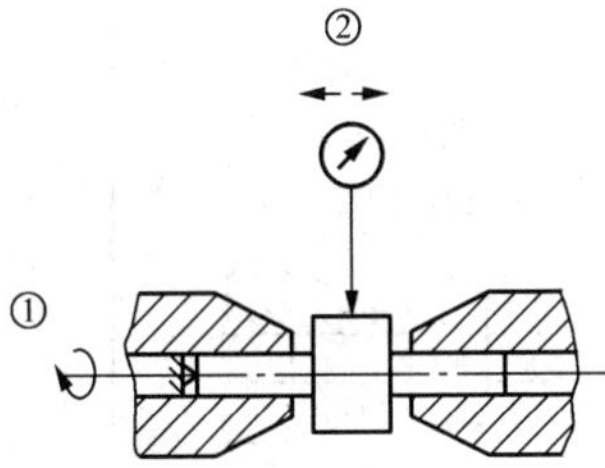	一对同轴圆柱导向套筒,带指示计的测量架	将被测零件支撑在两个同轴圆柱导向套筒内,并在轴向定位 ① 在被测件回转一周过程中指示计示值最大差值即为单个测量平面上的径向圆跳动 ② 按上述方法测量若干个截面。取各截面上测得的跳动量中的最大值,作为该零件的径向圆跳动 此方法在满足功能要求,即基准要素与两个同轴轴承相配时,是一种有用方法,但是具有一定直径(最小外接圆柱面)的同轴导向套筒通常不易获得
2	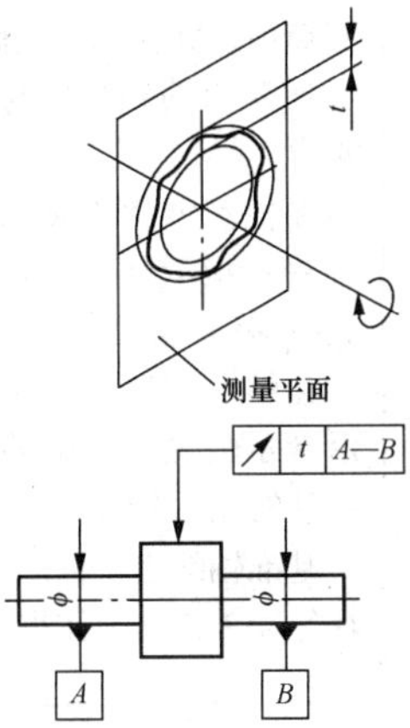	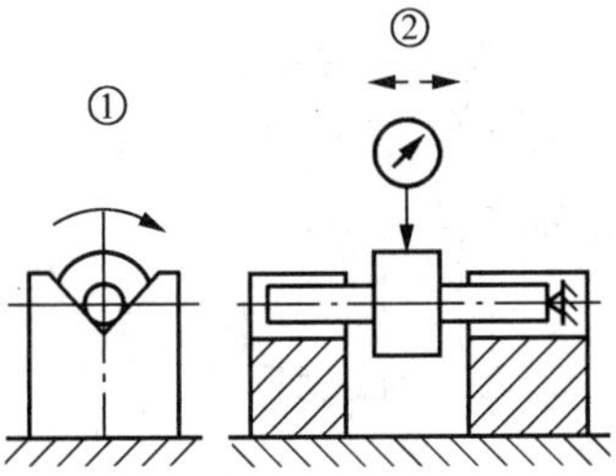	平板,V形架,带指示计的测量架	基准轴线由 V 形架模拟,被测零件支撑在 V 形架上,并在轴向定位 ① 在被测件回转一周过程中指示计示值最大差值即为单个测量平面上的径向圆跳动 ② 按上述方法测量若干个截面,取各截面上测得的跳动量中的最大值作为该零件的径向圆跳动 该测量方法受 V 形架角度和基准要素形状误差的综合影响
3	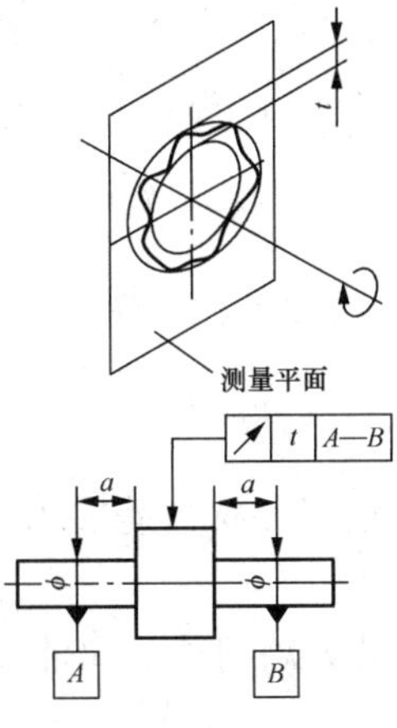	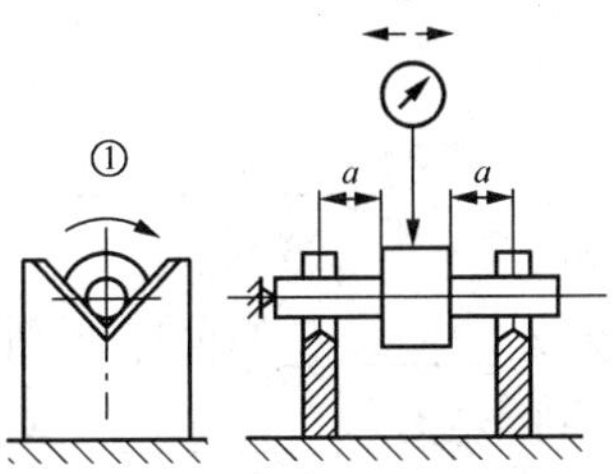	平板,刃形 V 形架,带指示计的测量架	基准轴线由 V 形架模拟,被测零件支撑在 V 形架上,并在轴向定位 ① 在被测件回转一周过程中指示计示值最大差值即为单个测量平面上的径向圆跳动 ② 按上述方法测量若干个截面,取各截面上测得的跳动量中的最大值作为该零件的径向圆跳动 该测量方法受 V 形架角度和基准要素形状误差的综合影响

（14）全跳动误差的检测

全跳动误差检测的具体内容见表 4-35。

表 4-35　　　　　　　　　　　　　全跳动误差的检测

序号	公差带与应用示例	检测方法	设备	检测方法说明
1	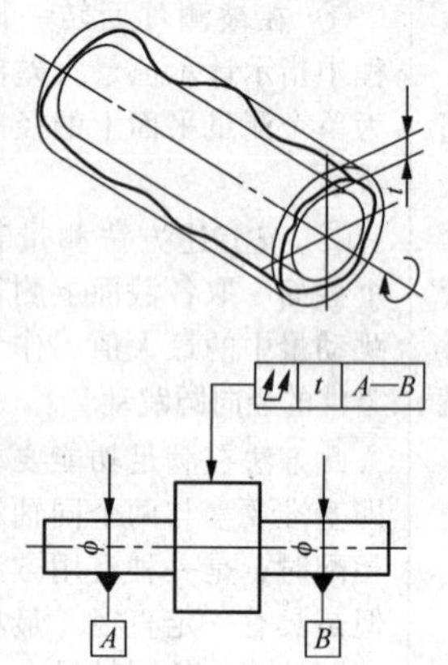	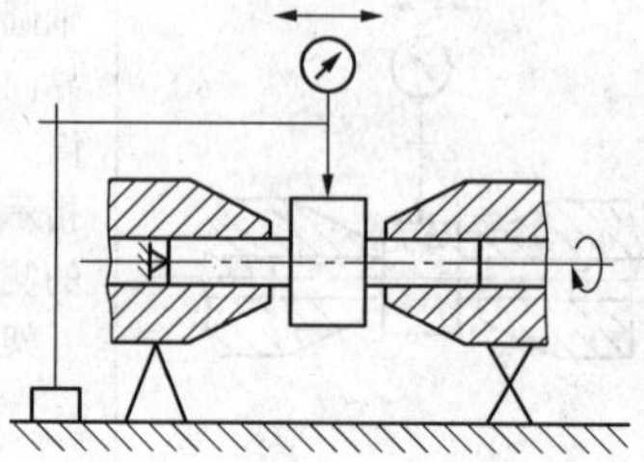	一对同轴导向套筒，平板，支承，带指示计的测量架	将被测零件固定在两同轴导向套筒内，同时在轴向固定并调整该对套筒，使其同轴并与平板平行 　在被测件连续回转过程中，同时让指示计沿基准轴线的方向做直线运动 　在整个测量过程中的指示计示值最大差值即为该零件的端面全跳动 　基准轴线也可以用一对 V 形块或一对顶尖的简单方法来体现
2	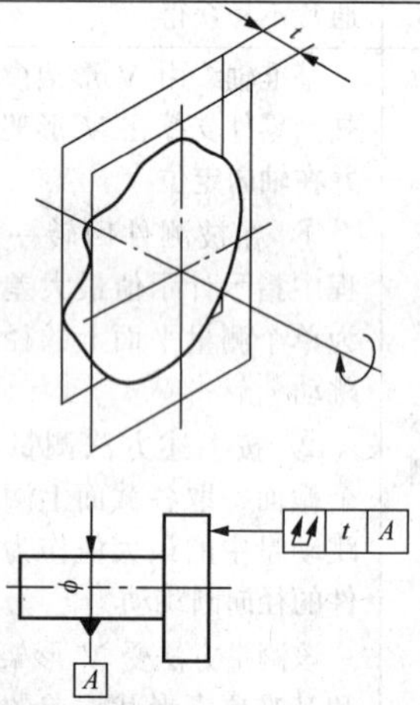	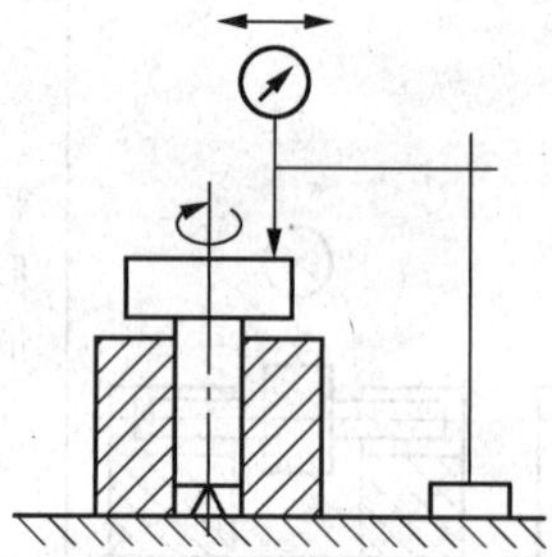	导向套筒，平板，支承，带指示计的测量架	将被测零件支撑在导向套筒内，并在轴向上固定。导向套筒的轴线应与平板垂直 　在被测零件连续回转过程中，指示计沿其径向做直线移动 　在整个测量过程中的指示计示值最大差值即为该零件的端面全跳动 　基准轴线也可以用 V 形块等简单方法来体现

思考题与习题

一、填空题

1. 几何公差带的 4 要素是指几何公差带的＿＿＿＿、＿＿＿＿、＿＿＿＿和＿＿＿＿。

2. 基准有单一基准、公共基准和＿＿＿＿ 3 种。

3. 独立原则是几何公差和尺寸公差＿＿＿＿的公差原则。

4. 被测要素可分为单一要素和关联要素。＿＿＿＿要素只能给出形状公差要求；＿＿＿＿要素可以给出位置公差要求。

5. 几何公差带的位置分为＿＿＿＿和＿＿＿＿两种。在几何公差项目中，同轴度、对称度和位置度的公差带位置是＿＿＿＿的。

6. 圆柱度公差是一个综合性的形状公差，它可以同时控制_____的圆度公差和圆柱面纵截面的_____。圆柱度公差带是_____之间的区域。

7. 定位公差的项目有 3 项，分别是_____、_____和_____。定位公差的公差带位置是_____的，其位置由_____和_____确定。定位公差带具有综合控制被测要素的_____、_____和_____的功能。

8. 径向圆跳动公差带与圆度公差带在形状方面_____，但前者公差带圆心的位置是_____而后者公差带圆心的位置是_____。

9. 图样上规定键槽对轴的对称度公差为 0.05mm，则该键槽中心偏离轴的轴线距离不得大于_____mm。

10. 公差原则就是处理_____和_____关系的规定。公差原则分_____和_____两大类。

11. 体外作用尺寸的特点表示该尺寸的_____处于零件的_____；而体内作用尺寸的特点表示尺寸的_____处于零件的_____。

12. 最小实体尺寸对于孔来讲等于其_____极限尺寸，对于轴来讲等于其_____极限尺寸。

13. 最大实体实效状态是指在给定长度上，实际要素处于_____且其中心要素的形状或位置误差等于_____时的_____状态。

14. 对于实际的内表面来说，其边界相当于一个理想的_____；对于实际的外表面来说，其边界相当于一个理想的_____。

15. 包容要求应遵守的边界为_____，它适用于_____，且用于机器零件上配合性质要求_____的配合表面。

二、判断题

1. 在机械制造中，零件的形状和位置误差是不可避免的。（　　）

2. 由于形状公差带的方向和位置均是浮动的，因而确定形状公差的因素只有两个，即形状和大小。（　　）

3. 几何公差带的形状与被测要素的几何特征有关，只要被测要素的几何特征相同，则公差带的形状必然相同。（　　）

4. 平面和几何特性要比直线复杂，因而平面度公差的公差带形状要比直线度公差的公差带形状复杂。（　　）

5. 圆度公差的公差带是两同心圆之间的区域，此两同心圆的圆心必须在被测要素的理想轴线上。（　　）

6. 定向公差中，给定一个方向和任意方向在标注上的主要区别是：为任意方向时，必须在公差数值前写上表示直径的符号"ϕ"。（　　）

7. 定向公差属于位置公差，因而其公差带的方向和位置均是固定的。（　　）

8. 同轴度公差和对称度公差的被测要素和基准要素，可以是轮廓要素，也可以是中心要素。（　　）

9. 圆跳动和全跳动的划分是按被测要素的大小而定的，当被测要素面积较大时为全跳动，反之为圆跳动。（　　）

10. 圆柱度同时控制了圆柱正面和轴面内要素的综合误差（　　）。

11. 径向全跳动可综合控制圆度、圆柱度、同轴度、素线的直线度等多种形位误差（　　）。

12. 同一被测要素，位置误差包含形状误差也包含位置误差（　　）。

13. 当使用组合基准要素时，应在框格第 3 ~ 5 格中分别填写相应基准字母（　　）。

14. 若某轴的轴线直线度误差未超过直线度公差，则此轴的同轴度误差也合格。（　　）

15. 对于某一确定的孔，其体外作用尺寸大于其实际尺寸；对于某一确定的轴，其体外作用尺寸小于其实际尺寸。（　　）

16. 采用独立原则后，零件的尺寸公差和几何公差应分别满足，不能相互补偿，因而是精度要求比较高的场合。（　　）

三、选择题

1. 几何公差的基准代号中字母（　　）。

    A. 按垂直方向书写

    B. 按水平方向书写

    C. 书写的方向应和基准符号的方向一致

    D. 按任一方向书写均可

2. 关于被测要素，下列说法中错误的是（　　）。

    A. 零件给出了几何公差要求的要素称为被测要素

    B. 被测要素按功能关系可分为单一要素和关联要素

    C. 被测要素只能是轮廓要素而不是中心要素

    D. 被测要素只能是实际要素

3. 形状和位置公差带是指限制实际要素变动的（　　）。

    A. 范围　　　　　　B. 大小　　　　　　C. 位置　　　　　　D. 区域

4. 形状公差带（　　）。

    A. 方向和位置均是固定的　　　　　　B. 方向浮动，位置固定

    C. 方向固定，位置浮动　　　　　　D. 方向和位置一般是浮动的

5. 孔和轴的轴线的直线度公差带形状一般是（　　）。

    A. 两平行直线　　B. 圆柱面　　　　C. 一组平行平面　　D. 两组平行平面

6. 在倾斜度公差中，公差带的方向是固定的，确定公差带方向的因素是（　　）。

    A. 被测要素的形状　　　　　　B. 基准要素的形状

    C. 被测要素的理论正确尺寸　　　　　　D. 基准和理论正确角度

7. 同轴度公差和对称度公差的相同点是（　　）。

    A. 确定公差带位置的理论正确尺寸均为零

    B. 被测要素相同

    C. 基准要素相同

    D. 公差带形状相同

8. 关于跳动公差的控制功能，下列说法中错误的是（　　）。

    A. 径向圆跳动公差可控制圆误差

    B. 端面圆跳动公差可控制端面对基准轴线的垂直度误差

    C. 径向全跳动公差可控制被测要素的圆柱度误差

    D. 端面全跳动公差可控制端面对基准轴线的垂直度误差

9. 孔的最大实体尺寸等于（　　）。
   A. 孔的最大极限尺寸　　　　　B. 孔的最小极限尺寸
   C. 孔的公称尺寸　　　　　　　D. 孔的实际尺寸

10. 最大实体实效边界代号是（　　）。
   A. MMVB　　　B. MMB　　　　　C. MVB　　　　　　D. MB

11. 包容要求遵守的边界是（　　）。
   A. 最大实体边界　　　　　　　B. 最小实体边界
   C. 最大实体实效边界　　　　　D. 最小实体实效边界

12. 最大实体要求的边界是（　　）。
   A. 最大实体边界　　　　　　　B. 最小实体边界
   C. 最大实体实效边界　　　　　D. 最小实体实效边界

13. 设计时几何公差数值选择的原则是（　　）。
   A. 在满足零件功能要求的前提下选择最经济的公差值
   B. 公差值越小越好，因为能更好地满足使用功能要求
   C. 公差值越大越好，因为可降低加工的成本
   D. 尽量多地采用形位未注公差

四、综合题

1. 说明图 4-50 中形状公差代号标注的含义（按形状公差读法及公差带含义分别说明）。

2. 按下列要求在图 4-51 上标出形状公差代号。

（1）ϕ50 圆柱面素线的直线度公差为 0.02mm。

（2）ϕ30 圆柱面的圆柱度公差为 0.05mm。

（3）整个零件的轴线必须位于直径为 0.04 mm 的圆柱面内。

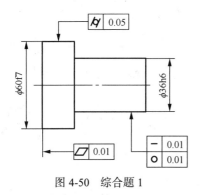

图 4-50　综合题 1

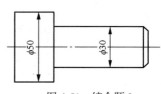

图 4-51　综合题 2

3. 将下列技术要求用代号标注在图 4-52 上。

（1）ϕ20d7 圆柱面任一素线的直线度公差为 0.05mm。（或 ϕ20d7 圆柱面任一素线必须位于轴向平面内距离为公差值 0.05mm 的两平行直线之间。）

（2）被测 ϕ40m7 轴线相对于 ϕ20d7 轴线的同轴度公差为 ϕ0.01mm。（或 ϕ40m7 轴线必须位于直径为公差值 0.01mm，且与 ϕ20d7 轴线同轴的圆柱面内。）

（3）被测度 10H6 槽的两平行平面中任一平面对另一平面的平行度公差为 0.015mm

（或宽 10H6 槽两平行平面中任一平面必须位于距离为公差值 0.015mm，且平行另一平面的两平行平面之间）。

（4）10H6 槽的中心平面对 ϕ40m7 轴线的对称度公差为 0.01mm。（或 10H6 槽的中心平面必须位于距离为公差值 0.01mm，且相对于 ϕ40m7 轴线的辅助平面对称配置的两平行平面之间。）

（5） ϕ20d7 圆柱面的轴线对 ϕ40m7 圆柱右肩面的垂直度公差为 ϕ0.02mm。（或 ϕ20d7 圆柱面的轴线必须位于直径为公差值 0.02mm，且垂直于 ϕ40m7 圆柱右肩面的圆柱右肩面的圆柱面内。）

4. 说明图 4-53 中几何公差标注的含义。

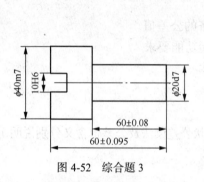

图 4-52　综合题 3

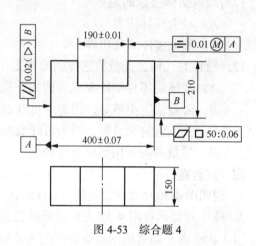

图 4-53　综合题 4

5. 改正图 4-54 中几何公差标注上的错误（不改变几何公差项目）。

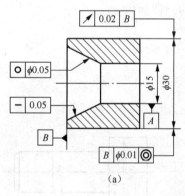

(a)

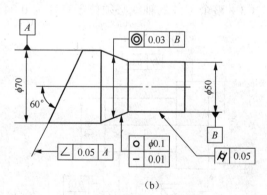

(b)

图 4-54　综合题 5

6. 如图 4-55 所示，试按要求填空并回答问题。

（1）当孔处在最大实体状态时，孔的轴线对基准平面 A 的平行度公差为_____mm。

（2）孔的局部实际尺寸必须在_____mm 至_____mm 之间。

（3）孔的直径均为最小实体尺寸 ϕ6.6mm 时，孔轴线对基准平面 A 的平行度公差为_____mm。

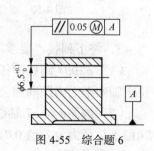

图 4-55　综合题 6

（4）一实际孔，测得其孔径为$\phi6.55$mm，孔轴线对基准平面 A 的平行度误差为 0.12mm。问该孔是否合格？_____。

（5）孔的实效尺寸为_____mm。

7．将下列各项几何公差要求标注在图 4-56 上。

① 左端面的平面度公差值为 0.01mm。

② 右端面对左端面的平行度公差值为 0.04mm。

③ $\phi70$H7 孔遵守包容要求，其轴线对左端面的垂直度公差值为 $\phi0.02$mm。

④ $\phi210$h7 圆柱面对 $\phi70$H7 孔的同轴度公差值为 $\phi0.03$mm。

⑤ $4\times\phi20$H8 孔的轴线对左端面（第一基准）和 $\phi70$H7 孔的轴线的位置度公差值为 $\phi0.15$mm，要求均布在理论正确尺寸 $\phi140$mm 的圆周上。

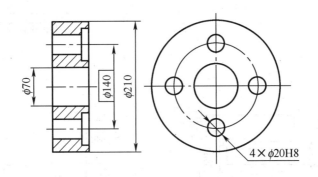

图 4-56　综合题 7

8．将下列各项几何公差要求标注在图 4-57 上。

① ϕd 圆锥的左端面对 ϕd_1 轴线的端面圆跳动公差为 0.02mm。

② ϕd 圆锥面对 ϕd_1 轴线的斜向圆跳动公差为 0.02mm。

③ ϕd_2 圆柱面轴线对 ϕd 圆锥左端面的垂直度公差值为 $\phi0.015$mm。

④ ϕd_2 圆柱面轴线对 ϕd_1 圆柱面轴线的同轴度公差值为 0.03mm。

⑤ ϕd 圆锥面的任意横截面的圆度公差值为 0.006mm。

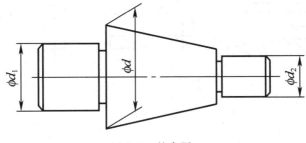

图 4-57　综合题 8

9．试分别改正图 4-58 所示的 6 个图样上几何公差标注的错误（几何公差的项目不允许变更）。

10．试对图 4-59 所示标注内容进行分析，按要求将有关内容填入表 4-36 中。

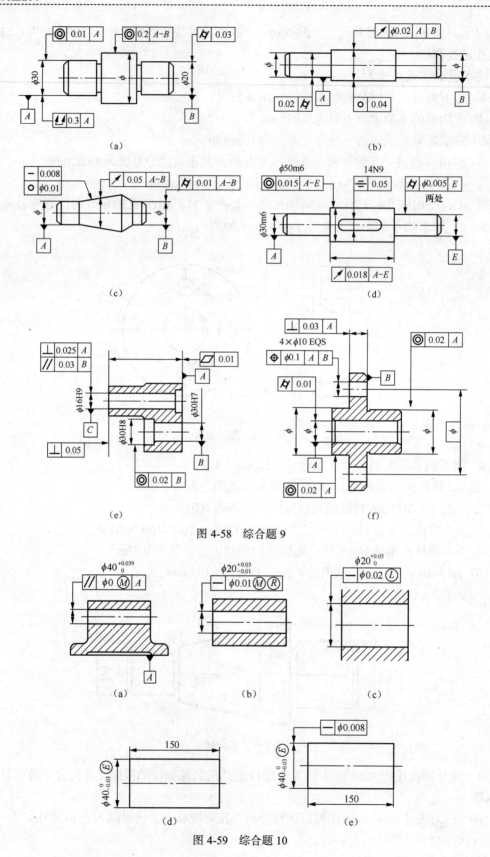

图 4-58　综合题 9

图 4-59　综合题 10

表 4-36

图号	最大实体尺寸	最小实体尺寸	几何公差的给定值	几何公差的最大允许值	遵守的边界名称	边界的尺度	合格条件
（a）							
（b）							
（c）							
（d）							
（e）							

第5章

表面粗糙度及检测

学习目标

1. 掌握表面粗糙度的基本概念，了解其对零件使用性能的影响。
2. 掌握表面粗糙度基本术语、评定参数与数值规定。
3. 掌握表面粗糙度的标注方法。
4. 初步掌握表面粗糙度的选择及其检测。

5.1

概述

5.1.1 表面粗糙度的基本概念

经过机械加工或其他加工方法获得的零件，由于加工过程中的塑性变形、工艺系统的高频振动以及刀具与零件在加工表面的摩擦等因素影响，会在表面留下高低不平的切削痕迹，即几何形状误差。几何形状误差包括零件表面几何形状误差（宏观几何形状误差）、表面粗糙度（微观几何形状误差）和表面波纹度。

认识表面粗糙度

表面粗糙度是指加工表面上具有由较小间距和峰谷所组成的微观几何形状特性，它是一种微观几何形状误差，也称为微观不平度，如图 5-1 所示。

表面粗糙度反映的是实际零件表面几何形状误差的微观特征，而形状误差表述的则是零件几何要素的宏观特征，介于两者之间的是表面波纹度。如图 5-2 所示，这 3 种误差通常以一定的波距 λ 和波高 h 之比来划分，一般比值小于 40 时属于表面粗糙度如图 5-2（b）所示；比值在 40~1000 时属于表面波纹度如图 5-2（c）所示；λ/h 的比值大于 1000 为形状误差，如图 5-2（d）所示。按波距来划分，波距 $\lambda \leqslant 1mm$ 的属于表面粗糙度；波距 λ 在 1~10mm 的属于表面波度；波距 λ 大于 10mm 的属于形状误差。

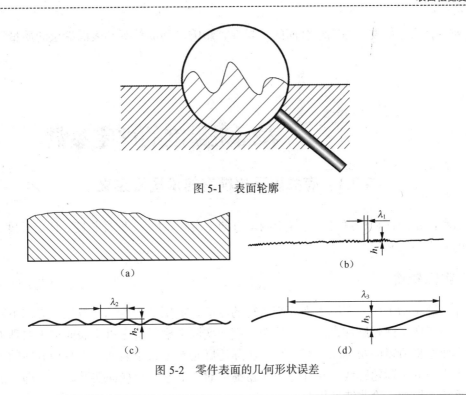

图 5-1 表面轮廓

（a）

（b）

（c）

（d）

图 5-2 零件表面的几何形状误差

5.1.2 表面粗糙度对零件使用性能的影响

1. 摩擦和磨损方面

表面越粗糙，摩擦系数就大，摩擦阻力也越大，使零件配合面的磨损加剧。

2. 配合性质方面

表面粗糙度影响配合性质的稳定性。对间隙配合，粗糙的表面会因峰尖很快磨损而使间隙逐渐加大；对过盈配合，则因装配表面的峰顶被挤平，使有效实际过盈减少，影响联结强度。

3. 疲劳强度方面

表面越粗糙，一般表面微观不平的凹痕就越深，交变应力作用下的应力集中就会越严重，越易造成零件抗疲劳强度的降低导致失效。

4. 耐腐蚀性方面

粗糙的表面，易使腐蚀性气体或液体通过表面微观凹谷渗入到金属内层，造成表面腐蚀。

5. 接触刚度方面

表面越粗糙，表面间接触面积就越小，致使单位面积受力增大，造成峰顶处的局部塑性变形加剧，接触刚度下降，影响机器工作精度和平稳性。

此外，表面粗糙度还影响结合面的密封性，影响产品的外观和表面涂层的质量等。

5.2 表面粗糙度的评定参数

5.2.1 有关表面粗糙度的术语及定义

测量和评定表面粗糙度时，应规定测量方向（实际轮廓）、取样长度、评定长度、轮廓滤波器的截止波长和中线。

1. 实际轮廓

实际轮廓是指平面与实际表面相交所得的轮廓，如图 5-3 所示。按相截方向不同，实际轮廓分为横向实际轮廓和纵向实际轮廓。横向实际轮廓是指垂直于表面加工纹理方向的平面与表面相交所得的实际轮廓线，纵向实际轮廓是指平行于表面加工纹理方向的平面与表面相交所得的实际轮廓线。在评定表面粗糙度时，通常是指横向实际轮廓，即与加工纹理方向垂直的轮廓，除非特别指明。

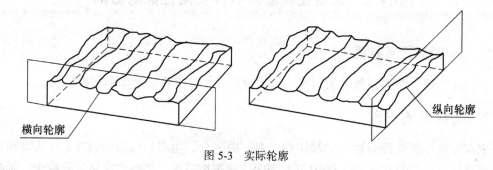

横向轮廓

纵向轮廓

图 5-3 实际轮廓

2. 取样长度

取样长度（lr）是用于判别被评定轮廓的不规则特征的 x 轴方向上的长度，即具有表面粗糙度特征的一段基准线长度。x 轴的方向与轮廓总的走向一致，一般应包括 5 个以上的波峰和波谷，如图 5-4 所示。规定和限制这段长度是为了限制和减弱表面波度对表面粗糙度测量结果的影响。

3. 评定长度

评定长度（ln）是用于判别被评定轮廓的 x 轴方向上的长度。它可包括一个或几个取样长度，如图 5-4 所示。 由于零件表面粗糙度不一定均匀，在一个取样长度上往往不能合理地反映该表面粗糙度的特性，因此要取几个连续取样长度，一般取 $ln=5lr$。若被测表面比较均匀，可选 $ln < 5lr$；若被测表面均匀性差或测量精度要求高，可选 $ln > 5lr$。

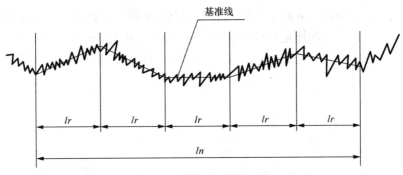

图 5-4　取样长度和评定长度

4. 轮廓滤波器的截止波长

　　表面粗糙度、表面波纹度、零件表面几何形状误差等 3 类表面几何形状误差总是同时存在，并叠加在同一表面轮廓上。可利用轮廓滤波器过滤掉其他的几何形状误差，来呈现所需的几何形状误差。轮廓滤波器是能将表面轮廓分离成长波成分和短波成分的滤波器，它们对应抑制的波长称为截止波长。长波滤波器是将大于其设定截止波长的部分过滤掉；短波滤波器是将小于其设定截止波长的部分过滤掉。

　　用触针式量仪测量粗糙度表面粗糙度时，仪器的长波滤波器截止波长为 λc，可以从表面轮廓上抑制排除掉波长较大的波纹度轮廓；短波滤波器截止波长为 λs，可以从表面轮廓上抑制排除掉波长比粗糙度短的轮廓，经过两次滤波，结果只呈现粗糙度结构，方便测量和评定。评定时的传输带是指从短波截止波长至长波截止波长两个极限值之间的波长范围。这里长波滤波器的截止波长 λc 等于取样长度 lr，即 $\lambda c = lr$。

5. 轮廓中线

　　轮廓中线是具有几何轮廓形状并划分轮廓的基准线。它有轮廓的最小二乘中线和轮廓的算术平均中线两种。

　　（1）轮廓的最小二乘中线

　　轮廓的最小二乘中线是指在取样长度内使轮廓线上的各点至该线的距离的二次方和最小，如图 5-5 所示，即 $\sum_{i=1}^{n} Z_i^2 = \min$。

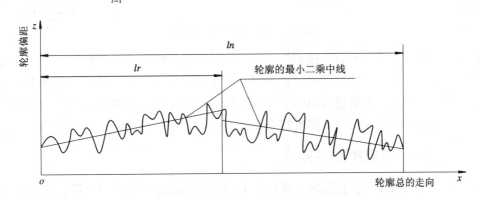

图 5-5　轮廓最小二乘中线示意图

轮廓偏距 z 是指在测量方向上，轮廓线上的点与基准线之间的距离，如图 5-6 所示。对实际轮廓来说，基准线和评定长度内轮廓总的走向之间的夹角 α 是很小的，故可认为轮廓偏距是垂直于基准线的。轮廓偏距有正、负之分：在基准线以上，这部分的 z 值为正；反之为负。

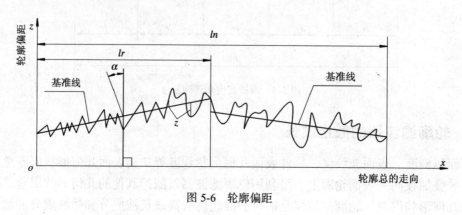

图 5-6　轮廓偏距

（2）轮廓的算术平均中线

轮廓的算术平均中线是指在取样长度内划分实际轮廓为上、下两部分，且使两部分的面积相等的基准线。如图 5-7 所示，用公式表示为

$$\sum_{i=1}^{n} F_i = \sum_{i=1}^{n} F_i'$$

式中，F_i——轮廓峰面积；

　　　F_i'——轮廓谷面积。

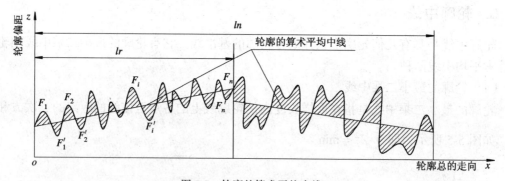

图 5-7　轮廓的算术平均中线

最小二乘中线从理论上讲是理想的、唯一的基准线，但在轮廓图形上，确定最小二乘中线的位置比较困难，因此只用于精确测量。轮廓算术平均中线与最小二乘中线的差别很小，通常用图解法或目测法就可以确定，故实际应用中常用轮廓的算术平均中线代替最小二乘中线。当轮廓很不规则时，轮廓的算术平均中线不是唯一的。

6．轮廓峰顶线和轮廓谷底线

轮廓峰顶线是指在取样长度内，平行于基准线并通过轮廓最高点的线；轮廓谷底线是指在取样长度内，平行于基准线并通过轮廓最低点的线，如图 5-8 所示。

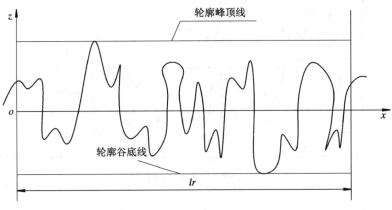

图 5-8　轮廓峰顶线与轮廓谷底线

5.2.2　表面粗糙度的评定参数

1．幅度参数

评定表面粗糙度轮廓时的主要参数是幅度参数，幅度参数主要有轮廓算术平均偏差和轮廓最大高度。

（1）轮廓算术平均偏差（Ra）

轮廓算术平均偏差是指在一个取样长度内，轮廓偏距 $z(x)$ 绝对值的算术平均值，如图 5-9 所示，用公式表示为

$$Ra = \frac{1}{lr} \int_0^l |z(x)| \mathrm{d}x$$

或近似为

$$Ra = \frac{1}{n} \sum_{i=1}^{n} |z(x_i)|$$

式中，$z(x)$——轮廓偏距；

　　　$z(x_i)$——第 i 点轮廓偏距（i=1，2，3，…，n）

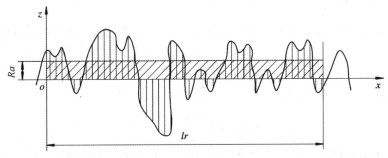

图 5-9　轮廓算术平均偏差

（2）轮廓最大高度（Rz）

轮廓最大高度是指在取样长度内，轮廓峰顶线与轮廓谷底线之间的距离，如图 5-10 所示。

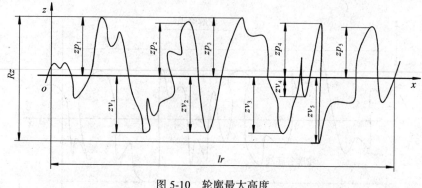

图 5-10　轮廓最大高度

2.　间距参数

轮廓单元的平均宽度（Rsm）：在取样长度内，轮廓单元宽度 Xs 的平均值，用公式表示为 $Rsm = \dfrac{1}{n}\sum\limits_{i=1}^{n} Xs_i$

式中，Xs_i ——第 i 个轮廓微观不平度的间距。

轮廓单元是指轮廓峰和轮廓谷的组合宽度。轮廓单元宽度 Xs 是指 x 轴线与轮廓单元相交线段的长度，如图 5-11 所示。

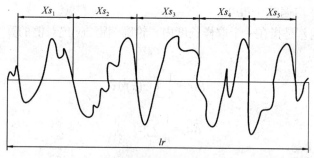

图 5-11　轮廓单元宽度

3.　形状特性参数

轮廓支承长度率（$Rmr(c)$）：在给定截面高度 c 上，轮廓的实体材料长度 $Ml(c)$ 与评定长度 ln 的比率。

用公式表示为

$$Rmr(c) = \frac{Ml(c)}{ln} = \frac{\sum\limits_{i=1}^{n} b_i}{ln}$$

轮廓的实体材料长度 $Ml(c)$ 是指评定长度内，一平行于 x 轴的直线从峰顶线向下移一高度截距 c 时，与轮廓相截所得各段截线长度 b_i 之和。

$Rmr(c)$ 值是对应于不同高度截距 c 而给出的。高度截距 c 是从峰顶线开始计算的，它可用距离（μm）或 Rz 的百分数表示。如图 5-12 所示，给出 $Rmr(c)$ 参数时，必须同时给出轮廓高度截距 c 值。

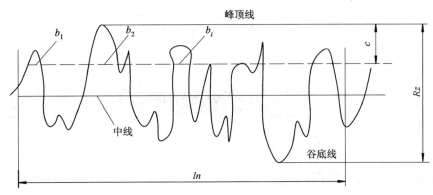

图 5-12　轮廓支承长度率

国家标准 GB/T 3505—2009 规定，幅度参数是基本评定参数，而间距和形状特性参数为附加评定参数。

4．国标规定

国标规定采用中线制来评定表面粗糙度，粗糙度的评定参数一般从 Ra、Rz 中选取，参数值见表 5-1、表 5-2。表中的"系列值"应得到优先选用。

表 5-1　　　　　　　　　轮廓算术平均偏差 Ra 的数值（摘自 GB/T1031—2009）　　　　　单位：μm

基本系列	补充系列	基本系列	补充系列	基本系列	补充系列	基本系列	补充系列
	0.008						
	0.010						
0.012			0.125		1.25	12.5	
	0.016		0.160	1.6			16.0
	0.020	0.20			2.0		20
0.025			0.25		2.5	25	
	0.032		0.32	3.2			32
	0.040	0.40			4.0		40
0.050			0.05		5.0	50	
	0.063		0.63	6.3			63
	0.080	0.80			8.0		80
0.100			1.00		10.0	100	

表 5-2　　　　　　　　　轮廓的最大高度 Rz 的数值（摘自 GB/T1031—2009）　　　　　单位：μm

基本系列	补充系列	基本系列	补充系列	基本系列	补充系列	基本系列	补充系列	基本系列	补充系列	基本系列	补充系列
			0.125		1.25	12.5			125		1250
			0.160	1.60			16.0		160	1600	
		0.20			2.0		20	200			
0.025			0.25		2.5	25			250		
	0.032		0.32	3.2			32		320		
	0.040	0.40			4.0		40	400			
0.050			0.50		5.0	50			500		
	0.063		0.63	6.3			63		630		
	0.080	0.80			8.0		80	800			
0.100			1.00		10.0	100			1000		

5.3 表面粗糙度的标注

国家标准 GB/T 131—2006 对表面粗糙度的符号、代号及其标注做了规定。

1. 表面粗糙度的图形符号、代号

（1）表面粗糙度的基本图形符号和扩展图形符号。为了标注表面粗糙度轮廓各种不同的技术要求，GB/T 131—2006 规定了一个基本图形符号，如图 5-13（a）所示；两个扩展图形符号，如图 5-13（b）、图 5-13（c）所示。

① 基本图形符号表示表面可用任何加工方法获得。它由两条不等长的与表面呈 60° 夹角的直线构成，如图 5-13（a）所示。基本图形符号仅用于简化代号标注，没有补充说明时，不能单独使用。

② 扩展图形符号［见图 5-13（b）］表示指定表面是用去除材料的方法获得的。例如，车、铣、钻、刨、磨、抛光、电火花加工、气割等方法。在基本图形符号上加一短横构成。

③ 扩展图形符号［见图 5-13（c）］表示指定表面是用不去除材料的方法获得的。例如，铸、锻、冲压、热轧、冷轧、粉末冶金等方法。在基本图形符号上加一圆圈构成。

（2）表面粗糙度的完整图形符号。当要求标注表面粗糙度特征的补充信息时，应在图 5-13 所示图形符号的长边端部加一条横线，构成表面粗糙度的完整图形符号，如图 5-14 所示。

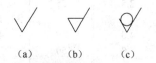

(a) (b) (c)

图 5-13 表面粗糙度基本图形符号与扩展图形符号

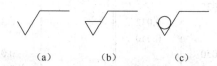

(a) (b) (c)

图 5-14 表面粗糙度完整图形符号

2. 表面粗糙度的标注

表面粗糙度标注及案例

（1）表面粗糙度图形符号的特征组成。当需要表示的加工表面对表面特征的其他规定有要求时，应在表面粗糙度符号的相应位置注上若干必要项目的表面特征规定。表面特征的各项规定在符号中的注写位置如图 5-15 所示。

a—注写表面结构单一要求，包括粗糙度幅度参数代号（Ra、Rz）、参数极限值（单位为μm）和传输带或取样长度（其标注顺序及规定如下：传输带数值/评定长度/幅度参数代号（空格）幅度参数数值）；

b—注写第二个（或多个）表面结构要求，附加评定参数（如 Rsm，单位为 mm）；

c—加工方法；

图 5-15 表面粗糙度
特征的标注位置

d—加工纹理方向的符号；

e—加工余量（mm）。

（2）图形符号的组成特征标注

① 幅度参数的标注。表面粗糙度的幅度参数包括 Ra 和 Rz。当选用 Ra 标注时，只需在图形符号中标出其参数值，可不标幅度参数代号；当选用 Rz 标注时，参数代号和参数值均应标出。表面粗糙度幅度参数标注示例（摘自 GB/T 131—2006）如图 5-16 所示。

$$\sqrt{Ra\ 1.6} \qquad \overset{\circ}{\sqrt{Rz\ 3.2}}$$

（a）   （b）

图 5-16   幅度参数值默认上限值的标注

参数值标注分为上限值标注和上、下限值标注两种形式。

当只单向标注一个数值时，则默认为幅度参数的上限值，图 5-16（a）所示表示去除材料，单向上限值，默认传输带轮廓算术平均偏差 Ra 为 1.6μm，评定长度为 5 个取样长度，极限值判断规则默认为 16%。图 5-16（b）表示不去除材料，轮廓最大高度 Rz 为 3.2μm，其他与图 5-16（a）相同。

当标注上、下两个参数值时，则认为幅度参数的上、下限值。需要标注参数上、下限值时，应分成两行标注幅度参数符号和上、下限值。上限值标注在上方，并在传输带的前面加注符号"U"。下限值标注在下方，并在传输带的前面加注符号"L"。当传输带采用默认的标准化值而省略标注时，则在上方和下方幅度参数符号的前面分别加注符号"U"和"L"，标注示例如图 5-17 所示（默认传输带 $ln = 5lr$，极限值判断规则默认为 16%）。

② 极限值判断规则的标注。按照 GB/T 10610—2009 的规定，可采用以下两种判断规则。

16%规则：16%规则是指在同一评定长度范围内，幅度参数所有的实测值中，允许 16% 测得值超过规定值，则认为合格。16%规则是表面粗糙度轮廓技术要求中的默认规则。若采用，则图样上不须注出，如图 5-16、图 5-17 所示。

最大规则：最大规则是在幅度参数符号 Ra 或 Rz 的后面标注一个"max"的标记。它表示整个所有实测值不得超过规定值，如图 5-18 所示。

$$\sqrt{\begin{matrix}U\ Ra\ 3.2\\L\ Ra\ 1.6\end{matrix}} \qquad \sqrt{\begin{matrix}U\ Rz\ 6.3\\L\ Rz\ 3.2\end{matrix}} \qquad\qquad \sqrt{Ra\ max\ 0.8} \qquad \sqrt{\begin{matrix}U\ Ra\ max\ 3.2\\L\ Ra\ 0.8\end{matrix}}$$

图 5-17   幅度参数上、下限值的标注 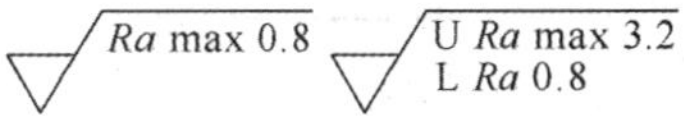   图 5-18   幅度参数最大规则的标注

③ 传输带和取样长度、评定长度的标注。需要指定传输带时，传输带（单位为 mm）标注在幅度参数符号的前面，并用斜线"/"隔开，如图 5-19 所示。

图 5-19（a）所示的标注中，传输带 $\lambda s = 0.0025mm$，$\lambda c = lr = 0.8mm$；对于只标注一个滤波器，应保留连字号"—"来区分是短波滤波器还是长波滤波器，图 5-19（b）所示的标注中，传输带 $\lambda s = 0.0025mm$，λc 默认为标准化值；图 5-19（c）所示的标注中，传输带 $\lambda c = 0.8mm$，λs 默认为标准化值。

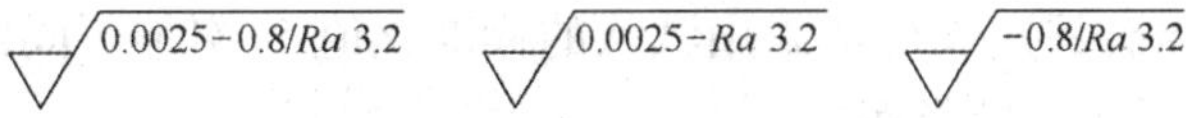

$$\sqrt{0.0025-0.8/Ra\ 3.2} \qquad \sqrt{0.0025-Ra\ 3.2} \qquad \sqrt{-0.8/Ra\ 3.2}$$

（a）   （b）   （c）

图 5-19   传输带的标注

需要指定评定长度时，则应在幅度参数符号的后面注写取样长度的个数，如图 5-20 所

示。图 5-20（a）所示的标注中，$ln = 3lr$，$\lambda c = lr = 1\text{mm}$，$\lambda s$ 默认为标准化值 0.0025mm，判断规则默认为 16% 规则；图 5-20（b）所示的标注中，$ln = 6lr$，传输带为 0.008 ~ 1mm，判断规则采用最大规则。

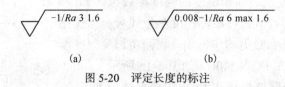

（a）   （b）

图 5-20　评定长度的标注

④ 表面纹理的标注。需要标注表面纹理及其方向时，则应采用规定的符号（摘自 GB/T 131—2006）进行标注。表面纹理标注符号和纹理方向如图 5-21 所示。

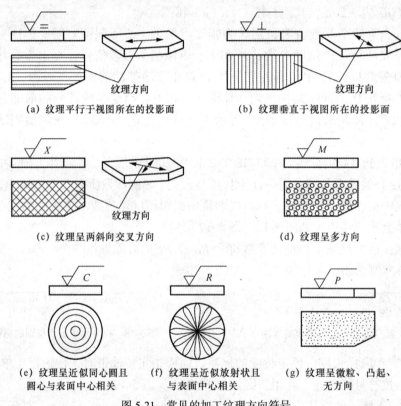

（a）纹理平行于视图所在的投影面   （b）纹理垂直于视图所在的投影面

（c）纹理呈两斜向交叉方向   （d）纹理呈多方向

（e）纹理呈近似同心圆且   （f）纹理呈近似放射状且   （g）纹理呈微粒、凸起、
圆心与表面中心相关   与表面中心相关   无方向

图 5-21　常见的加工纹理方向符号

⑤ 间距、形状特征参数的标注。若需要标注 Rsm、$Rmr（c）$ 值时，将其符号注在加工纹理的旁边，数值写在代号的后面。图 5-22 表示用磨削的方法获得的表面的幅度参数 Ra 上限值为 1.6μm（采用最大原则），下限值为 0.2μm（默认 16% 规则），传输带皆采用 $\lambda s = 0.008\text{mm}$，$\lambda c = lr = 1\text{mm}$，评定长度值采用默认的标准化值 5；附加了间距参数 Rsm 0.05mm，加工纹理垂直于视图所在的投影面。

⑥ 加工余量的标注。在零件图上标注的表面粗糙度轮廓技术要求都是针对完工表面的要求，因此不需要标注加工余量。对于有多个加工工序的表面可以标注加工余量，如图 5-23 所示，车削工序的直径方向加工余量为 0.4mm。

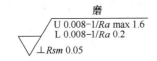

图 5-22　表面粗糙度技术要求的标注　　　　　　图 5-23　加工余量的标注

3. 表面粗糙度的标注方法

（1）表面粗糙度符号、代号一般标注在可见轮廓线、尺寸界线、引出线或它们的延长线上。符号的尖端必须从材料外指向表面，如图 5-24 所示。

表面粗糙度的注写方向和读取方向要与尺寸注写和读取方向一致。

（2）表面粗糙度标注在轮廓线上，其符号应从材料外指向表面并接触表面，如图 5-25 所示。必要时，也可用带箭头或黑点的指引线引出标注，如图 5-26 所示。

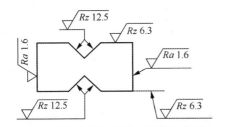

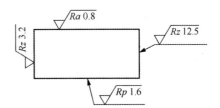

图 5-24　表面粗糙度代号在图样上的标注　　　　图 5-25　表面粗糙度的注写方向

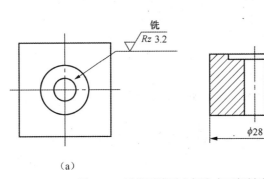

（a）　　　　　　　　　　　　（b）

图 5-26　用指引线引出标注表面粗糙度

（3）在不致引起误解时，表面粗糙度可以注写在给定的尺寸线上，如图 5-27 所示。

（4）表面粗糙度可以标注在几何公差框格上方，如图 5-28 所示。

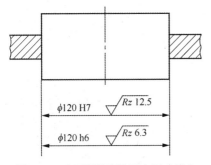

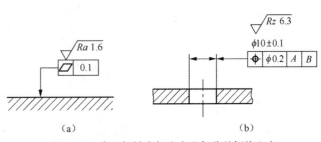

（a）　　　　　　　　（b）

图 5-27　表面粗糙度注写在尺寸线上　　　　图 5-28　表面粗糙度标注在几何公差框格上方

（5）表面粗糙度可以直接标注在延长线上，或用带箭头的指引线引出标注，如图 5-29、图 5-30 所示。

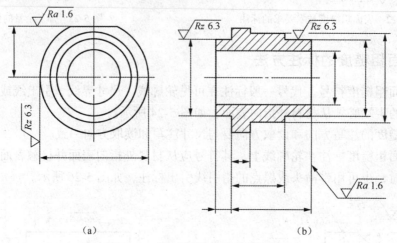

（a）   （b）

图 5-29　表面粗糙度标注在延长线上

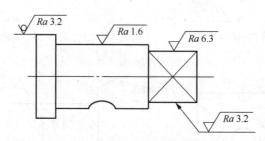

图 5-30　圆柱和棱柱的表面粗糙度的注法

（6）简化标注。当零件的某些表面或多数表面具有相同的技术要求时，对这些表面的技术要求可以用特定符号统一标注在零件图的标题栏附近。该表面粗糙度要求符号后面应有圆括号，说明该要求的适用范围，如图 5-31（a）所示 。

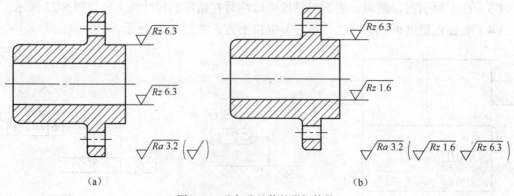

（a）   （b）

图 5-31　几何公差值的附加符号

4．表面粗糙度图样标注的演变（见表 5-3）

表 5-3　　　　　　　表面粗糙度图样标注的演变表（摘自 GB/T 131—2006）

GB/T 131		说明问题的示例	GB/T 131		说明问题的示例
1993 版	2006 版		1993 版	2006 版	
$1.6\!\!\diagup1.6$	$\sqrt{Ra\,1.6}$	Ra 只采用"16%规则"	$Ry\,3.2\!\!\diagup0.8$	$\sqrt{-0.8/Rz\,6.3}$	除 Ra 外其他参数及取样长度
$Ry\,3.2\ Ry\,3.2$	$\sqrt{Rz\,3.2}$	除了 Ra "16%规则"的参数	$Ry\,3.2$	$\sqrt{\begin{array}{c}Ra\,1.6\\Rz\,6.3\end{array}}$	Ra 及其他参数
$1.6\ \mathrm{max}$	$\sqrt{Ra\,\mathrm{max}\,1.6}$	"最大规则"	$Ry\,3.2$	$\sqrt{Rz3\,6.3}$	评定长度中的取样长度个数如果不是 5
$1.6\!\!\diagup0.8$	$\sqrt{-0.8/Ra\,1.6}$	Ra 加取样长度	—	$\sqrt{L\,Ra\,1.6}$	下限值
—	$\sqrt{0.025-0.8/Ra\,1.6}$	传输带	$3.2\!\!\diagup1.6$	$\sqrt{\begin{array}{c}U\,Ra\,3.2\\L\,Ra\,1.6\end{array}}$	上、下限值

5.4 选用表面粗糙度参数及其数值

首先满足使用性能要求，其次兼顾经济性。即在满足使用要求的前提下，尽可能降低表面粗糙度要求，放大表面粗糙度允许值。确定零件表面粗糙度时，一般采用类比法选取。

表面粗糙度数值的选择，一般应考虑以下几点。

（1）在满足零件表面功能要求的情况下，尽量选用大一些的数值。

（2）一般情况下，同一零件上工作表面（或配合面）的粗糙度值应比非工作表面（或非配合面）小。

配合表面形位公差和
表面粗糙度的要求

（3）摩擦表面的粗糙度值应比非摩擦表面小。对有相对运动的工件表面，运动速度越高，其粗糙度值也应越小。

（4）单位面积压力大或受交变应力作用的重要零件的圆角、沟槽表面粗糙度值应选小值。

（5）配合性质要求越稳定，表面粗糙度值应越小。配合性质相同时，尺寸越小的结合面，表面粗糙度值也应越小。同一精度等级，小尺寸比大尺寸、轴比孔的表面粗糙度值要小。

（6）要求防腐蚀、密封性能好或对外观有要求的表面，其表面粗糙度参数值应小。

（7）表面粗糙度值应与尺寸公差、几何公差相适应。通常，零件的尺寸公差、几何公差要求高时，表面粗糙度值应较小。

（8）遇到已有专门标准对表面粗糙度作出要求的（例如齿轮与尺寸齿面的表面粗糙度），应按专门标准来确定各典型表面的表面粗糙度参数值。

表 5-4 列出了有关孔、轴表面粗糙度参数值选用的实例，仅供使用时参考。

表 5-4   表面粗糙度 Ra 的推荐选用值

应用场合			Ra（mm）不大于					
			基本尺寸/mm					
经常装拆零件的配合表面	公差等级		≤50		50～120		120～500	
			轴	孔	轴	孔	轴	孔
	IT5		≤0.2	≤0.4	≤0.4	≤0.8	≤0.4	≤0.8
	IT6		≤0.4	≤0.8	≤0.8	≤1.6	≤0.8	≤1.6
	IT7		≤0.8		≤1.6		≤1.6	
	IT8		≤0.8	≤1.6	≤1.6	≤3.2	≤1.6	≤3.2
过盈配合	压入装配	IT5	≤0.2	≤0.4	≤0.4	≤0.8	≤0.4	≤0.8
		IT6～IT7	≤0.4	≤0.8	≤0.8	≤1.6	≤1.6	
		IT8	≤0.8	≤1.6	≤1.6	≤3.2	≤3.2	
	热装	—	≤1.6	≤3.2	≤1.6	≤3.2	≤1.6	≤3.2
滑动轴承的配合表面	公差等级		轴			孔		
	IT6～IT9		≤0.8			≤1.6		
	IT10～IT12		≤1.6			≤3.2		
	液体湿摩擦条件		≤0.4			≤0.8		
圆锥结合的工作面			密封结合		对中结合		其他	
			≤0.4		≤1.6		≤6.3	

密封材料处的孔、轴表面	密封型式	速度/（m·s⁻¹）		
		≤3	3～5	≥5
	橡胶圈密封	0.8～1.6（抛光）	0.4～0.8（抛光）	0.2～0.4（抛光）
	毛毡密封	0.8～1.6（抛光）		
	迷宫式	3.2～6.3		
	涂油槽式	3.2～6.3		

精密定心零件的配合表面	IT5～IT8	径向跳动	2.5	4	6	10	16	25
		轴	≤0.05	≤0.1	≤0.1	≤0.2	≤0.4	≤0.8
		孔	≤0.1	≤0.2	≤0.2	≤0.4	≤0.8	≤1.6

V形带和平带轮工作表面	带轮直径/mm		
	≤120	120～315	>315
	1.6	3.2	6.3

箱体分界面（减速箱）	类型	有垫片	无垫片
	需要密封	3.2～6.3	0.8～1.6
	不需要密封	6.3～12.5	

5.5

表面粗糙度的测量

    测量表面粗糙度的方法很多，下面仅介绍几种常用的表面粗糙度的检测方法。

1. 比较法

比较法是将被测零件表面与表面粗糙度样块（见图 5-32），通过视觉、触感或其他方法进行比较后，对被检表面的粗糙度做出评定的方法。实际生产中，经常使用包括车、磨、镗、铣、刨等机械加工用的表面粗糙度比较样块。

用比较法评定表面粗糙度虽然不能精确地得出被检表面的粗糙度数值，但由于器具简单，使用方便且能满足一般的生产要求，故常用于生产现场。

2. 光切法

光切法是利用光切原理测量表面粗糙度的方法。常采用的仪器是光切显微镜（也叫双管显微镜），其外形如图 5-33 所示。该仪器适宜测量车、铣、刨或其他类似方法加工的金属零件的平面或外圆表面。光切法通常适用于测量 $Rz = 0.5 \sim 80\mu m$ 的表面，且在测量 Rz 值的同时，可以得到被测表面的 Ry 值。

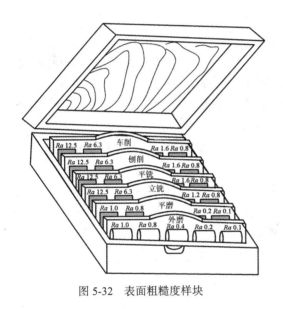

图 5-32　表面粗糙度样块

图 5-33　光切显微镜

3. 干涉法

干涉法是利用光波干涉原理测量表面粗糙度的方法。常采用的仪器是干涉显微镜，其外形如图 5-34 所示。干涉法通常用于测量极光滑的表面，即 $Rz = 0.025 \sim 0.8\mu m$ 的表面。

4. 触针法

触针法是通过针尖（金刚石制成，半径为 $2 \sim 3\mu m$ 的针尖）感触微观不平度的截面轮廓的方法，它实际上是一种接触式电测量方法。该方法所用测量仪器一般称为电动轮廓仪，其外形如图 5-35 所示。它可以测定 $Ra = 0.025 \sim 5\mu m$ 的表面。该方法测量快速可靠、操作简便，并易于实现自动测量和微机数据处理，但被测表面易被触针划伤。

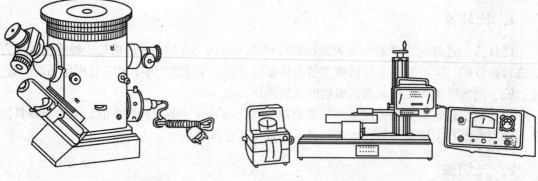

图 5-34　6JA 型干涉显微镜　　　　　　　　图 5-35　国产 BCJ-2 型电动轮廓仪

思考题与习题

一、填空题

1. 表面粗糙度是指_____所具有的_____和_____不平度。

2. 表面粗糙度代号在图样上应标注在_____、_____或其延长线上，符号的尖端必须从材料外指向并接触表面，代号中数字及符号的注写方向必须与_____一致。

3. 表面粗糙度的选用，应在满足表面功能要求的情况下，尽量选用_____的表面粗糙度数值。

4. 同一零件上，工作表面的粗糙度参数值_____非工作表面的粗糙度参数值。

5. 一般情况下表面粗糙度的评定长度等于取样长度的_____倍。

6. 表面粗糙度基准线包括轮廓_____和轮廓_____中线。

7. 轮廓算术平均偏差 Ra 是_____特征参数。

8. 轮廓支承长度率越大，表示表面零件承载面积_____。

9. 表面粗糙度参数值选用原则是，工作表面粗糙度参数应比_____。

10. 表面粗糙度代号标准时，符号的尖端必须从_____指向表面。

11. 评定长度是指_____，它可以包含_____个_____。

12. 测量表面粗糙度时，规定取样长度的目的在于_____。

二、判断题

1. 表面粗糙度反映的是零件被加工表面上微观几何形状误差，它是由机床几何精度方面的误差引起的。（　　）

2. 零件的尺寸公差等级越高，则该零件加工后表面粗糙度轮廓值越小，由此可知，表面粗糙度要求很小的零件，则其尺寸公差也必定很小。（　　）

3. 测量和评定表面粗糙度轮廓参数时，若零件表面的微观几何形状很均匀，则可以选取一个取样长度作为评定长度。（　　）

4. 表面粗糙度的 3 类特征评定参数中，最常采用的是高度特性参数。（　　）

5. 取样长度 lr 过短不能反映表面粗糙度的真实情况，因此越长越好。（　　）

6. 确定表面粗糙度时，通常可在 3 项高度特性方面的参数中选取。（　　）

7. 轮廓最大高度参数 Rz 对某些表面上不允许出现较深的加工痕迹和小零件的表面质量有实用意义。（　　）

8. 选择表面粗糙度评定参数值应尽量小好。（　　）

9. 零件的尺寸精度越高，通常其表面粗糙度值相应取得越小。（　　）

10. 摩擦表面应比非摩擦表面的表面粗糙度数值小。（　　）

11. 要求配合精度高的零件，其表面粗糙度数值应大。（　　）

12. Rz 参数由于测量点不多，因此在反映微观几何形状高度方面的特性不如 Ra 参数充分。（　　）

13. 同一表面 Ra 的值一定小于 Rz 值。（　　）

14. 评定表面粗糙度在高度方向上只有一个参数。（　　）

15. 零件表面粗糙度越小，则摩擦磨损越小。（　　）

三、选择题

1. 零件加工时产生表面粗糙度的主要原因是（　　）。

    A. 刀具装夹不准确而形成的误差

    B. 机床的几何精度方面的误差

    C. 机床—刀具—工件系统的振动、发热和运动不平衡

    D. 刀具和工件表面间的摩擦、切屑分离时表面层的塑性变形及工艺系统的高频振动

2. 通常情况下，表面粗糙度的波距（　　）。

    A. 大于 1mm   B. 小于 1mm   C. 1 ~ 10mm   D. 5 ~ 10mm

3. 表面粗糙度反映的是零件被加工表面的（　　）。

    A. 宏观几何形状误差   B. 微观几何形状误差

    C. 宏观相对位置误差   D. 微观相对位置误差

4. 表面粗糙度中，轮廓算术平均偏差的代号是（　　）。

    A. Rz B. Ry C. Sm D. Ra

5. 能较全面地反映表面微观几何形状特征的参数是（　　）。

    A. 轮廓算术平均偏差   B. 微观不平度十点高度

    C. 轮廓最大高度   D. 轮廓单峰平均间距

6. 用以判别具有表面粗糙度特征的一段基准线长度称为（　　）。

    A. 基本长度   B. 评定长度   C. 取样长度   D. 轮廓长度

7. 表面粗糙度数值越小，则零件的（　　）。

    A. 配合稳定性好   B. 抗疲劳强度差

    C. 传动灵敏性差   D. 加工容易

8. 按国标的规定，测量表面粗糙度轮廓幅度参数时标准评定长度为标准化的连续（　　）。

    A. 3 个取样长度   B. 4 个取样长度

    C. 5 个取样长度   D. 6 个取样长度

9. 表面粗糙度体现零件的（　　）。

    A. 尺寸误差   B. 宏观几何形状误差

    C. 微观几何形状误差   D. 形状误差

10. 选择表面粗糙度评定参数值时，下列论述正确的有（　　）。

A．同一零件上工作表面应比非工作表面参数值大

B．摩擦表面应比非摩擦表面的参数值小

C．配合质量要求高，参数值应小

D．尺寸精度要求高，参数值应小

E．承受交变载荷的表面，参数值应大

11．下列论述正确的有（　　）。

A．表面粗糙度属于表面微观性质的形状误差

B．表面粗糙度属于表面宏观性质的形状误差

C．表面粗糙度属于表面波纹度误差

D．经过磨削加工所得表面比车削加工所得表面的表面粗糙度值大

四、综合题

1．在一般情况下，$\phi 40H7$ 与 $\phi 60H7$ 两孔相比，$\phi 40\dfrac{H6}{f5}$ 与 $\phi 40\dfrac{H6}{s5}$ 中的两根轴相比，哪个应选用较小的粗糙度允许值？

2．将下列表面粗糙度的要求标注在图 5-36 上。

（1）ϕD_1 孔的表面粗糙度参数 Ra 的最大值为 3.2μm；

（2）ϕD_2 孔的表面粗糙度参数 Ra 的上、下限值应在 3.2～6.3μm；

（3）凸缘右端面采用铣削加工，表面粗糙度参数 Rz 的上限值为 12.5μm，加工纹理呈近似放射形；

（4）ϕd_1 和 ϕd_2 圆柱面表面粗糙度参数 Ry 的最大值为 25μm；

（5）其余表面的表面粗糙度参数 Ra 的最大值为 12.5μm。

3．将下列要求标注在图 5-37 上。

（1）直径为 $\phi 50mm$ 的圆柱外表面粗糙度 Ra 的上限允许值为 3.2μm；

（2）左端面的表面粗糙度 Ra 的允许值为 1.6μm；

（3）直径为 $\phi 50mm$ 圆柱右端面的表面粗糙度 Ra 的允许值为 3.2μm；

（4）内孔表面粗糙度 Rz 的允许值为 0.4μm；

（5）螺纹工作面的表面粗糙度 Ra 的最大值为 1.6μm，最小值为 0.8μm；

（6）其余各加工面的表面粗糙度 Ra 的允许值为 25μm。

加工面均采用去除材料法获得。

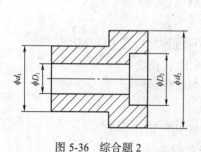

图 5-36　综合题 2

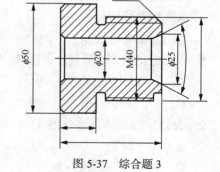

图 5-37　综合题 3

光滑工件尺寸检验与光滑极限量规

学习目标

1. 了解光滑工件尺寸的检验范围、验收原则及方法。
2. 掌握光滑工件尺寸验收极限的计算。
3. 学会计量器具的选择。
4. 了解光滑极限量规的概念。
5. 理解光滑极限量规的设计原理。
6. 学会工作量规极限偏差及工作尺寸的计算。

6.1 光滑工件尺寸检验

6.1.1 误收与误废

任何测量都存在测量误差。由于测量误差的存在，使我们在验收产品的时候会产生两种错误的判断：一是把超出公差界线的废品误判为合格品而接收，称为误收；二是将接近公差界限的合格品误判为废品而给予报废，称为误废。

例如，用示值误差为 $\pm 4m$ 的千分尺验收 $\phi 20h6\left(^{\ 0}_{-0.013}\right)$ 的轴颈时，可能的"误收""误废"区域分布如图 6-1 所示。如若以轴颈的上、下极限偏差 0 和 $-13m$ 作为验收极限，则在验收极限附近 $\pm 4m$ 的范围内可能会出现以下 4 种情况。

① 若轴颈的尺寸偏差为 $0\sim +4m$，大于最大

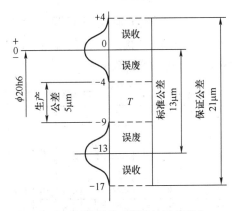

图 6-1 测量误差对测量结果的影响

极限尺寸，显然为不合格品，但此时恰巧受到千分尺的测量误差为–4m 的影响，使其读数值可能小于最大极限尺寸，而判为合格品，造成误收。

② 若轴颈的尺寸偏差为–4～0m，小于最大极限尺寸，显然为合格品，但此时恰巧受到千分尺的测量误差为+4m 的影响，使其读数值可能大于最大极限尺寸，而判为不合格品，造成误废。

③ 若轴颈的尺寸偏差为–13～–9m，大于最小极限尺寸，显然为合格品，但此时恰巧受到千分尺的测量误差为–4m 的影响，使其读数值可能小于最小极限尺寸，而判为不合格品，造成误废。

④ 若轴颈的尺寸偏差为–17～–13m，小于最小极限尺寸，显然为不合格品，但此时恰巧受到千分尺的测量误差为+4m 的影响，使其读数值可能大于最小极限尺寸，而判为合格品，造成误收。

显然，误收和误废不利于产品质量的提高和成本的降低。为了适当控制误废，尽量减少误收，国家标准 GB/T 3177—2009《光滑工件尺寸的检验》中规定："应只接收位于规定尺寸极限之内的工件"。根据这一原则，建立了在规定尺寸极限基础上的内缩的验收极限。

6.1.2　验收极限与安全裕度

国家标准规定的验收原则：所用验收方法应只接收位于规定的极限尺寸之内的工件，即允许有误废而不允许有误收。为了保证这个验收原则的实现，将误收减至最小，规定了验收极限，即采用安全裕度抵消测量的不确定度。

验收极限是指检验工件尺寸时判断合格与否的尺寸界限。国家标准规定，验收极限可以按照以下两种方法之一确定。

（1）方法一：验收极限是从图样上规定的最大极限尺寸和最小极限尺寸分别向工件公差带内移动一个安全裕度 A 来确定，如图 6-2 所示。所计算出的两极限值为验收极限（上验收极限和下验收极限），计算公式如下：

上验收极限=最大极限尺寸（D_{max}）–A

下验收极限=最小极限尺寸（D_{min}）+A

安全裕度 A 由工件公差确定，A 的数值取工件公差的 1/10，其数值见表 6-1。

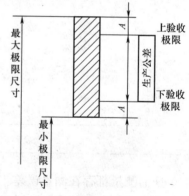

图 6-2　验收极限与安全裕度

表 6-1　　　　安全裕度（A）与计量器具的测量不确定度允许值（u_1）　　　　单位：μm

公差等级		IT6					IT7					IT8					IT9				
公称尺寸 /mm		T	A	u_1			T	A	u_1			T	A	u_1			T	A	u_1		
大于	至			Ⅰ	Ⅱ	Ⅲ			Ⅰ	Ⅱ	Ⅲ			Ⅰ	Ⅱ	Ⅲ			Ⅰ	Ⅱ	Ⅲ
—	3	6	0.6	0.54	0.9	1.4	10	1.0	0.9	1.5	2.3	14	1.4	1.3	2.1	3.2	25	2.5	2.3	3.8	5.6
3	6	8	0.8	0.72	1.2	1.8	12	1.2	1.1	1.8	2.7	18	1.8	1.6	2.7	4.1	30	3.0	2.7	4.5	6.8
6	10	9	0.9	0.81	1.4	2.0	15	1.5	1.4	2.3	3.4	22	2.2	2.0	3.3	5.0	36	3.6	3.3	5.4	8.1
10	18	11	1.1	1.0	1.7	2.5	18	1.8	1.7	2.7	4.1	27	2.7	2.4	4.1	6.1	43	4.3	3.9	6.5	9.7

公差等级	IT6					IT7					IT8					IT9				
公称尺寸/mm	T	A	u_1			T	A	u_1			T	A	u_1			T	A	u_1		
大于　至			I	II	III			I	II	III			I	II	III			I	II	III
18　30	13	1.3	1.2	2.0	2.9	21	2.1	1.9	3.2	4.7	33	3.3	3.0	5.0	7.4	52	5.2	4.7	7.8	12
30　50	16	1.6	1.4	2.4	3.6	25	2.5	2.3	3.8	5.6	39	3.9	3.5	5.9	8.8	62	6.2	5.6	9.3	14
50　80	19	1.9	1.7	2.9	4.3	30	3.0	2.7	4.5	6.8	46	4.6	4.1	6.9	10	74	7.4	6.7	11	17
80　120	22	2.2	2.0	3.3	5.0	35	3.5	3.2	5.3	7.9	54	5.4	4.9	8.1	12	87	8.7	7.8	13	20
120　180	25	2.5	2.3	3.8	5.6	40	4.0	3.6	6.0	9.0	63	6.3	5.7	9.5	14	100	10	9.0	15	23
180　250	29	2.9	2.6	4.4	6.5	46	4.6	4.1	6.9	10	72	7.2	6.5	11	16	115	12	10	17	26
250　315	32	3.2	2.9	4.8	7.2	52	5.2	4.7	7.8	12	81	8.1	7.3	12	19	130	13	12	19	29
315　400	36	3.6	3.2	5.4	8.1	57	5.7	5.1	8.4	13	89	8.9	8.0	13	20	140	14	13	21	32
400　500	40	4.0	3.6	6.0	9.0	63	6.3	5.7	9.5	14	97	9.7	8.7	15	22	155	16	14	23	35

公差等级	IT10					IT11					IT12				IT13			
公称尺寸/mm	T	A	u_1			T	A	u_1			T	A	u_1		T	A	u_1	
大于　至			I	II	III			I	II	III			I	II			I	II
—　3	40	4.0	3.6	6.0	9.0	60	6.0	5.4	9.0	14	100	10	9.0	15	140	14	13	21
3　6	48	4.8	4.3	7.2	11	75	7.5	6.8	11	17	120	12	11	18	180	18	16	27
6　10	58	5.8	5.2	8.7	13	90	9.0	8.1	14	20	150	15	14	23	220	22	20	33
10　18	70	7.0	6.3	11	16	110	11	10	17	25	180	18	16	27	270	27	24	41
18　30	84	8.4	7.6	13	19	130	13	12	20	29	210	21	19	32	330	33	30	50
30　50	100	10	9.0	15	23	160	16	14	24	36	250	25	23	38	390	39	35	59
50　80	120	12	11	18	27	190	19	17	29	43	300	30	27	45	460	46	41	69
80　120	140	14	13	21	32	220	22	20	33	50	350	35	32	53	540	54	49	81
120　180	160	16	15	24	36	250	25	23	38	56	400	40	36	60	630	63	57	95
180　250	185	18	17	28	42	290	29	26	44	65	460	46	41	69	720	72	65	110
250　315	210	21	19	32	47	320	32	29	48	72	520	52	47	78	810	81	73	120
315　400	230	23	21	35	52	360	36	32	54	81	570	57	51	80	890	89	80	130
400　500	250	25	23	38	56	400	40	36	60	90	630	63	57	95	970	97	87	150

由于验收极限向工件的公差带之内移动，为了保证验收时合格，在生产时工件不能按原有的极限尺寸加工，应按由验收极限所确定的范围生产，这个范围称为"生产公差"。

（2）方法二：验收极限也可以等于图样上规定的最大极限尺寸和最小极限尺寸，即 A 值等于0。

具体选择哪种方法，要结合工件尺寸功能的要求及其重要程度、尺寸公差等级、测量不确定度和工艺能力等因素综合考虑，一般原则如下。

（1）对遵循包容要求的尺寸，公差等级高的尺寸，其验收极限按方法一确定。

（2）对非配合尺寸和一般公差的尺寸，其验收极限按方法二确定。

6.1.3　计量器具的选择

计量器具的选用主要有以下3个原则。

1. $u_1' \leqslant u_1$ 原则

按照计量器具所引起的测量不确定度允许值 u_1 来选择计量器具，以保证测量结果的可靠性。常用的千分尺、游标卡尺、比较仪和指示表的不确定度 u_1' 值见表 6-2、表 6-3 和表 6-4。在选择计量器具时，应使所选用的计量器具的不确定度 u_1' 小于或等于计量器具不确定度允许值 u_1，即 $u_1' \leqslant u_1$。一般情况下，优先选用 I 档的 u_1 值。

表 6-2　　　　　　　　　　千分尺和游标卡尺的测量不确定度 u_1'　　　　　　　　　　单位：mm

尺寸范围		测量器具类型			
		分度值 0.01mm 外径千分尺	分度值 0.01mm 内径千分尺	分度值 0.02mm 游标卡尺	分度值 0.05mm 游标卡尺
大于	至	测量不确定度 u_1'			
0	50	0.004			
50	100	0.005	0.008	0.020	0.50
100	150	0.006			
150	200	0.007	0.013		
200	250	0.008			
250	300	0.009			
300	350	0.010			
350	400	0.011	0.020		0.100
400	450	0.012			
450	500	0.013	0.025		
500	600				
600	700		0.030		
700	1 000				0.150

注：采用比较测量法测量时，千分尺和游标卡尺的测量不确定度 u_1' 可减小至表中数值的 60%。

但是如果没有所选的精度高的仪器，或是现场器具的测量不确定度大于 u_1 值，可以采用比较测量法以提高现场器具的使用精度。

2. $0.4u_1' \leqslant u_1$ 原则

当使用形状与工件形状相同的标准器进行比较测量时，千分尺的测量不确定度 u_1' 降为原来的 40%。

3. $0.6u_1' \leqslant u_1$ 原则

当使用形状与工件形状不相同的标准器进行比较测量时，千分尺的测量不确定度 u_1' 降为原来的 60%，见表 6-3。

表 6-3　　　　　　　　　　比较仪的测量不确定度 u_1'　　　　　　　　　　单位：mm

尺寸范围		测量器具类型			
		分度值为 0.0005mm（相当于放大倍数 2 000 倍）的比较仪	分度值为 0.001mm（相当于放大倍数 1 000 倍）的比较仪	分度值为 0.002mm（相当于放大倍数 500 倍）的比较仪	分度值为 0.005mm（相当于放大倍数 250 倍）的比较仪
大于	至	测量不确定度 u_1'			
0	25	0.0006	0.0010	0.0017	0.0030
25	40	0.0007			
40	65	0.0008	0.0011	0.0018	
65	90				

尺寸范围		测量器具类型			
		分度值为 0.0005mm（相当于放大倍数 2 000 倍）的比较仪	分度值为 0.001mm（相当于放大倍数 1 000 倍）的比较仪	分度值为 0.002mm（相当于放大倍数 500 倍）的比较仪	分度值为 0.005mm（相当于放大倍数 250 倍）的比较仪
大于	至	测量不确定度 u_1'			
90	115	0.0009	0.0012	0.0019	
115	165	0.0010	0.0013		
165	215	0.0012	0.0014	0.0020	
215	265	0.0014	0.0016	0.0021	0.0035
265	315	0.0016	0.0017	0.0022	

注：测量时，使用的标准器由不多于 4 块的 1 级（或 4 等）量块组成。

表 6-4　　　　　　　　指示表的不确定度 u_1'　　　　　　　　单位：mm

尺寸范围		所使用的计量器具			
		分度值为 0.001mm 的千分表（0 级在全程范围内）（1 级在 0.2mm 内）分度值为 0.002mm 的千分表在 1 转范围内	分度值为 0.001mm、0.002mm、0.005mm、0.01mm 的千分表（1 级在全程范围内）分度值为 0.01mm 的百分表（0 级在任意 1mm 内）	分度值为 0.01mm 的百分表（0 级在全程范围内）（1 级在任意 1mm 内）	分度值为 0.01mm 的百分表（1 级在全程范围内）
大于	至	测量不确定度 u_1'			
0	25	0.005	0.010	0.018	0.030
25	40				
40	65				
65	90				
90	115				
115	165	0.006			
165	215				
215	265				
265	315				

注：测量时，使用的标准器由不多于 4 块的 1 级（或 4 等）量块组成。

选择计量器具除考虑测量不确定度外，还应考虑以下两点要求。

（1）选择计量器具应与被测工件的外形、位置、尺寸的大小及被测参数特性相适应，使所选计量器具的测量范围能满足工件的要求。

（2）选择计量器具应考虑工件的尺寸公差，使所选计量器具的不确定度值既能保证测量精度要求，又符合经济性要求。

6.1.4　光滑工件尺寸的检验实例

【例 6-1】试确定测量 $\phi75js8$（±0.023）Ⓔ轴时的验收极限，选择相应的计量器具，并分析该轴可否使用分度值为 0.01mm 的外径千分尺进行比较法测量验收。

解：（1）确定验收极限

$\phi75js8$（±0.023）Ⓔ轴采用包容要求，因此验收极限应按方法 1（即内缩方式）确定。从表 6-1 查得安全裕度 $A = 0.0046$mm。其上、下验收极限分别为

$$上验收极限 = D_{max} - A = 75.023 - 0.0046 = 75.0184(mm)$$
$$下验收极限 = D_{min} + A = 74.977 + 0.0046 = 74.9816(mm)$$

ϕ75js8（±0.023）Ⓔ轴的尺寸公差带及验收极限如图 6-3 所示。

（2）选择计量器具

由表 6-1 按优先选用 I 档的计量器具测量不确定度允许值的原则,确定 u_1 = 0.0041mm。

① 由表 6-3 选用分度值为 0.005mm 的比较仪,其测量不确定度 u_1' = 0.003mm<u_1,所以用分度值为 0.005mm 的比较仪能满足测量要求。

② 当没有比较仪时,由表 6-2 选用分度值为 0.01mm 的外径千分尺,其测量不确定度 u_1' = 0.005mm>u_1,显然用分度值为 0.01mm 的外径千分尺采用绝对测量法,不能满足测量要求。

③ 用分度值为 0.01mm 的外径千分尺进行比较测量,为了提高千分尺的测量精度,采用比较测量法,可使千分尺的测量不确定度降为原来的 40%（当使用的标准器形状与工件形状相同时）或 60%（当使用的标准器形状与工件形状不相同时）。在此,使用 75mm 量块组作为标准器（标准器形状与轴的形状不相同）,改绝对测量法为比较测量法,可使千分尺的测量不确定度由 0.005mm 减小到 0.005mm × 60% = 0.003mm,显然小于测量不确定度的允许值 u_1（即符合 $0.6u_1' \leqslant u_1$ 原则）。所以用分度值为 0.01mm 的外径千分尺进行比较测量,是能满足测量要求的。

结　论

若有比较仪,该轴可使用分度值为 0.005mm 的比较仪进行比较法测量验收;若没有比较仪,该轴还可以使用分度值为 0.01mm 的外径千分尺进行比较法测量验收。

【例 6-2】试确定测量ϕ35H12($^{+0.250}_{0}$)孔（非配合要求）的验收极限,并选择相应的计量器具。

解：（1）确定验收极限

ϕ35H12($^{+0.250}_{0}$)孔无配合要求,因此验收极限应按方法 2（即不内缩方式）确定。取安全裕度 A=0。其上、下验收极限分别为

$$上验收极限\ D_{max} = 35.250mm$$
$$下验收极限\ D_{min} = 35mm$$

ϕ35H12($^{+0.250}_{0}$)孔的尺寸公差带及验收极限如图 6-4 所示。

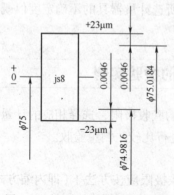

图 6-3　ϕ75js8 公差带及验收极限

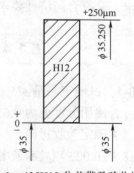

图 6-4　ϕ35H12 公差带及验收极限

（2）选择计量器具

由表 6-1 中查得 IT12 公差对应的 Ⅰ 档计量器具测量不确定度的允许值 u_1 为 0.023mm，由表 6-2 中查得分度值 0.02mm 的游标卡尺，其测量不确定度 u_1' 为 0.020mm，显然 $u_1' < u_1$。所以采用分度值为 0.02mm 的游标卡尺验收无配合要求的 $\phi35H12\ (^{+0.250}_{0})$ 孔是合适的。

6.2 光滑极限量规设计

6.2.1 光滑极限量规的概念

光滑极限量规（简称量规）是指具有以孔或轴的最大极限尺寸和最小极限尺寸为公称尺寸的标准测量面，能反映控制被测孔或轴的边界条件的无刻线长度测量器具。由于量规结构简单、使用方便、检验效率高、省时可靠，并能保证互换性，因此量规在生产中得到了广泛的应用，特别适合大批量生产的场合。

1. 量规的作用

光滑工件尺寸通常采用普通计量器具或用光滑极限量规检验。对于一个具体的零件，是选用计量器具还是选用光滑极限量规，要根据零件图样上遵守的公差原则来确定。当零件图上被测要素的尺寸公差和几何公差遵守独立原则时，该零件加工后的实际尺寸和形位误差采用通用计量器具来测量；当零件图上被测要素的尺寸公差和几何公差遵守相关原则（包容要求）时，应采用光滑极限量规来检验。

光滑极限量规是一种没有刻度的专用计量器具。用它检验零件时，不能测出零件上实际尺寸的具体数值，只能确定零件的实际尺寸是否在规定的两个极限尺寸范围内。因此，光滑极限量规都是成对使用，其中一个是通规（或通端），另一个是止规（或止端）。如图 6-5 所示，"通规"用来模拟最大实体边界，检验孔或轴的实体是否超越该理想边界；"止规"用来检验孔或轴的实际尺寸是否超越最小实体尺寸。因此，通规按被检工件的最大实体尺寸制造，止规按被检工件的最小实体尺寸制造。

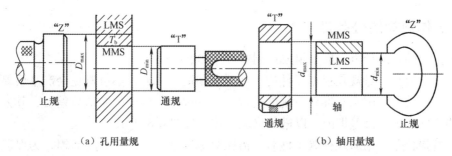

（a）孔用量规　　　　　　　　（b）轴用量规

图 6-5　光滑极限量规

光滑极限量规一般分为塞规和卡规（或环规）。检验孔的量规称为塞规，检验轴的量规称为卡规（或环规）。无论塞规和卡规都有通规和止规，且它们成对使用。通规用于控制被测工件的作用尺寸，止规用于控制被测工件的实际尺寸。

塞规的通规按被测孔的最大实体尺寸（D_{min}）制造，塞规的止规按被测孔的最小实体尺寸（D_{max}）制造。卡规的通规按被测轴的最大实体尺寸（d_{max}）制造，卡规的止规按被测轴的最小实体尺寸（d_{min}）制造。检验零件时如果通规能通过被检测零件，止规不能通过，表明该零件的作用尺寸和实际尺寸都在规定的极限尺寸范围之内，则该零件合格；反之，若通规不能通过被检验零件，或者止规能够通过被检测零件，则判定该零件不合格。

综上所述，量规是按检验工件的最大和最小实体尺寸制造的，即把工件的极限尺寸作为量规的基本尺寸，用以检验光滑圆柱工件是否合格，故称为"光滑极限量规"。不仅光滑圆柱工件可用极限量规来检验，其他一些内外尺寸（如槽宽、台阶高度、某些长度尺寸等）也可以用不同形式的极限量规来检验。

2. 量规的分类

光滑极限量规按用途可分为工作量规、验收量规和校对量规。

（1）工作量规是操作者在生产过程中检验零件用的量规，其通规和止规分别用 T 和 Z 表示。工作量规应该选用新的或磨损较少的量规，这样可以促使操作者提高加工精度，保证工件的合格率。

（2）验收量规是检验部门和用户代表验收产品时的量规。为了使更多的合格件验收，并减少验收纠纷，在标准中规定：检验员使用磨损较多的通规和接近最小实体尺寸的止规作为验收量规。

（3）校对量规只是用来校对轴用量规（卡规或环规）的量规，以发现卡规或环规是否已经磨损和变形。因为轴用工作量规在制造或使用过程中经常会发生碰撞、变形，且通规经常通过零件，容易磨损，所以轴用工作量规必须进行定期校对。孔用工作量规虽然也需定期校对，但能很方便地用通用量仪检测，故未规定专用的校对量规。校对量规分为 3 类：校对轴用量规通规的校对量规，称为校通—通量规，用代号 TT 表示；校对轴用量规通规是否达到磨损极限的校对量规，称为校通—损量规，用代号 TS 表示；校对轴用止规的校对量规，称为校止—通量规，用代号 ZT 表示。

6.2.2　光滑极限量规的公差带

1. 工作量规的公差带

工作量规的公差带由两部分组成：制造公差和磨损公差。

（1）制造公差。量规是根据工件的尺寸要求制造出来的，不可避免会产生误差，因此需要规定制造公差。国家标准对量规的通规和止规规定了相同的制造公差 T，其公差带均位于被测工件的尺寸公差带内，以避免出现误收，如图 6-6 所示。

（2）磨损公差。用通规检验工件时，需频繁地通过合格件，容易磨损，为保证通规有一个合理的使用寿命，通规的公差带距最大实体尺寸须有一段距离，即最小备磨量，其大小由图中通规公差带中心与工件最大实体尺寸之间的距离 Z 来确定，Z 为通规的位置要素。通规使用一段时间后，其尺寸由于磨损超过了被测工件的最大实体尺寸，通规即报废。用止规检验工件时，则不需要通过工件，因此不需要留备磨量。

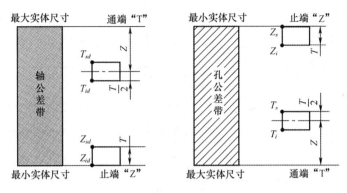

图 6-6   量规的公差带

制造公差 T 值或通规公差带位置要素 Z 值是综合考虑了量规的制造工艺水平和一定的使用寿命，按工件的基本尺寸和公差等级给出的，具体数值见表 6-6。

2. 验收量规的公差带

在国家标准中，没有单独规定验收量规公差带，但规定了检验部门应使用磨损较多的通规，用户代表应使用接近工件最大实体尺寸的通规，以及接近工件最小实体尺寸的止规。

3. 校对量规公差带

（1）轴用通规的校通—通量规 TT 的作用是防止轴用通规发生变形而尺寸过小。检验时，应通过被校对的轴用通规，它的公差带从通规的下偏差算起，向通规公差带内分布。

（2）轴用通规的校通—损量规 TS 的作用是检验轴用通规是否达到磨损极限，它的公差带从通规的磨损极限算起，向轴用通规公差带内分布。

（3）轴用止规的校止—通量规 ZT 的作用是防止止规尺寸过小。检验时，应通过被校对的轴用止规，它的公差带从止规的下偏差算起，向止规的公差带内分布。

规定校对量规的公差 T_p 等于工作量规公差的一半。

由图 6-6 所示的几何关系可以得出工作量规上、下偏差的计算公式，见表 6-5。

表 6-5 　　　　　　　　　　　　　工作量规极限偏差的计算

	检验孔的量规	检验轴的量规
通端上偏差	$T_s = \mathrm{EI} + Z + \dfrac{1}{2}T$	$T_{sd} = \mathrm{es} - Z + \dfrac{1}{2}T$
通端下偏差	$T_i = \mathrm{EI} + Z - \dfrac{1}{2}T$	$T_{id} = \mathrm{es} - Z - \dfrac{1}{2}T$
止端上偏差	$Z_s = \mathrm{ES}$	$Z_{sd} = \mathrm{ei} + T$
止端下偏差	$Z_i = \mathrm{ES} - T$	$Z_{id} = \mathrm{ei}$

GB/T 1957—2006 规定了基本尺寸至 500mm、公差等级 IT6 ~ IT16 的孔与轴所用的工作量规的制造公差 T 和通规位置要素 Z 值，见表 6-6。

表 6-6 IT6～IT16 级工作量规制造公差和位置要素值 单位：μm

工件基本尺寸 D/mm	IT6			IT7			IT8			IT9			IT10			IT11		
	IT6	T	Z	IT7	T	Z	IT8	T	Z	IT9	T	Z	IT10	T	Z	IT11	T	Z
≤3	6	1	1	10	1.2	1.6	14	1.6	2	25	2	3	40	2.4	4	60	3	6
3～6	8	1.2	1.4	12	1.4	2	18	2	2.6	30	2.4	4	48	3	5	75	4	8
6～10	9	1.4	1.6	15	1.8	2.4	22	2.4	3.2	36	2.8	5	58	3.6	6	90	5	9
10～18	11	1.6	2	18	2	2.8	27	2.8	4	43	3.4	6	70	4	8	110	6	11
18～30	13	2	2.4	21	2.4	3.4	33	3.4	5	52	4	7	84	5	9	130	7	13
30～50	16	2.4	2.8	25	3	4	39	4	6	62	5	8	100	6	11	160	8	16
50～80	19	2.8	3.4	30	3.6	4.6	46	4.6	7	74	6	9	120	7	13	190	9	19
80～120	22	3.2	3.8	35	4.2	5.4	54	5.4	8	87	7	10	140	8	15	220	10	22
120～180	25	3.8	4.4	40	4.8	6	63	6	9	100	8	12	160	9	18	250	12	25
180～250	29	4.4	5	46	5.4	7	72	7	10	115	9	14	185	10	20	290	14	29
250～315	32	4.8	5.6	52	6	8	81	8	11	130	10	16	210	12	22	320	16	32
315～400	36	5.4	6.2	57	7	9	89	9	12	140	11	18	230	14	25	360	18	36
400～500	40	6	7	63	8	10	97	10	14	155	12	20	250	16	28	400	20	40

工件基本尺寸 D/mm	IT12			IT13			IT14			1T15			IT16		
	IT12	T	Z	IT13	T	Z	IT14	T	Z	IT15	T	Z	IT16	T	Z
≤3	100	4	9	140	6	14	250	9	20	400	14	30	600	20	40
3～6	120	5	11	180	7	16	300	11	25	480	16	35	750	25	50
6～10	150	6	13	220	8	20	360	13	30	580	20	40	900	30	60
10～18	180	7	15	270	10	24	430	15	35	700	24	50	1100	35	75
18～30	210	8	18	330	12	28	520	18	40	840	28	60	1300	40	90
30～50	250	10	22	390	14	34	620	22	50	1000	34	75	1600	50	110
50～80	300	12	26	460	16	40	740	26	60	1200	40	90	1900	60	130
80～120	350	14	30	540	20	46	870	30	70	1400	46	100	2200	70	150
120～180	400	16	35	630	22	52	1000	35	80	1600	52	120	2500	80	180
180～250	460	18	40	720	26	60	1150	40	90	1850	60	130	2900	90	200
250～315	520	20	45	810	28	66	1300	45	100	2100	66	150	3200	100	220
315～400	570	22	50	890	32	74	1400	50	110	2300	74	170	3600	110	250
400～500	630	24	55	970	36	80	1550	55	120	2500	80	190	4000	120	280

6.2.3 工作量规的设计

工作量规的设计就是根据工件图样上的要求，设计出能够把工件尺寸控制在允许的公差范围内的适用的量具。量规设计包括选择量规结构形式、确定量规结构尺寸、计算量规工作尺寸以及绘制量规工作图。

1. 量规的设计原则及其结构

光滑极限量规的设计应遵守极限尺寸判断原则（泰勒原则），即工件的体外作用尺寸（D_{fe}、d_{fe}）不超越最大实体尺寸（MMS），工件的实际尺寸（D_a、d_a）不超越最小实体尺寸（LMS）。

对于孔工件应满足：$D_{fe} \geq D_{min} = D_M$，$D_a \leq D_{max} = D_L$。

对于轴工件应满足：$d_{fe} \leq d_{max} = d_M$，$d_a \geq d_{min} = d_L$。

光滑极限量规的设计要求：使通规具有 MMS 边界的形状（全形通规），使止规具有与被测孔、轴成两个点接触的形状（两点式止规）。但在实际设计中，允许光滑极限量规偏离泰勒原则（如采用非全形通规，或允许量规长度不够等）。在这种情况下，使用光滑极限量规应注意操作的正确性（非全形通规应旋转）。

图 6-7 和图 6-8 所示分别为常用塞规和卡规的结构种类。在设计光滑极限量规时，可以根据需要选用合适的结构。

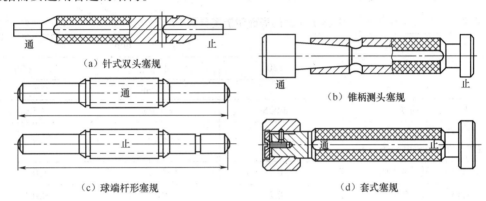

（a）针式双头塞规　　　　　　（b）锥柄测头塞规

（c）球端杆形塞规　　　　　　（d）套式塞规

图 6-7　常用塞规的结构

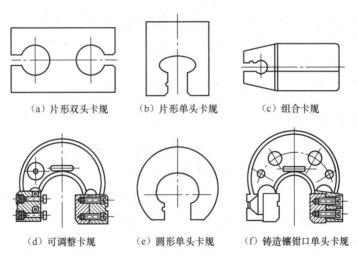

（a）片形双头卡规　　　（b）片形单头卡规　　　（c）组合卡规

（d）可调整卡规　　　（e）圆形单头卡规　　　（f）铸造镶钳口单头卡规

图 6-8　常用卡规的结构

2．量规的技术要求

（1）材料

① 量规可用合金工具钢、碳素工具钢及硬质合金等尺寸稳定且耐磨的材料制造，也可用普通低碳钢表面镀铬氮化处理，其厚度应大于磨损量。

② 量规工作面的硬度对量规的使用寿命有直接影响。钢制量规测量面的硬度为58～65HRC，并应经过稳定性处理，如回火、时效等，以消除材料中的内应力。

③ 量规工作面不应有锈迹、毛刺、黑斑、划痕等明显影响使用质量的缺陷，非工作表

面不应有锈蚀和裂纹。

（2）几何公差

量规的几何公差与量规的尺寸公差之间的关系，应遵守包容原则，即量规的几何公差应在量规的尺寸公差范围内，并规定量规几何公差为量规尺寸公差的 50%。考虑到制造和测量的困难，当量规尺寸公差小于 0.002mm 时，其几何公差取为 0.001mm。

（3）表面粗糙度

根据工件尺寸公差等级的高低和基本尺寸的大小，工作量规测量面的表面粗糙度参数 Ra 通常为 0.025mm～0.4μm，具体如表 6-7 所示。

表 6-7　　　　　　　　　　量规测量面的表面粗糙度参数 Ra 值

工 作 量 规	工件基本尺寸/mm		
	≤120	120～315	315～500
	Ra/μm		
IT6 级孔用量规	≤0.025	≤0.05	≤5.1
IT6～IT9 级轴用量规 IT7～IT9 级孔用量规	≤0.05	≤0.1	≤0.2
IT10～IT12 级孔、轴用量规	≤0.1	≤0.2	≤0.4
IT13～IT16 级孔、轴用量规	≤0.2	≤0.4	≤0.4

（4）其他要求

① 量规的测头与手柄的连接应牢固可靠，在使用过程中不应松动。

② 量规必须打上清晰的标记，主要有：

a. 被检验孔、轴的基本尺寸和公差带代号；

b. 量规的用途代号："T" 表示通规代号；"Z" 表示止规代号。

3. 工作量规设计实例

【例 6-3】设计检验孔 $\phi30H8Ⓔ$ 用的工作量规和检验轴 $\phi30f7Ⓔ$ 用的工作量规。

解：（1）查标准公差数值表、孔轴基本偏差表得到：

$$\phi30H8\left(^{+0.033}_{0}\right),\ \phi30f7\left(^{-0.020}_{-0.041}\right)$$

（2）查表 6-6 得到工作量规的制造公差 T 和位置要素 Z：

塞规制造公差 T = 0.0034mm；

塞规位置要素 Z = 0.005mm；

塞规形状公差 $T/2$ = 0.0017mm；

卡规制造公差 T = 0.0024mm；

卡规位置要素 Z = 0.0034mm；

卡规形状公差 $T/2$ = 0.0012mm。

（3）画出孔、轴及量规公差带图，如图 6-9 所示。

（4）计算工作量规的极限偏差。

① $\phi30H8$ 孔用塞规。

通规（T）：

$$上偏差 = \mathrm{EI} + Z + T/2 = 0 + 0.005 + 0.0017 = +0.0067(\mathrm{mm})$$
$$下偏差 = \mathrm{EI} + Z - T/2 = 0 + 0.005 - 0.0017 = +0.0033(\mathrm{mm})$$
$$磨损极限 = \mathrm{EI} = 0$$

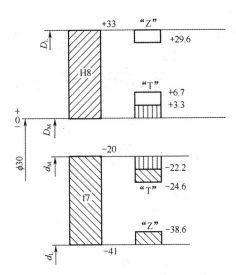

图 6-9 ϕ30H8 和 ϕ30f7 工作量规公差带

止规（Z）：

$$上偏差 = \mathrm{ES} = +0.033\mathrm{mm}$$
$$下偏差 = \mathrm{ES} - T = +0.033 - 0.0034 = +0.0296(\mathrm{mm})$$

② ϕ30f7 轴用卡规。

通规（T）：

$$上偏差 = \mathrm{es} - Z + T/2 = -0.020 - 0.0034 + 0.0012 = -0.0222(\mathrm{mm})$$
$$下偏差 = \mathrm{es} - Z - T/2 = -0.020 - 0.0034 - 0.0012 = -0.0246(\mathrm{mm})$$
$$磨损极限 = \mathrm{es} = -0.020\mathrm{mm}$$

止规（Z）：

$$上偏差 = \mathrm{ei} + T = -0.041 + 0.0024 = -0.0386(\mathrm{mm})$$
$$下偏差 = \mathrm{ei} = -0.041\mathrm{mm}$$

（5）尺寸标注（两种方法等效，任选一种）。

① 孔用塞规。

ϕ30H8 通规：$\phi 30^{+0.0067}_{+0.0033}$ 或 $\phi 30.0067^{\ 0}_{-0.0034}$。

ϕ30H8 止规：$\phi 30^{+0.0330}_{+0.0296}$ 或 $\phi 30.033^{\ 0}_{-0.0034}$。

② 轴用塞规。

ϕ30f7 通规：$\phi 30^{-0.0222}_{-0.0246}$ 或 $\phi 29.9754^{+0.0024}_{0}$。

ϕ30f7 止规：$\phi 30^{-0.0386}_{-0.0410}$ 或 $\phi 29.959^{+0.0024}_{0}$。

两种标注方法：一种是按照工件基本尺寸为量规的基本尺寸，再标注量规的上、下偏差，如上述标注方法中的第一种；另一种是所谓的"入体原则"，塞规按轴的公差 h 标上、下偏差，卡规（环规）按孔的公差 H 标上、下偏差，即用量规的最大实体尺寸为基本尺寸来标注，此时所标注偏差的绝对值即为量规的制造公差。在实际生产中推荐使用该种方法。

（6）画出量规工作简图，如图 6-10 所示。

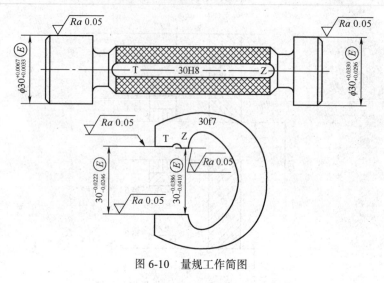

图 6-10　量规工作简图

6.2.4　用量规检验工件尺寸

1. 量规

量规是一种没有刻线的专用量具。量规结构简单，通常为具有准确尺寸和形状的实体，如圆锥体、圆柱体、块体平板（量块、角度量块、平板、平晶）、尺（直尺、平尺、塞尺）和螺纹件等。常用的量规按被测工件的不同，可分为光滑极限量规（检测孔、轴用的量规）、直线尺寸量规（分高度量规、深度量规）、圆锥量规（正弦规）、螺纹量规、花键量规等。

2. 检验方法

用量规检验工件通常有以下 4 种方法。

① 通止法：利用量规的通端和止端控制工件尺寸使之不超出公差带；

② 着色法：在量规工作表面上涂上一薄层颜料，用量规表面与被测表面研合，被测表面的着色面积大小和分布不均匀程度表示其误差；

③ 光隙法：使被测表面与量规的测量面接触，后面放光源或采用自然光，根据透光的颜色可判断间隙大小，从而表示被测尺寸、形状或位置误差的大小；

④ 指示表法：利用量规的准确几何形状与被测几何形状比较，以百分表或测微仪等指示被测几何形状误差。

其中，利用通止法检验的量规称为极限量规。极限量规因其使用方便，检验效率高，结果可靠，在大批量生产中应用十分广泛。本次实验就是采用光滑极限量规（孔用塞规、轴用卡规）测量工件尺寸，量规结构如图 6-11 所示。

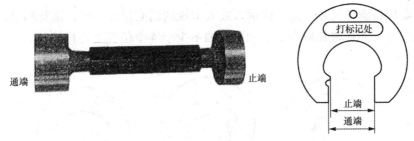

图 6-11 光滑极限量规结构

3. 操作步骤

量规是一种精密测量器具，使用量规过程中要与工件多次接触，如何保持量规的精度，提高检验结果的可靠性，这与操作者的关系很大，因此必须合理正确地使用量规。量规的正确使用方法如图 6-12 所示。

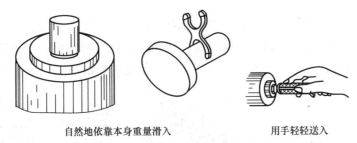

图 6-12 量规的正确使用方法

（1）使用前要进行核对，看这个量规是不是与以前的检验出厂和公差相符，以免发生差错。

（2）用清洁的细棉纱或软布把量规的工作表面和工件擦干净，允许在工件表面上涂一层薄油，以减少磨损。

（3）用塞规检测孔尺寸。将塞规的通端测量面垂直插入工件内孔进行测量；再将塞规的止端测量面垂直插入工件内孔进行测量，如图 6-13 所示。塞规通端要在孔的整个长度上检验，而且还要在 2 个或 3 个轴向平面内检验；塞规止端要尽可能在孔的两端进行检验。

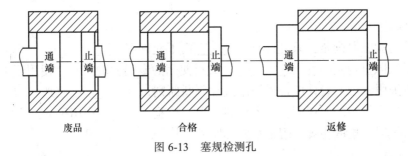

图 6-13 塞规检测孔

工件合格性判断方法如下。

① 如工件顺利通过量规两个规测量面，则工件为不合格。

② 如工件通过通端测量面，而不通过止端，则工件为合格。

③ 如工件没有通过量规两个测量面，则工件为不合格，但可以返修。

（4）用卡规检测轴尺寸。将工件垂直放入卡规的两测量面之间，进行测量，如图 6-14 所示。卡规的通端和止端都应在沿轴和围绕轴不少于 4 个位置上进行检验。工件合格性判断同步骤（3）。

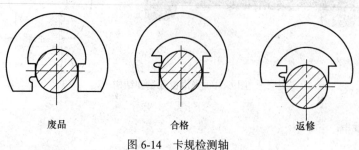

废品　　　　　合格　　　　　返修

图 6-14　卡规检测轴

（5）将测量结果填入实训报告中，做出合格性结论。

4. 注意事项

不要用量规去检验表面粗糙和不清洁的工件。测量时，位置必须放正，不能歪斜，否则检验结果不会可靠；被测工件与量规温度一致时，才能进行检验；量规检验时，要轻卡轻塞，不可硬卡硬塞，不能用力推入，不能旋入。量规的错误使用方法如图 6-15 所示。

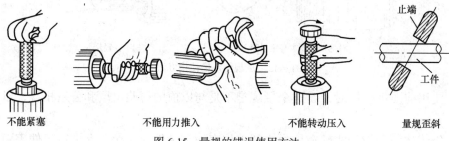

不能紧塞　　　　　　不能用力推入　　　　　不能转动压入　　　　量规歪斜

图 6-15　量规的错误使用方法

思考题与习题

一、填空题

1. 工件的验收原则是：只允许有_____而不允许有_____。
2. 光滑极限量规是一种无_____，成对使用的专用检验工具，使用于大批量生产。
3. 光滑极限量规的设计应遵循极限尺寸判断原则，即_____原则。
4. 光滑极限量规的通规模拟最大实体边界，检验_____作用尺寸。
5. 光滑极限量规的止规体现最小实体尺寸，检验_____尺寸。

二、判断题

1. 测量多用于零件的要素遵守独立原则时；检验多用于零件的要素遵守相关要求时。（　　）

2. 由于任何测量过程都存在着测量误差，因而无论采取何种测量方法，在测量过程中都必定会出现误收和误废。（　　）

3. 生产公差是在生产中采用的公差，为了保证零件的误差不超出公差范围，采用的生产公差越大越好。（　　）

4. 通规控制工件的体外作用尺寸不超出最大实体尺寸，止规控制工件的局部实际尺寸不超出最小实体尺寸。（　　）

5. 光滑极限量规须成对使用，只有在通规通过工件的同时止规又不通过工件，才能判断工件是合格的。（　　）

6. 用光滑极限量规检验工件时，只要通规能通过被检工件，就能保证工件的可装配性，该工件则合格。（　　）

7. 光滑极限量规由于检验效率较高，因而适合大批量生产的场合。（　　）

三、选择题

1. 测量轴用量规称作（　　）。

　　A. 卡规　　　　　　B. 塞规　　　　　　C. 通规　　　　　　D. 止规

2. 测量孔用量规称作（　　）。

　　A. 卡规　　　　　　B. 塞规　　　　　　C. 通规　　　　　　D. 止规

3. 国标规定的工件验收原则是（　　）。

　　A. 可以误收　　　　　　　　　　B. 不准误废

　　C. 允许误废不准误收　　　　　　D. 随便验收

4. 工件验收时的安全原则（　　）。

　　A. 越大越好　　B. 越小越好　　C. 任意确定　　D. 遵守国标规定

5. 光滑极限量规（　　）。

　　A. 无刻度　　　B. 有刻度　　　C. 单件生产用　　D. 检验孔专用

6. 光滑极限量规应做成（　　）。

　　A. 片形长规　　B. 圆柱形长规　　C. 可调长规　　D. 视实际情况定

7. 工件量规中止规体现（　　）。

　　A. 最大实体尺寸　B. 最小实体尺寸　C. 最大型位公差　D. 最小几何公差

四、综合题

1. 用普通计量器具测量以下孔和轴时，试分别确定它们的安全裕度、验收极限以及使用的计量器具的名称和分度值：

（1）$\phi150h11$；（2）$\phi140H10$；（3）$\phi35e9$；（4）$\phi95p6$。

2. 零件图样上被测要素的尺寸公差和几何公差按哪种公差原则标注时，才能使用光滑极限量规检验，为什么？

4. 用光滑极限量规检验工件时，通规和止规分别用来检验什么尺寸？被检测的工件合格的条件是什么？

5. 光滑极限量规的通规和止规的形状各有何特点？为什么应具有这样的形状？

6. 设计光滑极限量规时，应遵守极限尺寸判断原则（泰勒原则）的规定，试述（1）泰勒原则的内容；（2）包容原则和泰勒原则的异同。

7. 光滑极限量规的通规和止规的尺寸公差带是如何配置的？

8. 试计算$\phi45H7$孔的工作量规和$\phi45k6$轴的工作量规工作部分的极限尺寸，并画出孔、轴工作量规的尺寸公差带图。

第7章

圆锥的互换性与检测

学习目标

1. 掌握圆锥公差配合的术语、定义及配合特点。

2. 掌握圆锥直径公差、给定截面圆锥角直径公差、圆锥角公差、圆锥形状公差 4 个项目及选用。

3. 掌握对圆锥工件的常用测量方法。

7.1

概述

7.1.1 圆锥配合的特点

影响圆锥配合的互换性的因素除直径外，还有圆锥角，因此圆锥配合有圆柱配合不可替代的特点，归纳起来有以下 4 个方面：密封性能好、对中性能高、自锁性能强、间隙可以调整。

图 7-1 所示为磨床砂轮主轴的圆锥轴颈与滑动轴承的配合，该配合的特点是相互结合的内、外圆锥能相对运动，故间隙大小可以调整。

图 7-2 所示为内燃机中凸轮配气机构，其中，气门与气门座的配合采用了成对研磨的圆锥面，使得该配合具有良好的对中性和密封性。

图 7-3 所示为铰刀的浮动连接，其中，过渡套筒与车床尾座套筒的配合具有自锁性，且铰刀尾柄与活动锥套的过盈量大小可以调节，用以传递扭矩。

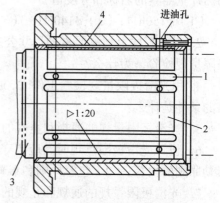

图 7-1　可调整间隙的滑动轴承

1—回油槽　2—油囊　3—主轴　4—动压轴承

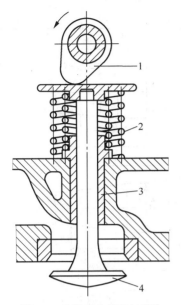

图 7-2　内燃机凸轮配气机构

1—凸轮　2—弹簧　3—导套　4—气门

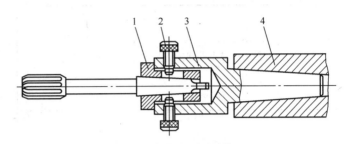

图 7-3　铰刀的浮动连接

1—浮动锥套　2—螺钉　3—过渡套筒　4—车床尾座套筒

7.1.2　圆锥的术语及定义（GB/T 15754—1995）

圆锥分内圆锥（圆锥孔）和外圆锥（圆锥轴）两种，主要几何参数如图 7-4 所示。

（1）圆锥角。在通过圆锥轴线的截面内，两条素线间的夹角，称为圆锥角 α。

（2）圆锥直径。圆锥在垂直于轴线的截面上的直径。常用的圆锥直径有最大圆锥直径 D、最小圆锥直径 d、给定截面处圆锥直径 d_x。

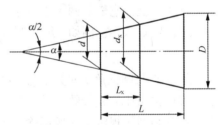

图 7-4　圆锥的主要几何参数

（3）圆锥长度。它指圆锥的最大直径截面与最小圆锥直径截面之间的轴向距离，用符号 L 表示。给定截面与基准端面之间的距离，用符号 L_x 表示。

在零件图样上，对圆锥只要标注一个圆锥直径（D、d 或 d_x）、圆锥角 α 和圆锥长度（L 或 L_x），或者标注最大与最小圆锥直径 D、d 和圆锥长度 L，见表 7-1，则该圆锥就被完全确定了。

表 7-1　　　　　　　　　　　　　　　圆锥尺寸标注

标 注 方 法	图　例
由最大端圆锥直径 D、圆锥角 α 和圆锥长度 L 组合	
由最小端圆锥直径 d、圆锥角 α 和圆锥长度 L 组合	

标 注 方 法	图 例
由给定截面处直径 d_x、圆锥角 α、给定截面的长度 L_x 和圆锥总长度 L' 组合	
由最大端圆锥直径 D、最小端圆锥直径 ϕd 及圆锥长度 L 组合	
增加附加尺寸 $\dfrac{\alpha}{2}$，此时 $\dfrac{\alpha}{2}$ 应加括号作为参考尺寸	

（4）锥度。它表示两个垂直于圆锥轴线截面的圆锥直径之差与该两截面的轴向距离之比，用符号 C 表示。例如，最大圆锥直径 D 与最小圆锥直径 d 之差对圆锥长度 L 之比，即

$$C = (D - d)/L \tag{7-1}$$

锥度 C 与圆锥角 α 的关系为：$C = 2\tan(\alpha/2) = 1{:}\cot(\alpha/2)/2$。

锥度常用比例或分数表示，例如 $C = 1{:}20$ 或 $C = 1/20$ 等。GB/T 157—2001《圆锥的锥度和锥角系列》规定了一般用途的锥度与圆锥角系列（见表 7-2）和特殊用途的锥度与圆锥角系列（见表 7-3），它们只适用于光滑圆锥。

表 7-2　　　　　　　　　　　　一般用途圆锥的锥度与锥角

基本值		推算值		基本值		推算值	
系列 1	系列 2	圆锥角 α		锥度 C	系列 1	系列 2	圆锥角 α	锥度 C
120°	—	—	1:0.288675		1:8	7°9′9.6″	7.152 669°	—
90°	—	—	1:0.500000	1:10		5°43′29.3″	5.724 810°	—
	75°	—	—	1:0.651613		1:12	4°46′8.8″	4.771 888°	—
60°	—	—	1:0.866025		1:15	3°49′5.9″	3.818 305°	—
45°	—	—	1:1.207107	1:20		2°51′51.1″	2.864 192°	—
30°	—	—	1:1.866025	1:30		1°54′34.9″	1.909 683°	—
1:3		18°55′28.7″	18.924644°	—		1:40	1°25′56.4″	1.432 320°	—
	1:4	14°15′0.1″	14.250033°	—	1:50		1°8′45.2″	1.145 877°	—
1:5		11°25′16.3″	11.421186°	—	1:100		0°34′22.6″	0.572 953°	—
	1:6	9°31′38.2″	9.527283°	—	1:200		0°17′11.3″	0.286 478°	—
	1:7	8°10′16.4″	8.171234°	—	1:500		0°6′52.5″	0.114 692°	—

表 7-3   特殊用途圆锥的锥度与锥角

锥度 C	圆锥角 α		适用
7:24(1:3.429)	16°35′39.4″	16.594 290°	{ 机床主轴 { 工具配合
1:19.002	3°0′53″	3.014 554°	莫氏锥度 No.5
1:19.180	2°59′12″	2.986 590°	莫氏锥度 No.6
1:19.212	2°58′54″	2.981 618°	莫氏锥度 No.0
1:19.254	2°58′31″	2.975 117°	莫氏锥度 No.4
1:19.922	2°52′32″	2.875 402°	莫氏锥度 No.3
1:20.020	2°51′41″	2.861 332°	莫氏锥度 No.2
1:20.047	2°51′26″	2.857 480°	莫氏锥度 No.1

在零件图样上，锥度用特定的图形符号和比例（或分数）来标注，见表7-4。

表 7-4   标注方法

标注方法	图例
由锥度 C、最大端圆锥直径 D 及圆锥长度 L 组合	
由锥度 C、最小端圆锥直径 d 及圆锥长度 L 组合	
由锥度 C、给定截面处直径 d_x、给定截面长度 L_x 及圆锥总长度 L' 组合	
采用莫氏锥度时，用相应标准中规定的标记表示	

在图样上标注了锥度，就不必标注圆锥角，两者不应重复标注。

7.1.3 圆锥公差的术语及定义（GB/T 11334—2005）

1. 公称圆锥

公称圆锥指设计时给定的圆锥，它是一种理想形状的圆锥。公称圆锥可以由一个公称圆锥直径、公称圆锥角（或公称锥度）和公称圆锥长度 3 个基本要素确定。

2. 实际圆锥

实际圆锥为实际存在并与周围介质分隔可通过测量得到的圆锥，如图 7-5 所示。在实际圆锥上测量得到的直径称为实际圆锥直径 d_a。在实际圆锥的任一轴截面内，分别包容圆锥上对应两条实际素线且距离为最小的两对平行直线之间的夹角称为实际圆锥角 α_a，在不同的轴向截面内的实际圆锥角不一定相同。

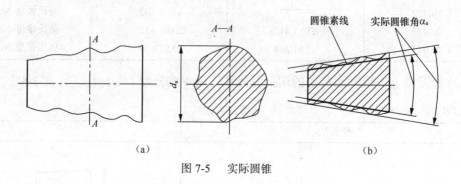

图 7-5　实际圆锥

3. 极限圆锥和极限圆锥直径

与公称圆锥共轴且圆锥角相等、直径分别为上极限直径和下极限直径的两个圆锥称为极限圆锥，如图 7-6 所示。在垂直于圆锥轴线的所有截面上，这两个圆锥的直径差都相等。直径为上极限直径的圆锥称为上极限圆锥，直径为下极限直径的圆锥称为下极限圆锥。垂直于圆锥轴线的截面上的直径称为极限圆锥直径，如图 7-6 所示 D_{max}、D_{min} 和 d_{max}、d_{min}。

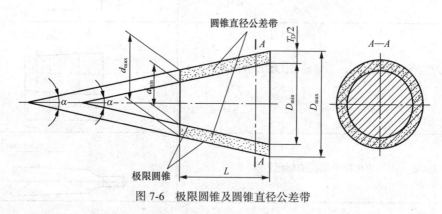

图 7-6　极限圆锥及圆锥直径公差带

4. 圆锥直径公差和圆锥直径公差区

圆锥直径允许的变动量称为圆锥直径公差，用符号 T_D 表示（见图 7-6），圆锥直径公差在整个圆锥长度内都适用。两个极限圆锥所限定的区域称为圆锥直径公差区。T_D 是绝对值。

5. 给定截面圆锥直径公差和给定截面圆锥直径公差区

在垂直于圆锥轴线的给定的圆锥截面内，圆锥直径的允许变动量称为给定截面圆锥直径公差，用符号 T_{DS} 表示，如图 7-7 所示。它仅适用于该给定截面。在给定圆锥截面内，由两个同心圆所限定的区域为给定截面圆锥直径公差区。

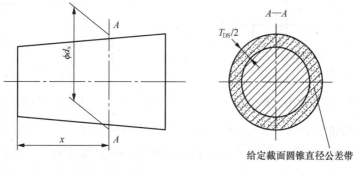

图 7-7　给定截面圆锥直径公差区

6. 极限圆锥角、圆锥角公差和圆锥角公差区

允许的上极限或下极限圆锥角称为极限圆锥角，它们分别用符号 α_{max} 和 α_{min} 表示，如图 7-8 所示。圆锥角公差是指圆锥角的允许变动量。当圆锥角以弧度或角度为单位时，用符号 AT_α 表示；以长度为单位时，用符号 AT_D 表示。极限圆锥角 α_{max} 和 α_{min} 限定的区域称为圆锥角公差区。AT（AT_α、AT_D）为绝对值。

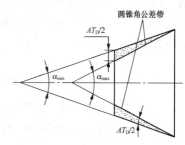

图 7-8　极限圆锥角和圆锥角公差带

7.1.4　圆锥配合的术语及定义（GB/T 12360—2005）

1. 圆锥配合

公称圆锥相同的内、外圆锥直径之间，由于结合不同所形成的相互关系称为圆锥配合。圆锥配合分为以下 3 种：具有间隙的配合称为间隙配合，它主要用于有相对运动的圆锥配合中，如车床主轴的圆锥轴颈与滑动轴承的配合；具有过盈的配合称为过盈配合，它常用于定心传递转矩，如带柄铰刀、扩孔钻的锥柄与机床主轴锥孔的配合；可能具有间隙或过盈的配合称为过渡配合，其中要求内、外圆锥紧密接触，间隙为零或稍有过盈的配合称为紧密配合，它用于对中定心或密封。为了保证良好的密封性，通常将内、外锥面成对研磨，此时相配合的零件无互换性。

2. 圆锥配合的形成

圆锥配合的配合特征是通过规定相互结合的内、外锥的轴向相对位置形成间隙或过盈的。按其圆锥轴向位置的不同方法，圆锥配合的形成有以下两种方式。

（1）结构型圆锥配合。它是由内、外圆锥的结构或基面距（内、外圆锥基准平面之间的距离）确定它们之间最终的轴向相对位置，并因此获得指定配合性质的圆锥配合。

例如，图 7-9 所示为由内、外圆锥的轴肩接触得到的间隙配合，图 7-10 所示为由保证基面距 a 得到过盈配合的示例。

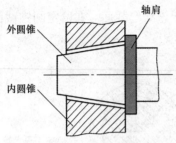

图 7-9　由结构形成的圆锥间隙配合

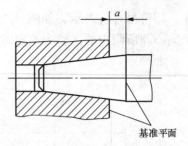

图 7-10　由基面距形成的圆锥过盈配合

（2）位移型圆锥配合。它是由内、外圆锥实际初始位置（P_a）开始，做一定的相对轴向位移（E_a）或施加一定的装配力产生轴向位移而获得的圆锥配合。

例如，图 7-11 所示为在不受力的情况下，内、外圆锥相接触，由实际初始位置 P_a 开始，内圆锥向左做轴向位移 E_a，到达终止位置 P_f 而获得的间隙配合。图 7-12 所示为由实际初始位置 P_a 开始，对内圆锥施加一定的装配力，使内圆锥向右产生轴向位移 E_a，到达终止位置 P_f 而获得的过盈配合。

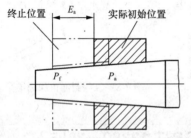

图 7-11　由相对轴向位移形成圆锥间隙配合

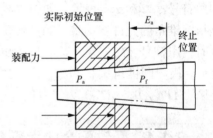

图 7-12　由施加一定装配力形成的圆锥过盈配合

应当指出，结构型圆锥配合由内、外圆锥直径公差带决定其配合性质；位移型圆锥配合由内、外圆锥相对轴向位移（E_a）决定其配合性质。

3. 位移型圆锥配合的初始位置和极限初始位置

在不施加力的情况下，相互结合的内、外圆锥表面接触时的轴向位置称为初始位置，如图 7-13 所示。

初始位置所允许的变动界限称为极限初始位置。其中一个极限初始位置为最小极限内圆锥与最大极限外圆锥接触时的位置 P_1；另一极限初始位置为最大极限内圆锥与最小极限外圆锥接触时

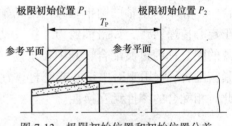

图 7-13　极限初始位置和初始位置公差

的位置 P_2。实际初始位置必须位于极限初始位置的范围内。初始位置公差 T_P 表示初始位置的允许范围，即

$$T_P = 1/C(T_{Di} + T_{De}) \qquad （7-2）$$

式中，C——锥度；

T_{Di}（T_{De}）——内（外）圆锥的直径公差。

4. 极限轴向位移和轴向位移公差

相互结合的内、外圆锥从实际初始位置到终止位置的距离所允许的界限称为极限轴向位移。得到最小间隙 S_{min} 或最小过盈 δ_{min} 的轴向位移称为最小轴向位移 E_{min}；得到最大间隙 S_{max} 或最大过盈 δ_{max} 的轴向位移称为最大轴向位移 E_{max}。实际轴向位移应在 $E_{min} \sim E_{max}$ 范围内，如图 7-14 所示。

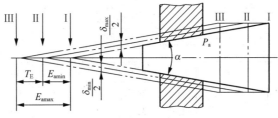

图 7-14　轴向位移及其公差

轴向位移的变动量称为轴向位移公差 T_E，它等于最大轴向位移与最小轴向位移之差，即

$$T_E = E_{max} - E_{min} \tag{7-3}$$

对于间隙配合

$$E_{amin} = S_{min}/C$$

$$E_{amax} = S_{max}/C$$

$$T_E = (S_{max} - S_{min})/C \tag{7-4}$$

对于过盈配合

$$E_{amin} = |\delta_{max}|/C$$

$$E_{amax} = |\delta_{min}|/C$$

$$T_E = |\delta_{max} - \delta_{min}|/C \tag{7-5}$$

式中，C 为轴向位移折算为径向位移的系数，即锥度。

7.2

圆锥公差

7.2.1　圆锥公差项目及其给定方法

圆锥是一个多参数零件，为满足其性能和互换性要求，国标 GB/T 11334—2005 对圆锥公差给出了 4 个项目。

1. 圆锥直径公差（T_D）

圆锥直径公差是以公称圆锥直径（一般取最大圆锥直径 D）为公称尺寸，按 GB/T 1800.2—2009 规定的标准公差选取。其数值适用于圆锥长度范围内的所有圆锥直径。

2. 给定截面圆锥直径公差（T_{DS}）

给定截面圆锥直径公差是以给定截面圆锥直径 d_x 为基本尺寸，按 GB/T 1800.2—2009

规定的标准公差选取。它仅适用于给定截面处的圆锥直径。

3. 圆锥公差 *AT*（*AT*$_\alpha$或 *AT*$_D$）

国标 GB/T 11334—2005 规定，《圆锥公差》共分 12 个公差等级，用符号 *AT*1，*AT*2，…，*AT*12 表示，《圆锥公差》数值见表 7-5。

表 7-5   圆锥公差

基本圆锥长度 L/mm		圆锥公差等级								
		AT4			AT5			AT6		
		AT_α		AT_D	AT_α		AT_D	AT_α		AT_D
大于	至	μrad	(″)	μm	μrad	(″)	μm	μrad	(′)(″)	μm
16	25	125	26″	>2.0 ~ 3.2	200	41″	>3.2 ~ 5.0	315	1′05″	>5.0 ~ 8.0
25	40	100	21″	>2.5 ~ 4.0	160	33″	>4.0 ~ 6.3	250	52″	>6.3 ~ 10.0
40	63	80	16″	>3.2 ~ 5.0	125	26″	>5.0 ~ 8.0	200	41″	>8.0 ~ 12.5
63	100	63	13″	>4.0 ~ 6.3	100	21″	>6.3 ~ 10.0	160	33″	>10.0 ~ 16.0
100	160	50	10″	>5.0 ~ 8.0	80	16″	>8.0 ~ 12.5	125	26″	>12.5 ~ 20.0

基本圆锥长度 L/mm		圆锥公差等级								
		AT7			AT8			AT9		
		AT_α		AT_D	AT_α		AT_D	AT_α		AT_D
大于	至	μrad	(′)(″)	μm	μrad	(′)(″)	μm	μrad	(′)(″)	μm
16	25	500	1′43″	>8.0 ~ 12.5	800	2′54″	>12.5 ~ 20.0	1250	4′18″	>20 ~ 32
25	40	400	1′22″	>10.0 ~ 16.0	630	2′10″	>16.0 ~ 25.0	1000	3′26″	>25 ~ 40
40	63	315	1′05″	>12.5 ~ 20.0	500	1′43″	>20.0 ~ 32.0	800	2′45″	>32 ~ 50
63	100	250	52″	>16.0 ~ 25.0	400	1′22″	>25.0 ~ 40.0	630	2′10″	>40 ~ 63
100	160	200	41″	>20.0 ~ 32.0	315	1′05″	>32.0 ~ 50.0	500	1′43″	>50 ~ 80

为了加工和检测方便，圆锥公差可用角度 *AT*$_\alpha$ 和线值 *AT*$_D$ 给定，*AT*$_\alpha$ 和 *AT*$_D$ 的换算关系为

$$AT_D = AT_\alpha \times L \times 10^{-3} \qquad\qquad (7\text{-}6)$$

式中，*AT*$_D$、*AT*$_\alpha$ 和 *L* 的单位分别为μm、μrad 和 mm。

*AT*4 ~ *AT*12 的应用举例如下：*AT*4 ~ *AT*6 用于高精度的圆锥量规和角度样板；*AT*7 ~ *AT*9 用于工具圆锥、圆锥销、传递大转矩的摩擦圆锥；*AT*10 ~ *AT*11 用于圆锥套、圆锥齿轮等中等精度零件；*AT*12 用于低精度零件。

圆锥角的极限偏差可按单向取值或双向（对称或不对称）取值，如图 7-15 所示。为了保证内、外圆锥的接触均匀性，圆锥角公差带通常采用对称于公称圆锥角分布。

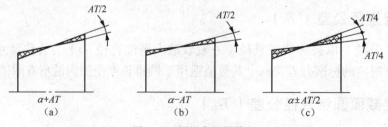

图 7-15 圆锥角极限偏差

4. 圆锥的形状公差（T_F）

圆锥的形状公差按 GB/T 15754—1995《圆锥的尺寸和公差标注》的规定选取，GB/T 1184—1996《形状和位置公差 未注公差值》可作为选取公差值的参考。一般由圆锥直径公差带限制而不单独给出，若需要可给出素线直线度公差和（或）给出横截面圆度公差，或者标注圆锥的面轮廓度公差。显然，面轮廓度公差不仅控制素线直线度误差和截面圆度误差，而且控制圆锥角偏差。

5. 圆锥公差的给定方法

圆锥公差的给定方法分为以下两种。

（1）给定圆锥的公称圆锥角 α（或锥度 C）和圆锥直径公差 T_D。由 T_D 确定两个极限圆锥。此时，圆锥角误差和圆锥的形状误差应在极限圆锥所限定的区域内。

（2）给出给定截面直径公差 T_{DS} 和圆锥角公差 AT。此时，给定截面的圆锥直径和圆锥角分别满足这两项要求。

7.2.2　圆锥的公差标注

圆锥的公差标注，应根据圆锥的功能要求和工艺特点选择公差项目。在图样上标注相配内、外圆锥的尺寸和公差时，内、外圆锥必须具有相同的基本圆锥角（或基本锥度），标注直径公差的圆锥直径必须具有相同的基本尺寸。圆锥公差通常可以采用面轮廓度法；有配合要求的结构型内、外圆锥，也可采用基本锥度法，见表 7-6。当对某给定截面圆锥直径有较高要求和密封及非配合有要求时，可采用公差锥度法标注 C（见图 7-16）。推荐圆锥直径偏差后标注"Ⓣ"符号，如 $\phi50^{+0.039}_{0}$ Ⓣ。

表 7-6　　　　　　　　　　　　　　　圆锥公差标注实例

序号	面轮廓度标注法 a	序号	基本锥度标注法 b
1	给定圆锥角 α 与最大端圆锥直径 D 给出面轮廓度公差 t 	1	给定圆锥角 α 与最大圆锥直径与公差
2	给定锥度 C 与最大端圆锥直径 D 给出面轮廓度公差 t 	2	给定锥度与给定截面的圆锥直径与公差

续表

序号	面轮廓度标注法 a	序号	基本锥度标注法 b
3	给定锥度 C 与轴向位置尺寸 L_x 和 d_x 以理论正确的 C 和 L_x、d_x 给出面轮廓度以差 t 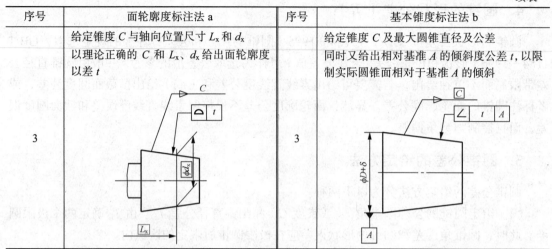	3	给定锥度 C 及最大圆锥直径及公差 同时又给出相对基准 A 的倾斜度公差 t，以限制实际圆锥面相对于基准 A 的倾斜

注：1. 相配合的圆锥面应注意其所给定尺寸的一致性。

2. 进一步限制的要求除倾斜度外，还可用直线度、圆度等几何公差项目及控制量规涂色接触率等方法限制。

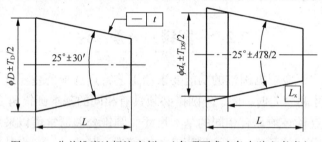

图 7-16　公差锥度法标注实例 L（各项要求应各自独立考虑）

7.2.3　圆锥直径公差区的选择

1. 结构型圆锥配合的内、外圆锥直径公差区的选择

结构型圆锥配合的配合性质由相互连接的内、外圆锥直径公差区之间的关系决定。内圆锥直径公差区在外圆锥直径公差区之上者为间隙配合；内圆锥直径公差区在外圆锥直径公差区之下者为过盈配合；内、外圆锥直径公差区交叠者为过渡配合。

结构型圆锥配合的内、外圆锥直径的公差值和基本偏差值可以分别从 GB/T 1800.1—2009 规定的标准公差系列和基本偏差系列中选取。

结构型圆锥配合也分为基孔制配合和基轴制配合。为了减少定值刀具、量规的规格和数目，获得最佳技术经济效益，应优先选用基孔制配合。为保证配合精度，内、外圆锥的直径公差等级应≤IT9。

2. 位移型圆锥配合的内、外圆锥直径公差区的选择

位移型圆锥配合的配合性质由圆锥轴向位移或者由装配力决定。因此，内、外圆锥直径公差区仅影响装配时的初始位置，不影响配合性质。

位移型圆锥配合的内、外圆锥直径公差区的基本偏差，采用 H/h 或 JS/js。其轴向位移

的极限值按极限间隙或极限过盈来计算。

【例 7-1】有一位移型圆锥配合，锥度 C 为 $1:30$，内、外圆锥的基本直径为 60mm，要求装配后得到 H7/u6 的配合性质。试计算极限轴向位移并确定轴向位移公差。

解：按 $\phi 60$H7/u6，可查得 $\delta_{min} = -0.057$mm，$\delta_{max} = -0.106$mm。

按式（7-5）和式（7-3）计算得

最小轴向位移　　$E_{amin} = |\delta_{min}|/C = 0.057 \times 30 = 1.71$（mm）

最大轴向位移　　$E_{amax} = |\delta_{max}|/C = 0.106 \times 30 = 3.18$（mm）

轴向位移公差　　$T_E = E_{amax} - E_{amin} = 3.18 - 1.71 = 1.47$（mm）

7.2.4　圆锥的表面粗糙度

圆锥的表面粗糙度的选用参见表 7-7。

表 7-7　　　　　　　　　　　　　圆锥的表面粗糙度推荐值

连接形式　　　　　　粗糙度　表面	定心连接	紧密连接	固定连接	支承轴	工具圆锥面	其他
	Ra 不大于/μm					
外表面	0.4 ~ 1.6	0.1 ~ 0.4	0.4	0.4	0.4	1.6 ~ 6.3
内表面	0.8 ~ 3.2	0.2 ~ 0.8	0.6	0.8	0.8	1.6 ~ 6.3

7.2.5　未注公差角度的极限偏差

未注公差角度尺寸的极限偏差见表 7-8。它是在车间通常加工条件下可以保证的公差。

表 7-8　　　　　　　　　　　未注公差角度尺寸的极限偏差

公差等级	长度/mm				
	≤10	>10 ~ 50	>50 ~ 120	>120 ~ 400	>400
f（精密级）、m（中等级）	± 1°	± 30′	± 20′	± 10′	± 5′
c（粗糙级）	± 1°30′	± 1°	± 30′	± 15′	± 10′
v（最粗级）	± 3°	± 2°	± 1°	± 30′	± 20′

注：1. 本标准适用于金属切削加工件的角度，也适用于一般冲压加工的角度尺寸。

2. 图样上未注公差角度尺寸的极限偏差，按本标准规定的公差等级选取，并由相应的技术文件做出规定。

3. 未注公差角度尺寸的极限偏差规定见表 7-8，其值按角度短边长度确定。对圆锥角按圆锥素线长度确定。

4. 未注公差角度的公差等级在图样或技术文件上用标准号和公差等级符号表示。例如选用中等级时，表示为 GB/T 1804—m。

7.3

角度和锥度的检测

角度和锥度的检测方法很多，下面介绍几种常用的检测方法和相应的测量器具。

7.3.1　角度量块

在角度测量中,角度量块是基准量具,用来检定各种角度量具或检验精密零件的角度。成套的角度量块由 36 块或 94 块组成,每套包括三角形和四边形两种不同形状的角度量块,它们分别有 1 个与 4 个工作角,如图 7-17 所示。角度量块具有研合性,但为保证量块间紧密贴合,组合时靠专用附件夹住,测量范围为 10°～350°,与被测对象比较时,用光隙法估定角度偏差。

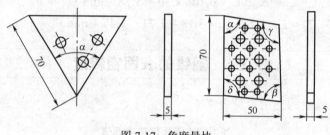

图 7-17　角度量块

7.3.2　万能游标量角器

万能游标量角器又称万能角尺,是用于精确测量各种角度的专用量具,由钢尺、活动量角器、中心规和角规 4 部分不同用途的量具组合而成,如图 7-18 所示。

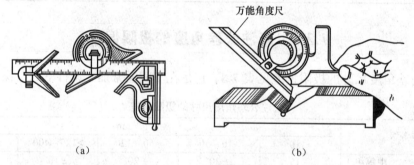

图 7-18　万能游标量角器

钢尺是万能游标量角器的主件,使用时应与其他附件配合。

活动量角器上有一转盘,上面有 0°～180° 的刻度值,中间有水准器,可以在 0°～180° 范围内组成任意角度,使用时,调整到所需的角度后,应用螺钉固定。

中心规的两边呈 90°,装上钢尺后,钢尺与中心规尺边呈 45°,可以求出零件中心。

角规有一长边,装上钢尺后呈 90°,另一斜边与钢尺呈 45°,在长边的另一端插一根划针,可供划线时使用。图 7-18(b)所示为万能游标量角器测角度。

7.3.3　圆锥量规

圆锥量规用于检验成批生产的内外圆锥的锥度和基面距偏差,分为圆锥塞规和套规,有莫氏和公制两种,结构如图 7-19 所示。由于圆锥结合时,一般锥角公差比直径公差要求高,所以用量规检验时,首先检验锥度。在量规上沿母线方向薄薄地涂上 2～3 条显示剂(红丹或兰油），然后轻轻地和工件对研转动，如图 7-19（b）所示。根据着色接触情况判断锥角偏差，对于圆锥塞规，若均匀地被擦去，说明锥角正确。其次，再用圆锥量规检验基面距偏差，当基面处于圆锥量规相距 Z 的两条刻线之间，即为合格。

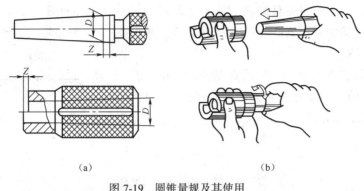

（a）　　　　　　　　　　　　　　　（b）

图 7-19　圆锥量规及其使用

7.3.4　万能角度尺

万能角度尺如图 7-20 所示，它是按游标原理读数的，其测量范围为 0°～320°。图 7-20 中，1 为游标尺，2 为尺身，3 为 90°角尺架，直尺 4 可在 90°角尺架 3 上的夹子 5 中活动和固定。万能角度尺按不同方式组合基尺、角尺和直尺，就能测量不同的角度值，如图 7-21 所示。

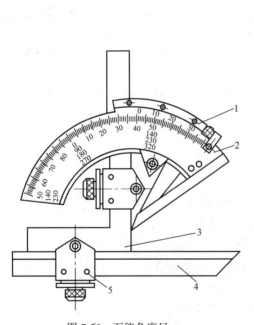

图 7-20　万能角度尺

1—游标尺　2—尺身　3—90°角尺架　4—直尺　5—夹子

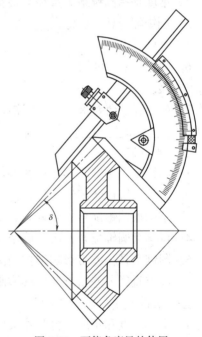

图 7-21　万能角度尺的使用

7.3.5　正弦规

正弦规是锥度测量常用的器具，分宽型和窄型，两圆柱中心距分为 100mm 和 200mm

两种。它适用于测量圆锥角小于 30° 的锥度。测量前，首先按公式 $h=L\sin\alpha$ 计算量块组的高度 h，式中，α 为公称圆锥角；L 为正弦规两圆柱中心距。然后按图 7-22 所示进行测量。如果被测角度有偏差，则 a、b 两点示值必有读数差 n，则锥度偏差 $\Delta c = n/1\text{rad}$，换算成锥角偏差 $\Delta\alpha = 2\Delta c \times 10^5\text{s}$。

具体测量时，须注意 a、b 两点测值的大小，若 a 点值大于 b 点值，则实际锥角大于理论锥角 α，算出的 $\Delta\alpha$ 为正，反之，$\Delta\alpha$ 为负。

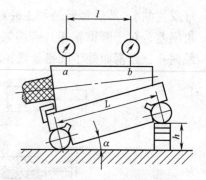

图 7-22 用正弦规测量圆锥锥角

思考题与习题

一、填空题

1. 圆锥配合可分为 3 类，即_____、紧密配合和过盈配合。

2. 圆锥角是指在通过圆锥轴线的截面内，_____间的夹角。

3. 设计时，一般选用内圆锥的_____直径或外圆锥的_____直径作为基本直径。

4. 锥度是指圆锥最大直径与最小直径之差对圆锥_____之比。

5. 圆锥配合具有较高的_____、配合_____、_____、可以自由调整_____等特点。

6. 圆锥公差项目有_____公差、_____公差、圆锥的_____公差和给定_____公差。

7. 对于有配合要求的内外圆锥，其基本偏差按_____制选用；对于非配合圆锥，则选用_____或_____。

二、判断题

1. 结构型圆锥装配终止位置是固定的。（　　）

2. 位移型圆锥装配终止位置是不定的。（　　）

3. 结构型圆锥配合性质的确定是圆锥直径公差。（　　）

4. 位移型圆锥配合性质的确定是轴向位移方向及大小。（　　）

5. 圆锥直径公差带影响结构型圆锥的配合性质、接触质量。（　　）

6. 圆锥直径公差带影响位移型圆锥的初始位置、接触质量。（　　）

三、选择题

1. 下列锥度和角度的检测器具中，属于相对测量法的有（　　）。

    A. 角度量块　　　　　B. 万能角度尺　　　　　C. 圆锥量规

    D. 正弦规　　　　　　E. 光学分度头

2. 圆锥公差包括（　　）。

    A. 圆锥直径公差　　　B. 锥角公差　　　　　　C. 圆锥形状公差

    D. 圆锥截面直径公差　E. 圆锥结合长度公差

3. 圆锥配合的种类有（   ）。

    A. 间隙配合   B. 过渡配合   C. 过盈配合

    D. 大尺寸配合   E. 紧密配合

4. 具有大角度的棱体有（   ）。

    A. 锥柄   B. 燕尾槽   C. 楔

    D. 榫   E. V形体

5. 圆锥与圆柱配合比较，具有如下优点（   ）。

    A. 对中性好   B. 间隙大   C. 加工容易   D. 检测容易

6. 圆锥角是指在通过圆锥轴线的截面内（   ）。

    A. 轴线和端面的夹角   B. 轴线和内表面的夹角

    C. 轴线和一支线的夹角   D. 两条素线间夹角

7. 圆锥素线角等于圆锥角的（   ）。

    A. 2倍   B. 3倍   C. 1/2倍   D. 1/3

8. 设计内圆锥时，一般选用作为基本直径的是（   ）。

    A. 最大直径   B. 最小直径   C. 平均直径   D. 任意直径

9. 设计外圆锥时，一般选用作为基本直径的是（   ）。

    A. 最大直径   B. 最小直径   C. 平均直径   D. 任意直径

10. 圆锥配合长度是指内外圆锥配合面的（   ）。

    A. 直径距离   B. 半径距离   C. 断面距离   D. 轴向距离

11. 国标规定，圆锥角公差 AT 共分（   ）公差等级。

    A. 8个   B. 10个   C. 12个   D. 14个

12. 圆锥形状公差包括（   ）。

    A. 素线直线度公差   B. 圆度公差

    C. 素线直线度公差和圆度公差   D. 角度公差

13. 圆锥配合优先使用（   ）。

    A. 基孔制   B. 基轴制   C. 混合配合   D. 间隙配合

四、综合题

1. 圆锥结合的极限与配合有哪些特点?

2. 有一圆锥体，其尺寸参数为 D、d、L、C、a，试说明在零件图上是否需要把这些参数的尺寸和极限偏差都注上? 为什么?

3. 圆锥公差的给定方法有哪几种? 它们各适用于哪种场合?

4. 为什么钻头、铰刀、铣刀等的尾柄与机床主轴孔连接多用圆锥结合?

5. C620-1 车床尾座顶针套与顶针结合采用莫氏 4 号锥度，顶针的基本圆锥长度 $L = 118$mm，圆锥角公差为 $AT8$，试查表确定其基本圆锥角 α、锥度 C 和圆锥角公差的数值。

6. 已知内圆锥的最大直径 $D_i = \phi 23.825$mm，最小直径 $d_i = \phi 20.2$mm，锥度 $C = 1 : 19.922$，基本圆锥长度 $L = 120$mm，其直径公差带为 H8，查表确定内圆锥直径公差 T_D 所限制的最大圆锥角误差 $\Delta \alpha_{max}$。

第8章

螺纹的互换性与检测

学习目标

1. 了解螺纹的几何参数及其对螺纹互换性的影响。
2. 掌握梯形丝杆和滚动螺旋副的技术要求、选用和标注方法。
3. 掌握普通螺纹的检测方法。

8.1

螺纹几何参数误差对互换性的影响

8.1.1　普通螺纹结合的基本要求

普通螺纹都是根据螺旋线原理加工而成的，如图 8-1 所示。加工在零件（圆柱、圆锥）外表面上的螺纹称为外螺纹；加工在零件内表面上的螺纹称为内螺纹。当车刀安装不正确时，容易造成牙型半角误差；当进给量控制不严格时，容易造成大、小径尺寸不正确。为达到功能要求并便于使用，螺纹需满足以下两点要求。

（1）可旋入性，指同规格的内、外螺纹件在装配时不经挑选就能在给定的轴向长度内全部旋合。

（2）连接可靠性，指用于连接和紧固时，应具有足够的连接强度和紧固性，确保机器或装置的使用性能。

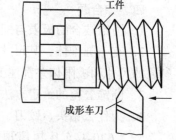

图 8-1　螺纹的加工

8.1.2　普通螺纹的基本牙型和几何参数

普通螺纹的基本牙型是指国家标准中所规定的具有螺纹基本尺寸的牙型，如图 8-2 所示。基本牙型定义在螺纹的轴剖面上。

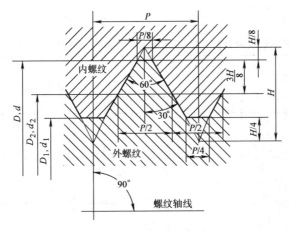

图 8-2　普通螺纹的基本牙型

基本牙型是指按规定将原始三角形削去一部分后获得的牙型。内、外螺纹的大径、中径、小径的基本尺寸都定义在基本牙型上。

普通螺纹的主要几何参数如下。

认识普通螺纹的
主要几何参数

1. 大径（d，D）

大径是与外螺纹牙顶或内螺纹牙底相切的假想圆柱的直径。国家标准规定，普通螺纹大径的基本尺寸为螺纹的公称直径。

2. 小径（d_1，D_1）

小径是与外螺纹牙底或内螺纹牙顶相切的假想圆柱的直径。

为了应用方便，与牙顶相切的直径又被称为顶径，外螺纹大径和内螺纹小径即为顶径。与牙底相切的直径又被称为底径，外螺纹小径和内螺纹大径即为底径。

3. 中径（d_2，D_2）

中径是一个假想圆柱的直径，该圆柱的母线通过螺纹牙型上沟槽和凸起宽度相等的地方。

上述 3 种直径螺纹的符号中，大写字母表示内螺纹，小写字母表示外螺纹。对同一结合的内、外螺纹，其大径、小径、中径的基本尺寸应对应相等。

中径的大小决定了螺纹牙侧相对于轴线的径向位置，它的大小直接影响了螺纹的使用。因此，中径是螺纹公差与配合中的主要参数之一。中径的大小不受大径和小径尺寸变化的影响，也不是大径和小径的平均值。

4. 螺距（P）

螺距是相邻两牙在中径线上同名侧边所对应两点间的轴向距离。国家标准规定了普通螺纹的直径与螺距系列，见表 8-1。

5. 单一中径

单一中径是一个假想圆柱的直径，该圆柱的母线通过牙型上沟槽宽度等于基本螺距一半的地方。

表 8-1　　　　　　普通螺纹的公称直径和螺距系列（摘自 GB 193—2003）

公称直径 D、d				螺距 P									
第1系列	第2系列	第3系列	粗牙	细牙									
				3	2	1.5	1.25	1	0.75	0.5	0.35	0.25	0.2
10			1.5				1.25	1	0.75				
		11	1.5			1.5		1	0.75				
12			1.75				1.25	1					
	14		2			1.5	1.25	1					
		15				1.5		1					
16			2			1.5		1					
		17				1.5		1					
	18		2.5		2	1.5		1					
20			2.5		2	1.5		1					
	22		2.5		2	1.5		1					
24			3		2	1.5		1					
		25			2	1.5		1					
		26				1.5							
	27		3		2	1.5		1					
		28			2	1.5		1					
30			3.5	(3)	2	1.5		1					
	32				2	1.5							
		33	3.5	(3)	2	1.5							

单一中径是按三针法测量中径定义的，当螺距没有误差时，中径就是单一中径；当螺距有误差时，中径则不等于单一中径。

6. 牙型角（α）和牙型半角（$\alpha/2$）

牙型角是螺纹牙型上相邻两牙侧间的夹角。公制普通螺纹的牙型角 $\alpha = 60°$。牙型半角是牙型角的一半，公制普通螺纹的牙型半角 $\alpha/2 = 30°$。

7. 螺纹旋合长度

螺纹旋合长度是指两个相互配合的螺纹，沿螺纹轴线方向上相互旋合部分的长度，如图 8-3 所示。

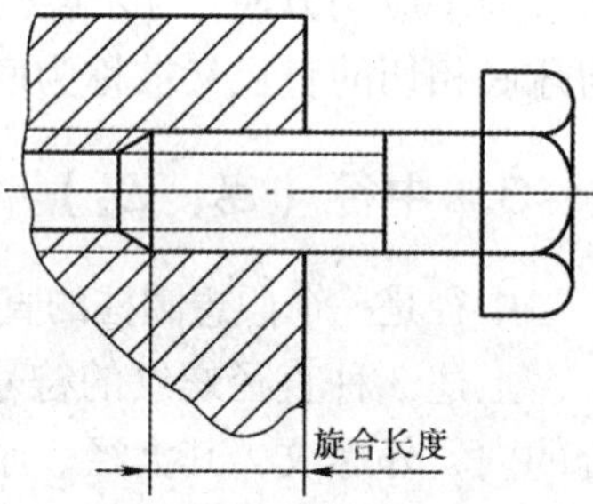

旋合长度

图 8-3　螺纹的旋合长度

8. 螺纹接触高度

螺纹接触高度是指两个相互配合的螺纹牙型上，牙侧重合部分在垂直于螺纹轴线方向上的距离。

9. 原始三角形高度（H）

原始三角形高度为原始三角形的顶点到底边的距离。原始三角形为一等边三角形，H 与螺纹螺距 P 的几何关系为 $H = \sqrt{3} P/2$。

在实际工作中，如需要求某螺纹（已知公称直径即大径和螺距）的中径、小径尺寸时，可根据基本牙型按下列公式计算。

$$D_2(d_2) = D(d) - 2 \times \frac{3}{8}H = D(d) - 0.6495P$$

$$D_1(d_1) = D(d) - 2 \times \frac{5}{8}H = D(d) - 1.0825P$$

如有资料，则不必计算，可直接查螺纹表格。

8.1.3　普通螺纹主要几何参数对互换性的影响

1.　螺纹直径误差对互换性的影响

螺纹中径偏差对螺纹互换性的影响

螺纹在加工过程中，不可避免地会有加工误差，对螺纹结合的互换性造成影响。就螺纹中径而言，若外螺纹的中径比内螺纹的中径大，内、外螺纹将因干涉而无法旋合，从而影响螺纹的可旋合性；若外螺纹的中径与内螺纹的中径相比太小，又会使螺纹结合过松，同时影响接触高度，降低螺纹连接的可靠性。

螺纹的大径、小径对螺纹结合的互换性的影响与螺纹中径的情况有所区别，为了使实际的螺纹结合避免在大小径处发生干涉而影响螺纹的可旋合性，在制定螺纹公差时，应保证在大径、小径的结合处具有一定量的间隙。

2.　螺距误差对互换性的影响

普通螺纹的螺距误差可分两种，一种是单个螺距误差，另一种是螺距累积误差。影响螺纹可旋性的，主要是螺距累积误差，故本书只讨论螺距累积误差的影响。

螺距、牙型半角偏差对螺纹互换性的影响

在图 8-4 中，假设内螺纹无螺距误差和半角误差，并假设外螺纹无半角误差但存在螺距累积误差，因此内、外螺纹旋合时，牙侧面会干涉，且随着旋进牙数的增加，牙侧的干涉量会增大，最后无法再旋合进去，从而影响螺纹的可旋合性。

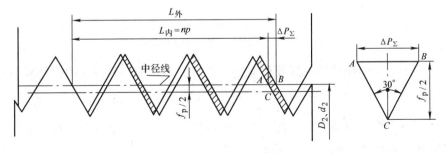

图 8-4　螺纹累积误差对可旋合性的影响

由图 8-4 可知，为了让一个实际有螺距累积误差的外螺纹仍能在所要求的旋合长度内全部与内螺纹旋合，需要将外螺纹的中径减小一个数值 f_p，该数值称为螺距累积误差的中

径补偿值。由图示关系可知，螺距累积误差的中径补偿值 f_p（μm）为

$$f_p = \sqrt{3}\,|\Delta P_\Sigma| \approx 1.732|\Delta P_\Sigma|$$

同理，当内螺纹存在螺距累积误差时，为保证可旋合性，应将内螺纹的中径也增大一个数值 F_p。

3. 螺纹牙型半角误差对互换性的影响

螺距、牙型半角偏差
对螺纹互换性的影响

螺纹牙型半角误差等于实际牙型半角与其理论牙型半角之差。螺纹牙型半角误差分两种，一种是螺纹的左、右牙型半角不相等，即 $\Delta\frac{\alpha}{2}_{(左)} \neq \Delta\frac{\alpha}{2}_{(右)}$。车削螺纹时，若车刀未装正，便会产生该种误差。另一种是螺纹的左、右牙型半角相等，但不等于 30°，这是由于螺纹加工刀具的角度不等于 60° 所致。不论哪种牙型半角误差，都对螺纹的互换性有影响。如图 8-5 所示，由于外螺纹存在半角误差，当它与具有理想牙型的内螺纹旋合时，将分别在牙的上半部 3H/8 处和下半部 2H/8（即 H/4）处发生干涉（用阴影示出），从而影响内、外螺纹的可旋合性。

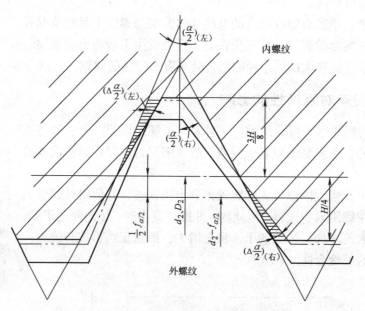

图 8-5　半角误差对螺纹可旋合性的影响

为了让一个有半角误差的外螺纹仍能旋入内螺纹中，须将外螺纹的中径减小一个数值 $f_{\frac{\alpha}{2}}$。该数值称为牙型半角误差的中径补偿值。这样，阴影所示的干涉区就会消失，从而保证了螺纹的可旋合性。由图中的几何关系，可以推导出（推导过程略）在一定的半角误差情况下，外螺纹牙型半角误差的中径补偿值 $f_{\frac{\alpha}{2}}$（μm）为

$$f_{\frac{\alpha}{2}} = 0.073P\left[K_1\Delta\left|\frac{\alpha}{2}_{(左)}\right| + K_2\Delta\left|\frac{\alpha}{2}_{(右)}\right|\right]$$

式中，P——螺距（mm）；

$\Delta\dfrac{\alpha}{2}_{(左)}$ ——左半角误差，单位为分（'）；

$\Delta\dfrac{\alpha}{2}_{(右)}$ ——右半角误差，单位为分（'）；

K_1、K_2——修正系数。

上式是一个通式，是以外螺纹存在半角误差时推导整理出来的。当假设外螺纹具有理想牙型，而内螺纹存在半角误差时，就需要将内螺纹的中径加大一个 $F_{\frac{\alpha}{2}}$，所以上式对内螺纹同样适用。表 8-2 所示为系数 K_1 和 K_2 的取值，供选用。

表 8-2 $\quad\quad\quad\quad\quad\quad\quad\quad\quad$ K_1、K_2 值的取法

内螺纹				外螺纹			
$\Delta\dfrac{\alpha}{2}_{(左)}>0$	$\Delta\dfrac{\alpha}{2}_{(左)}<0$	$\Delta\dfrac{\alpha}{2}_{(右)}>0$	$\Delta\dfrac{\alpha}{2}_{(右)}<0$	$\Delta\dfrac{\alpha}{2}_{(左)}>0$	$\Delta\dfrac{\alpha}{2}_{(左)}<0$	$\Delta\dfrac{\alpha}{2}_{(右)}>0$	$\Delta\dfrac{\alpha}{2}_{(右)}<0$
K_1		K_2		K_1		K_2	
3	2	3	2	2	3	2	3

8.1.4　保证普通螺纹互换性的条件

1. 普通螺纹作用中径的概念

当普通螺纹没有螺距误差和牙型半角误差时，内、外螺纹旋合时起作用的中径便是螺纹的实际中径，但当螺纹存在误差时，相当于外螺纹中径增大了，这个增大了的假想中径叫作外螺纹的作用中径，它是与内螺纹旋合时实际起作用的中径，其值等于外螺纹的单一中径与螺距误差及牙型半角误差的中径补偿值之和，即：

$$d_{2作用} = d_{2单一} + \left(f_{\frac{\alpha}{2}} + f_{\mathrm{p}} \right)$$

同理，内螺纹有了螺距误差和牙型半角误差时，相当于内螺纹中径减小了，这个减小了的假想中径叫作内螺纹的作用中径，这是与外螺纹旋合时实际起作用的中径，其值等于内螺纹的单一中径与螺距误差及牙型半角误差的中径补偿值之差。即：

$$D_{2作用} = D_{2单一} - \left(F_{\frac{\alpha}{2}} + F_{\mathrm{p}} \right)$$

因此，螺纹在旋合时起作用的中径（作用中径）是由实际中径（单一中径）、螺距累积误差、牙型半角误差三者综合作用的结果而形成的。

2. 保证普通螺纹互换性的条件

对于内、外螺纹来讲，作用中径不超过一定的界限，螺纹的可旋合性就能保证。而螺纹的实际中径不超过一定的值，螺纹的连接强度就有保证。因此，要保证螺纹的互换性，就要保证内、外螺纹的作用中径和单一中径不超过各自的界限值。在概念上，作用中径与

作用尺寸等同，而单一中径与实际尺寸等同。因此，按照极限尺寸判断原则（泰勒原则），螺纹互换性的条件为

外螺纹：$d_{2\text{作用}} \leqslant d_{2\max}$，且 $d_{2\text{单}-} \geqslant d_{2\min}$

内螺纹：$D_{2\text{作用}} \geqslant D_{2\min}$，且 $D_{2\text{单}-} \leqslant D_{2\max}$

8.2 普通螺纹的公差与配合

螺纹的基本偏差

普通螺纹公差制的结构如图 8-6 所示，国家标准《普通螺纹　公差》GB/T 197—2003 将螺纹公差带标准化，螺纹公差带由构成公差带大小的公差等级和确定公差带位置的基本偏差组成，结合内外螺纹的旋合长度，一起形成不同的螺纹精度。

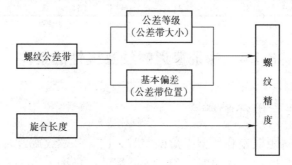

图 8-6　普通螺纹的公差制结构

8.2.1　普通螺纹的公差带

普通螺纹的公差带与尺寸公差带一样，其大小由公差等级决定，其位置由基本偏差决定。

1. 螺纹公差带的大小和公差等级

国家标准规定了内、外螺纹的公差等级，见表 8-3，它的含义和孔、轴公差等级相似，但有自己的系列和数值。普通螺纹公差带的大小由公差值决定。公差值除了与公差等级有关外，还与基本螺距有关。考虑到内、外螺纹加工的工艺等价性，在公差等级和螺距的基本值均相同的情况下，内螺纹的公差值比外螺纹的公差值大 32%。螺纹的公差值是由经验公式计算而来的。一般情况下，螺纹的 6 级公差为常用公差等级（基本级）。

表 8-3　　　　　　　　　　　　　　　螺纹的公差等级

螺纹直径	公差等级	螺纹直径	公差等级
内螺纹小径 D_1	4、5、6、7、8	外螺纹中径 d_2	3、4、5、6、7、8、9
内螺纹中径 D_2	4、5、6、7、8	外螺纹大径 d	4、6、8

由于外螺纹的小径 d_1 与中径 d_2、内螺纹的大径 D 和中径 D_2 是同时由刀具切出的，其尺寸在加工过程中自然形成，由刀具保证，因此国标中对内螺纹的大径和外螺纹的小径均不规定具体的公差值，只规定内、外螺纹牙底实际轮廓的任何点均不能超过基本偏差所确定的最大实体牙型。

普通螺纹的中径和顶径公差见表 8-4、表 8-5。

表 8-4　　　　　　　　　　内、外螺纹中径公差 T_{D2}、T_{d2}　　　　　　　　　　单位：μm

基本大径/mm		螺距 P/mm	内螺纹中径公差 T_{D2}				外螺纹中径公差 T_{d2}			
			公差等级							
>	≤		5	6	7	8	5	6	7	8
5.6	11.2	0.75	106	132	170	—	80	100	125	—
		1	118	150	190	236	90	112	140	180
		1.25	125	160	200	250	95	118	150	190
		1.5	140	180	224	280	106	132	170	212
11.2	22.4	1.25	140	180	224	280	106	132	170	212
		1.5	150	190	236	300	112	140	180	224
		1.75	160	200	250	315	118	150	190	236
		2	170	212	265	335	125	160	200	250
		2.5	180	224	280	355	132	170	212	265
22.4	45	1	132	170	212	—	100	125	160	200
		1.5	160	200	250	315	118	150	190	236
		2	180	224	280	355	132	170	212	265
		3	212	265	335	425	160	200	250	315

表 8-5　　　　　　　　　　内、外螺纹顶径公差 T_{D1}、T_d　　　　　　　　　　单位：μm

公差项目	内螺纹顶径（小径）公差 T_{D1}				外螺纹顶径（大径）公差 T_d		
公差等级　　螺距/mm	5	6	7	8	4	6	8
0.75	150	190	236	—	90	140	—
0.8	160	200	250	315	95	150	236
1	190	236	300	375	112	180	280
1.25	212	265	335	425	132	212	335
1.5	236	300	375	475	150	236	375
1.75	265	335	425	530	170	265	425
2	300	375	475	600	180	280	450
2.5	355	450	560	710	212	335	530
3	400	500	630	800	236	375	600

2. 螺纹公差带的位置和基本偏差

螺纹公差带是以基本牙型为零线布置的，其位置如图 8-7 所示。螺纹的基本牙型是计算螺纹偏差的基准。

国标中对外螺纹规定了 4 种基本偏差 e、f、g、h，基本偏差为上偏差 es。如图 8-7（a）所示。

国标中对内螺纹只规定了两种基本偏差 G、H。基本偏差为下偏差 EI。如图 8-7（b）所示。

H 和 h 的基本偏差为零，G 的基本偏差为正值，e、f、g 的基本偏差为负值，见表 8-6。

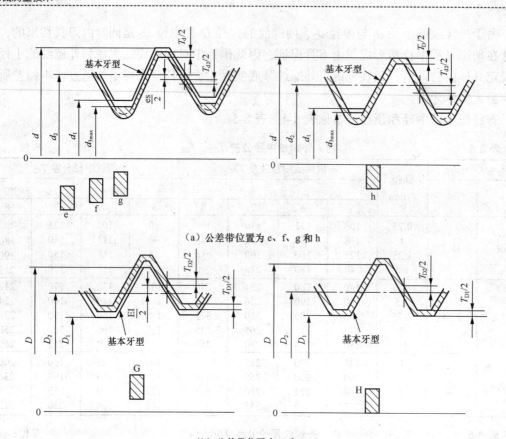

（a）公差带位置为 e、f、g 和 h

（b）公差带位置为 G 和 H

图 8-7　内、外螺纹的基本偏差

表 8-6　　　　　　　　　　　　　　　普通螺纹的基本偏差　　　　　　　　　　　　　　单位：μm

螺纹　　　　基本偏差　　螺距 P/mm	内螺纹		外螺纹			
	G	H	e	f	g	h
	EI		es			
0.75	+22		−56	−38	−22	
0.8	+24		−60	−38	−24	
1	+26		−60	−40	−26	
1.25	+28		−63	−42	−28	
1.5	+32	0	−67	−45	−32	0
1.75	+34		−71	−48	−34	
2	+38		−71	−52	−38	
2.5	+42		−80	−58	−42	
3	+48		−85	−63	−48	

　　按螺纹的公差等级和基本偏差可以组成很多公差带，普通螺纹的公差带代号由表示公差等级的数字和基本偏差字母组成，如 6h、5G 等，与一般的尺寸公差带符号不同，其公差等级符号在前，基本偏差代号在后。

8.2.2　普通螺纹公差带的选用

　　在生产中为了减少刀具、量具的规格和种类，国家标准中规定了既能满足当前需要，而数量又有限的常用公差带，见表 8-7。表中规定了优先、其次和尽可能不用的选用顺序。除了特殊需要之外，一般不应该选择规定以外的公差带。

表 8-7 普通螺纹选用公差带

旋合长度		内螺纹选用公差带			外螺纹选用公差带		
		S	N	L	S	N	L
配合精度	精密	4H	5H	6H	（3h4h）	4h	（5h4h）
	中等	5H （5G）	6H （6G）	7H （7G）	（5h6h） （5g6g）	6H 6g 6e 6f	（7h6h） （7g6g）
	粗糙	—	7H （7G）	8H	—	—	—

1. 配合精度的选用

在表 8-7 中规定了螺纹的配合精度分为精密、中等和粗糙 3 个等级。精密级螺纹主要用于要求配合性能稳定的螺纹；中等级用于一般用途的螺纹；粗糙级用于不重要或难以制造的螺纹，如长盲孔攻螺纹或热轧棒上的螺纹。一般以中等旋合长度下的 6 级公差等级为中等精度的基准。

2. 旋合长度的确定

由于短件易加工和装配，长件难加工和装配，因此，螺纹旋合长度影响螺纹连接件的配合精度和互换性。国标中对螺纹连接规定了短、中等和长 3 种旋合长度，分别用 S、N、L 表示，见表 8-8。一般优先选用中等旋合长度，此长度是螺纹公称直径的 0.5～1.5 倍。从表 8-7 中可以看出，在同一精度中，对不同的旋合长度，其中径所采用的公差等级也不相同，这是考虑到不同的旋合长度对螺纹的螺距累积误差有不同的影响。

表 8-8 螺纹的旋合长度 单位：mm

基本大径 D、d		螺距 P	旋合长度			
			S	N		L
>	≤		≤	>	≤	>
5.6	11.2	0.75 1 1.25 1.5	2.4 3 4 5	2.4 3 4 5	7.1 9 12 15	7.1 9 12 15
11.2	22.4	1 1.25 1.5 1.75 2 2.5	3.8 4.5 5.6 6 8 10	3.8 4.5 5.6 6 8 10	11 13 16 18 24 30	11 13 16 18 24 30

3. 公差等级和基本偏差的确定

根据配合精度和旋合长度，由表 8-7 中选定公差等级和基本偏差，具体数值见表 8-4、表 8-5 和表 8-6。

4. 配合的选用

内、外螺纹配合的公差带可以任意组合成多种配合，在实际使用中，主要根据使用要求选用螺纹的配合。为保证螺母、螺栓旋合后同轴度较好和足够的连接强度，选用最小间隙为零的配合（H/h）；为了拆装方便和改善螺纹的疲劳强度，可选用小间隙配合（H/g 和 G/h）；需要涂镀保护层的螺纹，间隙大小决定于镀层厚度，例如，5μm 则选用 6H/6g；10μm 则选用 6H/6e；内外均涂则选用 6G/6e。

5. 螺纹的表面粗糙度要求

螺纹牙型表面粗糙度主要根据中径公差等级来确定。表 8-9 列出了螺纹牙侧表面粗糙度参数 Ra 的推荐值。

表 8-9　　　　　　　　螺纹牙侧表面粗糙度参数 Ra 值　　　　　　　　单位：μm

工　件	螺纹中径公差等级		
	4，5	6，7	7～9
	Ra 不大于		
螺栓、螺钉、螺母	1.6	3.2	3.2～6.3
轴及套上的螺纹	0.8～1.6	1.6	3.2

8.2.3　普通螺纹的标记

螺纹的完整标记由螺纹代号、螺纹公差带代号和旋合长度代号等组成。螺纹公差带代号包括中径公差带代号和顶径（外螺纹大小和内螺纹小径）公差带代号。公差带代号是由表示其大小的公差等级数字和表示其位置的基本偏差代号组成的。当中径和顶径公差带不同时，应分别注出，前者为中径，后者为顶径，如 5g6g。当中径、顶径的公差带相同时，合并标注一个即可，如 6H、6g。对细牙螺纹还需要标注出螺距。

在零件图上的普通螺纹标记示例：

外螺纹：

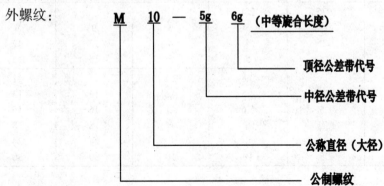

内螺纹：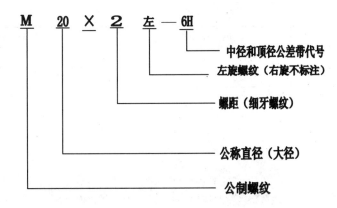

在装配图上，内外螺纹公差带代号用斜线分开，左内右外。如 M20×2 – 6H/5g 6g。

必要时，在螺纹公差带代号之后加注旋合长度代号 S 或 L（中等旋合长度代号 N 不标注），如 M10-5g 6g-S。特殊需要时，可以标注旋合长度的数值，如 M10-5g 6g-30 表示螺纹的旋合长度为 30mm。

8.2.4　应用举例

【例 8-1】某螺纹配合为 M20×2-6H/5g 6g，试查表求出内、外螺纹的中径、小径和大径的极限偏差，并计算内、外螺纹的中径、小径和大径的极限尺寸。

解：本题用列表法将各计算值列出。

（1）确定内、外螺纹中径、小径和大径的基本尺寸。已知公称直径为螺纹大径的基本尺寸，即 $D = d = 20$mm。

从普通螺纹各参数的关系知：

$$D_1 = d_1 = d - 1.0825P \qquad D_2 = d_2 = d - 0.6495P$$

实际工作中，可直接查有关表格。

（2）确定内、外螺纹的极限偏差。内、外螺纹的极限偏差可以根据螺纹的公称直径、螺距和内、外螺纹的公差带代号，由表 8-4、表 8-5、表 8-6 中查得。具体见表 8-10。

（3）计算内、外螺纹的极限尺寸。由内、外螺纹的各基本尺寸及各极限偏差算出的极限尺寸见表 8-10。

表 8-10　　　　　　　　　　极限尺寸的计算　　　　　　　　　　单位：mm

名　　称		内　螺　纹		外　螺　纹	
基本尺寸	大径	$D = d = 20$			
	中径	$D_2 = d_2 = 18.701$			
	小径	$D_1 = d_1 = 17.835$			
极限偏差		ES	EI	es	ei
大径		—	0	−0.038	−0.318
中径		0.212	0	−0.038	−0.163
小径		0.375	0	−0.038	按牙底形状
极限尺寸		最大极限尺寸	最小极限尺寸	最大极限尺寸	最小极限尺寸
大径		—	20	19.962	19.682

续表

名　称	内　螺　纹		外　螺　纹	
中径	18.913	18.701	18.663	18.538
小径	18.210	17.835	<17.797	牙底轮廓不超出 $H/8$ 削平线

8.3 | 螺纹的检测

螺纹的检测可分为综合检验和单项测量。

8.3.1　综合检验

对于大量生产的用于紧固连接的普通螺纹，只要求保证可旋合性和一定的连接强度，其螺距误差及牙型半角误差按公差原则的包容要求，由中径公差综合控制，不单独规定公差。因此，检测时应按照极限尺寸判断原则（泰勒原则），用螺纹量规（综合极限量规）来检验。用牙型完整的通规，检测螺纹的作用中径；用牙型不完整的止规，采用两点法检测螺纹的实际中径。

综合检验时，被检测螺纹的合格标志是通端量规能顺利地与被测螺纹在被检全长上旋合，而止端量规不能完全旋合或部分旋合。螺纹量规有塞规和环规，分别用以检验内、外螺纹（螺母和螺栓）。

螺纹量规也分为工作量规、验收量规和校对量规。其功能、区别与光滑圆柱极限量规相同。

外螺纹的大径尺寸和内螺纹的小径尺寸是在加工螺纹以前的工序完成的，它们分别用光滑极限卡规和塞规检验。因此，螺纹量规主要检验螺纹的中径，同时还要限制内螺纹的大径和外螺纹的小径，否则螺纹不能旋合使用。

图 8-8 所示为用卡规检验外螺纹的情况。通端螺纹环规控制外螺纹的作用中径和小径的最大尺寸，而止端螺纹环规用来控制外螺纹的实际中径。外螺纹的大径用卡规另行检验。

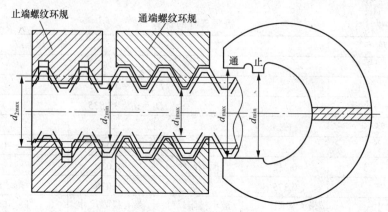

图 8-8　外螺纹的综合检验

图 8-9 所示为用塞规检验内螺纹的情况。通端螺纹塞规控制内螺纹的作用中径和大径的最小尺寸，而止端螺纹塞规用来控制内螺纹的实际中径。内螺纹的小径用卡规另行检验。

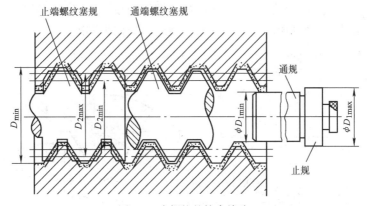

图 8-9　内螺纹的综合检验

通端螺纹量规主要用来控制被检螺纹的作用中径，要采用完整的牙型，且量规的长度应与被检螺纹的旋合长度相同，这样可按包容要求来控制被检螺纹中径的最大实体尺寸；止端螺纹量规要求控制被检螺纹的中径的最小实体尺寸，判断其合格的标志是不能完全旋合或不能旋入被检螺纹。为了避免螺距误差和牙型半角误差对检验结果的影响，止端螺纹量规应做成截短牙型，其螺纹的圈数也很少（2～3.5 圈）。

8.3.2　单项测量

单项测量一般是分别测量螺纹的每个参数，主要测量中径、螺距、牙型半角和顶径。单项测量主要用于螺纹工件的工艺分析或螺纹量规和螺纹刀具的质量检查。

1. 用螺纹千分尺测量外螺纹中径

在实际生产中，车间测量低精度螺纹常用螺纹千分尺。

螺纹千分尺的结构和一般外径千分尺相似，只是两个测量面可以根据牙型和螺距选用不同的测量头。螺纹千分尺结构及用法如图 8-10 所示。

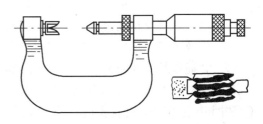

图 8-10　螺纹千分尺

2. 三针量法

三针量法是一种间接测量方法，主要用于测量精密螺纹（如丝杠、螺纹塞规）的中径 d_2，如图 8-11 所示。根据被测螺纹的螺距和牙型半角选取 3 根直径相同的小圆柱（直径为 d_0）放在牙槽里，用量仪（机械测微仪、光学计、测长仪等）量出尺寸 M 值，然后根据被测螺纹已知的螺距 P、牙型半角 $\alpha/2$ 和量针的直径 d_0，按公式计算出螺纹的被测单一中径值 d_{2S}。

$$d_{2S} = M - d_0\left(1 + \frac{1}{\sin \alpha/2}\right) + \frac{P}{2}\cot\frac{\alpha}{2}$$

对于公制普通螺纹，$\alpha = 60°$

$$d_{2S} = M - 3d_0 + 0.866P$$

式中，d_0——量针的直径（d_0值保证量针在被测螺纹的单一中径处接触）

d_{2S}、P、$\alpha/2$——被测螺纹的单一中径、螺距和牙型半角。

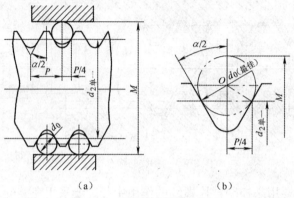

（a）　　　　　　　　　　　（b）

图 8-11　三针量法测螺纹中径

3. 用工具显微镜测量螺纹各要素

　　用工具显微镜测量属于影像法测量，能测量螺纹的各种参数，如螺纹的大径、中径、小径、螺距和牙型半角等。各种精密螺纹，如螺纹量规、丝杠、螺杆、滚刀等，都可在工具显微镜上进行测量。测量时可参阅有关仪器使用说明资料。

思考题与习题

　　1. 试述普通螺纹的基本几何参数有哪些？

　　2. 影响螺纹互换性的主要因素有哪些？

　　3. 为什么螺纹精度由螺纹公差带和螺纹旋合长度共同决定？

　　4. 螺纹中径、单一中径和作用中径 3 者有何区别和联系？

　　5. 普通螺纹中径公差分几级？内外螺纹有何不同？常用的是多少级？

　　6. 一对螺纹配合代号为 M16，试查表确定内、外螺纹的基本中径、小径和大径的基本尺寸和极限偏差，并计算内、外螺纹的基本中径、小径和大径的极限尺寸。

第9章

键连接的公差与测量

学习目标

1. 了解键连接的种类和特点。
2. 掌握平键连接的公差（几何参数、公差带、几何公差和表面粗糙度）。
3. 了解花键连接的种类和特点。
4. 了解平键、花键的检测方法。

9.1 平键连接的公差

9.1.1 概述

平键分为普通平键与导向平键，普通平键一般用于固定连接，导向平键用于可移动的连接。平键是一种截面呈矩形的零件，其对中性好，制造、装配均较方便。普通平键连接由键、轴槽和轮毂槽 3 部分组成，如图 9-1 所示。

图 9-1 键连接

认识平键连接的组成

平键连接的尺寸有键宽、键槽宽（轴槽宽和轮毂槽宽）、键高、槽深和键长等参数，如图 9-2 所示。由于平键连接是通过键的侧面与轴槽和轮毂槽的侧面相互接触来传递转矩的，因此在平键连接的结合尺寸中，键和键槽的宽度是配合尺寸，应规定较为严格的公差。其余的尺寸为非配合尺寸，可规定较松的公差。

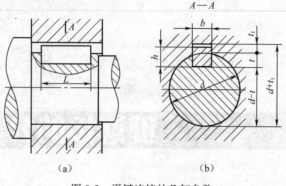

图 9-2 平键连接的几何参数

9.1.2 普通平键连接的公差与配合

平键连接的公差
与配合

平键连接的剖面尺寸均已标准化，在 GB/T 1095—2003《平键 键槽的剖面尺寸》中作了规定，见表 9-1。

平键连接中的键是用标准的精拔钢制造的，是标准件。在键宽与键槽宽的配合中，键宽相当于"轴"，键槽宽相当于"孔"。由于键宽同时要与轴槽宽和轮毂槽宽配合，而且配合性质往往又不同，因此键宽与键槽宽的配合均采用基轴制。

表 9-1　　　　平键键槽的剖面尺寸及公差（摘自 GB/T 1095—2003）　　　单位：mm

键尺寸 $b \times h$	键槽										
	宽度 b						深度				半径 r
	基本尺寸	极限偏差					轴 t_1		毂 t_2		
		正常连接		紧密连接	松连接		基本尺寸	极限偏差	基本尺寸	极限偏差	
		轴 N9	毂 JS9	轴和毂 P9	轴 H9	毂 D10					min	max
2×2	2	−0.004 −0.029	±0.012 5	−0.006 −0.031	+0.025 0	+0.060 +0.020	1.2		1.0		0.08	0.16
3×3	3						1.8		1.4			
4×4	4	0 −0.030	±0.015	−0.012 −0.042	+0.030 0	+0.078 +0.030	2.5	+0.10	1.8	+0.10		
5×5	5						3.0		2.3		0.16	0.25
6×6	6						3.5		2.8			
8×7	8	0 −0.036	±0.018	−0.015 −0.051	+0.036 0	+0.098 +0.040	4.0		3.3			
10×8	10						5.0		3.3			
12×8	12	0 −0.043	±0.021 5	−0.018 −0.061	+0.043 0	+0.120 +0.050	5.0		3.3			
14×9	14						5.5		3.8		0.25	0.40
16×10	16						6.0	+0.20	4.3	+0.20		
18×11	18						7.0		4.4			
20×12	20	0 −0.052	±0.026	−0.022 −0.074	+0.052 0	+0.149 +0.065	7.5		4.9			
22×14	22						9.0		5.4			
25×14	25						9.0		5.4		0.40	0.60
28×16	28						10.0		6.4			

续表

键尺寸 $b \times h$	键 槽										
	宽度 b					深 度				半径 r	
	基本尺寸	极限偏差				轴 t_1		毂 t_2			
		正常连接		紧密连接	松连接		基本尺寸	极限偏差	基本尺寸	极限偏差	min	max
		轴 N9	毂 JS9	轴和毂 P9	轴 H9	毂 D10	基本尺寸	极限偏差	基本尺寸	极限偏差	min	max
32×18	32	0 −0.062	±0.031	−0.026 −0.088	+0.062 0	+0.180 +0.080	11.0	+0.020	7.4	+0.20	+0.40	0.60
36×20	36						12.0		8.4			
40×22	40						13.0		9.4		0.70	1.00
45×25	45						15.0		10.4			
50×28	50						17.0		11.4			
56×32	56	0 −0.074	±0.037	−0.032 −0.106	+0.074 0	+0.220 +0.100	20.0	+0.30	12.4	+0.30	1.20	1.60
63×32	63						20.0		12.4			
70×36	70						22.0		14.4			
80×40	80	0 −0.087	±0.043 5	−0.037 −0.124	+0.087 0	+0.260 +0.120	25.0		15.4		2.00	2.50
90×45	90						28.0		17.4			
100×50	100						31.0		19.5			

GB/T 1095—2003 规定，键宽与键槽宽的公差带按 GB/T 1801—2009 中选取。对键宽规定了一种公差带，对轴槽宽和轮毂槽宽各规定了 3 种公差带（见图 9-3），构成 3 种配合，以满足各种不同用途的需要。3 种配合的应用场合见表 9-2。

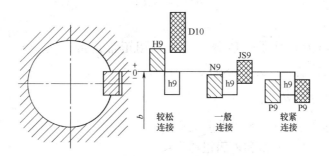

□—键公差带；▨—轴槽公差带；▩—轮毂槽公差带

图 9-3　键宽与键槽宽的公差带

表 9-2　　　　　　　　　　　平键连接的 3 种配合及其应用

配 合 种 类	尺寸 b 的公差带			应　　用
	键	轴键槽	轮毂键槽	
较松连接	h9	H9	D10	用于导向平键，轮毂可在轴上移动
一般连接	h9	N9	JS9	键在轴键槽中和轮毂键槽中均固定，用于载荷不大的场合
较紧连接	h9	P9	P9	键在轴键槽中和轮毂键槽中均牢固地固定，用于载荷较大，有冲击和双向扭矩的场合

在平键连接的非配合尺寸中，轴槽深 t_1 和轮毂槽深 t_2 的公差带由 GB/T 1095—2003 专门规定，见表 9-1；键高 h 的公差带一般采用 h11；键长的公差带采用 h14；轴槽长度的公差带采用 H14。

9.1.3 平键连接的几何公差及表面粗糙度

为保证键宽与键槽宽之间有足够的接触面积和避免装配困难，应分别规定轴槽和轮毂槽的对称度公差。根据不同的使用情况，按 GB/T 1182—2008 中对称度公差的 7 ~ 9 级选取，以键宽 b 为基本尺寸。

当键长 L 与键宽 b 之比大于或等于 8 时（$L/b \geqslant 8$），还应规定键的两工作侧面在长度方向上的平行度要求。

作为主要配合表面，轴槽和轮毂槽的键槽宽度 b 两侧面的表面粗糙度 Ra 一般取 1.6 ~ 3.2μm，轴槽底面和轮毂槽底面的表面粗糙度参数 Ra 取 6.3μm。

在键连接工作图中，考虑到测量方便，轴槽深 t_1 用（$d-t_1$）标注，其极限偏差与 t_1 相反；轮毂槽深 t_2 用（$d+t_2$）标注，其极限偏差与 t_1 相同。

9.1.4 应用举例

【例 9-1】有一减速器中的轴和齿轮间采用普通平键连接，已知轴和齿轮孔的配合是 $\phi 56H7/r6$，试确定轴槽和轮毂槽的剖面尺寸及其公差带、相应的几何公差和各个表面的粗糙度参数值，并把它们标注在断面图中。

解：（1）由表 9-1 查得直径为 $\phi 56$ 的轴孔用平键的尺寸为

$$b \times h = 16 \times 10$$

（2）确定键连接。

减速器中轴与齿轮承受一般载荷，故采用正常连接。查表 9-1 得轴槽公差带为 16N9（$^{0}_{-0.034}$），轮毂槽公差带为 16JS9（± 0.0215）。

轴槽深 $t_1 = 6.0^{+0.2}_{0}$，$d - t_1 = 50^{0}_{-0.2}$；

轮毂槽深 $t_2 = 4.3^{+0.2}_{0}$，$d + t_2 = 60.3^{+0.2}_{0}$。

（3）确定键连接几何公差和表面粗糙度。

轴槽对轴线及轮毂槽对孔轴线的对称度公差按 GB/T 1182—2008 中的 8 级选取，公差值为 0.020mm。轴槽及轮毂槽侧面表面粗糙度 Ra 为 3.2μm，底面 Ra 为 6.3μm。图样标注如图 9-4 所示。

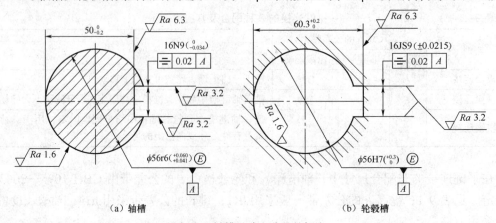

（a）轴槽　　　　　　　　　　　　（b）轮毂槽

图 9-4　键槽尺寸和公差的标注

9.2

花键连接的公差

9.2.1 概述

花键按照其键形不同，可分为矩形花键和渐开线花键。矩形花键的键侧边为直线，加工方便，可用磨削的方法获得较高精度，应用较广泛，如图 9-5 所示。渐开线花键的齿廓为渐开线，加工工艺与渐开线齿轮基本相同。渐开线花键在靠近齿根处齿厚逐渐增大，减少了应力集中，因此，它具有强度高、寿命长等特点，且能起到自动定心的作用。

下面主要介绍矩形花键的基本知识。

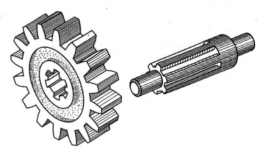

图 9-5 矩形花键

矩形花键是把多个平键与轴或孔制成一个整体。花键连接由内花键（花键孔）和外花键（花键轴）两个零件组成。与平键连接相比具有许多优点，如定心精度高、导向性能好、承载能力强等。花键连接可作固定连接，也可作滑动连接，在机床、汽车等行业中得到广泛应用。

9.2.2 花键连接的公差与配合

1. 花键连接的特点

（1）多参数配合。花键相对于圆柱配合或单键连接而言，去配合参数较多，除键宽外，有定心尺寸、非定心尺寸、齿宽、键长等。

矩形花键的主要尺寸有 3 个，即大径 D、小径 d 和键宽（键槽宽）B，如图 9-6 所示。

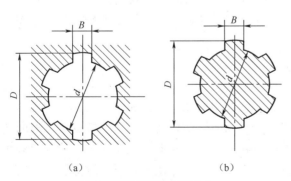

(a)   (b)

图 9-6 矩形花键的主要尺寸

认识矩形花键的
几何参数

GB/T 1144—2001《矩形花键尺寸、公差和检验》规定了矩形花键连接的尺寸系列、定心方式、公差配合、标注方法及检测规则。矩形花键的键数为偶数，有 6、8、10 三种。按承载能力不同，矩形花键分为中、轻两个系列，中系列的键高尺寸较轻系列大，故承载能力强。矩形花键的尺寸系列见表 9-3。

表 9-3　　　　　　　　　　　矩形花键尺寸系列（摘自 GB/T 1144—2001）　　　　　　　单位：mm

小径 d	轻 系 列				中 系 列			
	规格 $N \times d \times D \times B$	键数 N	大径 D	键宽 B	规格 $N \times d \times D \times B$	键数 N	大径 D	键宽 B
11	—	—	—	—	$6 \times 11 \times 14 \times 3$	6	14	3
13					$6 \times 13 \times 16 \times 3.5$		16	3.5
16					$6 \times 16 \times 20 \times 4$		20	4
18					$6 \times 18 \times 22 \times 5$		22	5
21					$6 \times 21 \times 25 \times 5$		25	
23	$6 \times 23 \times 26 \times 6$	6	26	6	$6 \times 23 \times 28 \times 6$		28	6
26	$6 \times 26 \times 30 \times 6$		30		$6 \times 26 \times 32 \times 6$		32	
28	$6 \times 28 \times 32 \times 7$		32	7	$6 \times 28 \times 34 \times 7$		34	7
32	$8 \times 32 \times 36 \times 6$	8	36	6	$8 \times 32 \times 38 \times 6$	8	38	6
36	$8 \times 36 \times 40 \times 7$		40	7	$8 \times 36 \times 42 \times 7$		42	7
42	$8 \times 42 \times 46 \times 8$		46	8	$8 \times 42 \times 48 \times 8$		48	8
46	$8 \times 46 \times 50 \times 9$		50	9	$8 \times 46 \times 54 \times 9$		54	9
52	$8 \times 52 \times 58 \times 10$		58	10	$8 \times 52 \times 60 \times 10$		60	10
56	$8 \times 56 \times 62 \times 10$		62		$8 \times 56 \times 65 \times 10$		65	
62	$8 \times 62 \times 68 \times 12$		68	12	$8 \times 62 \times 72 \times 12$		72	12
72	$10 \times 72 \times 78 \times 12$	10	78		$10 \times 72 \times 82 \times 12$	10	82	
82	$10 \times 82 \times 88 \times 12$		88		$10 \times 82 \times 92 \times 12$		92	
92	$10 \times 92 \times 98 \times 14$		98	14	$10 \times 92 \times 102 \times 14$		102	14
102	$10 \times 102 \times 108 \times 16$		108	16	$10 \times 102 \times 112 \times 16$		112	16
112	$10 \times 112 \times 120 \times 18$		120	18	$10 \times 112 \times 125 \times 18$		125	18

（2）采用基孔制配合。花键孔（也称内花键）通常用拉刀或插齿刀加工，生产效率高，能获得理想的精度。采用基孔制，可以减少昂贵的拉刀规格，用改变花键轴（也称外花键）的公差带位置的方法，即可得到不同的配合，满足不同场合的配合需要。

（3）必须考虑几何公差的影响。花键在加工过程中，不可避免地存在形状位置误差，为了限制其对花键配合的影响，除规定花键的尺寸公差外，还必须规定几何公差或规定限制形位误差的综合公差。

2．矩形花键的定心方式

花键连接的主要尺寸有 3 个，为了保证使用性能，改善加工工艺，只能选择一个结合面作为主要配合面，对其规定较高的精度，以保证配合性质和定心精度，该表面称为定心表面，如图 9-7 所示。国家标准 GB/T 1144—2001《矩形花键尺寸、公差和检验》规定矩形花键用小径定心，如图 9-7（a）所示。当前，内、外花键表面一般都要求淬硬（40HRC以上），以提高其强度、硬度和耐磨性。小径定心有一系列优点。采用小径定心时，对热处理后的变形，外花键小径可采用成形磨削来修正，内花键小径可用内圆磨修正，而且用内圆磨还可以使小径达到更高的尺寸、形状精度和更高的表面粗糙度要求。因此，小径定心的定心精度高，定心稳定性好，使用寿命长，有利于产品质量的提高。而内花键的大径和键侧则难于进行磨削，标准规定内、外花键在大径处留有较大的间隙。矩形花键是靠键侧传递扭矩的，所以键宽和键槽宽应保证足够的精度。

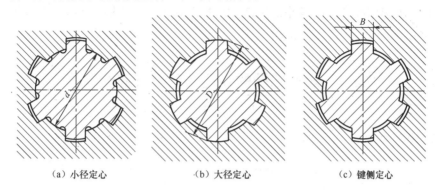

（a）小径定心　　　　　　（b）大径定心　　　　　　（c）键侧定心

图 9-7　矩形花键连接定心方式示意图

3. 矩形花键的公差配合

国家标准 GB/T 1144—2001 规定，矩形花键的尺寸公差采用基孔制，以减少拉刀的数目。内、外花键小径、大径和键宽（键槽宽）的尺寸公差带分为一般用和精密传动用两类，内、外花键的尺寸公差带见表 9-4。表中公差带及其极限偏差数值与 GB/T 1800.3—1998 中规定的一致。对一般用的内花键槽宽规定了拉削后热处理和不热处理两种公差带。标准规定，按装配形式分为滑动、紧滑动和固定 3 种配合。前两种在工作过程中，不仅可传递扭矩，而且花键套还可以在轴上移动；而后一种只用来传递扭矩，花键套在轴上无轴向移动。

矩形花键连接的
公差配合

表 9-4　　　　　矩形花键的尺寸公差带（摘自 GB/T 1144—2001）

内花键				外花键			装配形式
d	D	B		d	D	B	
		拉削后不热处理	拉削后热处理				
一　般　用							
H7	H10	H9	H11	f7	a11	d10	滑动
				g7		f9	紧滑动
				h7		h10	固定
精密传动用							
H5	H10	H7、H9		f5	a11	d8	滑动
				g5		f7	紧滑动
				h5		h8	固定
H6				f6		d8	滑动
				g6		f7	紧滑动
				h6		h8	固定

注：1. 精密传动用的内花键，当需要控制键侧配合间隙时，键槽宽 B 可选用 H7，一般情况下可选用 H9。

　　2. 小径 d 的公差为 H6 或 H7 的内花键，允许与提高一级的外花键配合。

装配形式的选用首先根据内、外花键之间是否有轴向移动，确定选固定连接还是滑动连接。对于内、外花键之间要求有相对移动，而且移动距离长、移动频率高的情况，应选用配合间隙较大的滑动连接，以保证运动灵活性及配合面间有足够的润滑油层，例如，变速箱中齿轮与轴的连接。对于内、外花键之间定心精度要求高，传递扭矩大或经常有反向转动的情况，则选用配合间隙较小的紧滑动连接。对于内、外花键间无需在轴向移动，只用来传递扭矩的情况，则选用固定连接。

9.2.3 矩形花键的几何公差及表面粗糙度

1. 形状公差

定心尺寸小径 d 的极限尺寸应遵守包容要求，即当小径 d 的实际尺寸处于最大实体状态时，它必须具有理想形状，只有当小径 d 的实际尺寸偏离最大实体状态时，才允许有形状误差。

2. 位置公差

矩形花键的位置公差遵守最大实体要求，花键的位置度公差综合控制花键各键之间的角位置、各键对轴线的对称度误差以及各键对轴线的平行度误差等，用综合量规（即位置量规）检验。图样标注如图 9-8 所示。

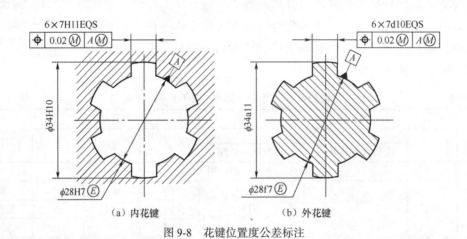

图 9-8 花键位置度公差标注

当单件小批量生产时，采用单项测量，可规定对称度公差和等分度公差（花键各键齿沿 360° 圆周均匀分布为它们的理想位置，允许它们偏离理想位置的最大值为花键的等分度公差）。键和键槽的对称度公差和等分度公差遵守独立原则。国家标准规定，花键的等分度公差等于花键的对称度公差。对称度公差在图样上的标注如图 9-9 所示。矩形花键位置度公差值 t_1 和对称度公差值 t_2 见表 9-5。

矩形花键各结合表面的表面粗糙度要求见表 9-6。

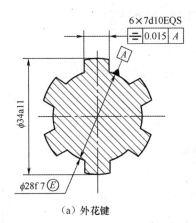
（a）外花键

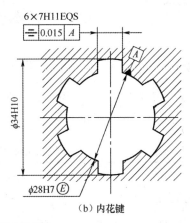
（b）内花键

图 9-9　花键对称度公差标注

表 9-5　　　矩形花键位置度公差 t_1 和对称度公差 t_2（摘自 GB/T 1144—2001）　　　单位：mm

键槽宽或键宽 B			3	3.5 ~ 6	7 ~ 10	12 ~ 18
t_1	键槽宽		0.010	0.015	0.020	0.025
	键宽	滑动、固定	0.010	0.015	0.020	0.025
		紧滑动	0.005	0.010	0.013	0.016
t_2	一般用		0.010	0.012	0.015	0.018
	精密传动用		0.006	0.008	0.009	0.011

表 9-6　　　　　　　　　矩形花键表面粗糙度推荐值　　　　　　　　　单位：μm

加 工 表 面	内 花 键	外 花 键
	Ra 不大于	
大径	6.3	3.2
小径	0.8	0.8
键侧	3.2	0.8

9.2.4　矩形花键连接在图样上的标注

矩形花键连接的规格标记为 $N \times d \times D \times B$，即键数 × 小径 × 大径 × 键宽。对 $N=6$、$d=23\dfrac{H7}{f7}$、$D=26\dfrac{H10}{a11}$、$B=6\dfrac{H11}{d10}$ 的花键标记为

花键规格：　　　　　　　$N \times d \times D \times B$　　　　$6 \times 23 \times 26 \times 6$

对花键副，即在装配图上标注配合代号为

$$6 \times 23\frac{H7}{f7} \times 26\frac{H10}{a11} \times 6\frac{H11}{d10} \quad \text{GB/T 1144—2001}$$

对内、外花键，即在零件图上标注尺寸公差带代号为

内花键：$6 \times 23H7 \times 26H10 \times 6H11$　　　　GB/T 1144—2001

外花键：$6 \times 23f7 \times 26a11 \times 6d10$　　　　GB/T 1144—2001

9.2.5 矩形花键极限尺寸计算

【例 9-2】 计算 $6 \times 23 \dfrac{H7}{f7} \times 26 \dfrac{H10}{a11} \times 6 \dfrac{H11}{d10}$，GB/T 1144—2001 花键连接的极限尺寸。

解： 由表 9-3～表 9-5 可查得内、外花键的小径、大径和键宽（键槽宽）的标准公差和基本偏差，并可计算出它们的极限偏差和极限尺寸，详见表 9-7。

表 9-7 例 9-2 中的极限偏差和极限尺寸 单位：mm

名	称	基本尺寸	公差带	极限偏差		极限尺寸	
				上偏差	下偏差	最大	最小
内花键	小径	$\phi23$	H7	+0.021	0	23.021	23
	大径	$\phi26$	H10	+0.084	0	26.084	26
	键宽	6	H11	+0.075	0	6.075	6
外花键	小径	$\phi23$	f 7	−0.020	−0.041	22.980	22.959
	大径	$\phi26$	a11	−0.300	−0.430	25.700	25.570
	键宽	6	a10	−0.030	−0.078	5.970	5.922

9.3
平键和花键的检测

9.3.1 平键的检测

对于平键连接，需要检测的项目有键宽、轴槽和轮毂槽的宽度、深度及槽的对称度。

（1）键宽、轴槽和轮毂槽的宽度。在单件小批量生产中，通常采用游标尺、千分尺等通用计量器具测量键槽尺寸。大批量生产时，用极限量规控制。

（2）轴槽和轮毂槽深。单件小批量生产，一般用游标卡尺或外径千分尺测量轴尺寸 $d-t_1$，用游标卡尺或内径千分尺测量轮毂尺寸 $d+t_2$。大批量生产时，用专用量规，如轮毂槽深极限量规和轴槽深极限量规测量，如图 9-10 所示。

（3）轴槽和轮毂槽对其轴线的对称度误差可用图 9-10（b）所示的方法进行测量。把与键槽宽度相等的定位块插入键槽，用 V 形块模拟基准轴线，首先进行截面测量，调整被测件使定位块沿径向与平板平行，测量定位块至平板的距离，再把被测件旋转 180°，重复上述测量，得到该截面上下两对应点的读数差为 a，则该截面的对称度误差为

$$f_{截} = ah/(d-h)$$

式中，d—— 轴的直径；

h—— 轴槽深。

接下来再进行长向测量。沿键槽长度方向测量，取长向两点的最大读数差为长向对称

度误差：$f_长 = a_高 - a_低$。取 $f_截$、$f_长$ 中最大值作为该零件对称度误差的近似值。当对称度符合相关公差原则时，可使用键槽对称度量规检验，如图 9-10（d）、（f）所示。

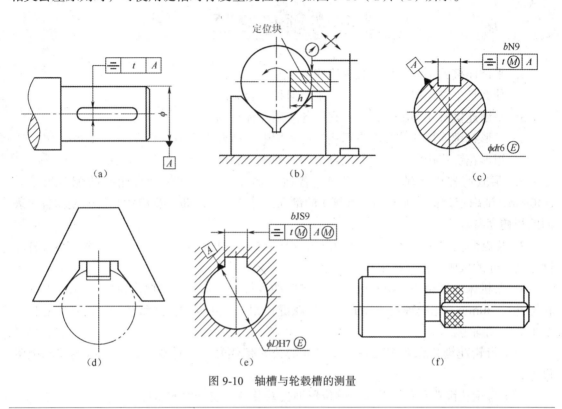

图 9-10　轴槽与轮毂槽的测量

9.3.2　矩形花键的检测

矩形花键的检测分为单项检测和综合检验。

在单件小批量生产中，用通用量具如千分尺、游标卡尺、指示表等分别对各尺寸（d、D 和 B）及形位误差进行检测。

在成批生产中，可先用花键位置量规同时检验花键的小径、大径、键宽及大、小径的同轴度误差，各键和键槽的位置度误差等综合结果。位置量规通过为合格。花键经位置量规检验合格后，可再用单项止端塞规（卡规）或通用计量器具检测其小径、大径及键宽（键槽宽）的实际尺寸是否超越其最小实体尺寸。图 9-11 所示为矩形花键位置量规。

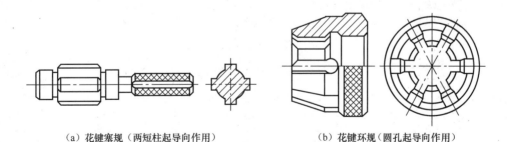

（a）花键塞规（两短柱起导向作用）　　　（b）花键环规（圆孔起导向作用）

图 9-11　矩形花键位置量规

思考题与习题

1. 平键连接的主要几何参数有哪些？

2. 什么是平键连接的配合尺寸？采用何种配合制度？

3. 平键连接有几种配合类型？它们各应用在什么场合？

4. 矩形花键连接的结合面有哪些？通常用哪个结合面作为定心表面？为什么？

5. 矩形花键连接各结合面的配合采用何种配合制度？有几种装配形式？

6. 某减速器中的轴和齿轮间采用普通平键连接，已知轴和齿轮孔的配合尺寸是 $\phi 40mm$，试确定键槽（轴槽和轮毂槽）的剖面尺寸及其公差带、相应的几何公差和各个表面的粗糙度参数值。

7. 某矩形花键连接的标记代号为 $6 \times 26H7/g6 \times 30H10/a11 \times 6H11/f9$，试确定内、外花键主要尺寸的极限偏差及极限尺寸。

8. 某机床变速箱中一滑移齿轮与花键轴的连接，已知花键的规格为 $6 \times 26 \times 30 \times 6$，花键孔长 30mm，花键轴长 75mm，齿轮花键孔相对于花键轴需经常移动，而且定心精度要求高。试确定：

（1）齿轮花键孔和花键轴各主要尺寸的公差带代号，并计算它们的极限偏差和极限尺寸；

（2）齿轮花键孔和花键轴相应的位置度公差及各主要表面的粗糙度值。

第10章

滚动轴承的公差与配合

学习目标

1. 掌握滚动轴承公差的基本概念。
2. 掌握滚动轴承内、外圈结合面公差带的特点。
3. 理解滚动轴承与轴、外壳孔的配合及其选用。

10.1 概述

　　滚动轴承是机械制造业中应用极为广泛的一种标准支承件。它具有摩擦阻力小、效率高、起动灵活、润滑方便和易于互换等优点。

　　滚动轴承的结构形式如图 10-1（a）所示，主要由外圈 1、内圈 2、滚动体 3 和保持架 4 组成。滚动体位于内、外圈的滚道之间，是滚动轴承中必不可少的基本元件。内圈用来和轴颈装配，外圈用来和轴承座装配。当内、外圈相对转动时，滚动体即在内、外圈滚道间滚动。保持架的主要作用是均匀地隔开滚动体。常见滚动体的形状如图 10-1（b）所示，主要有球形、圆柱形、圆锥形、鼓形和针形等。滚动轴承的内、外圈和滚动体一般用轴承钢（如 GCr9、GCr15、GCr15SiMn 等）经淬火制成；保持架则常采用低碳钢板冲压件或青铜、塑料等。

　　滚动轴承分类的主要依据是其所能承受载荷的方向（或公称接触角）和滚动体的种类。

　　滚动轴承按其滚动体的种类不同，可分为球轴承、圆柱或圆锥滚子轴承和滚针轴承；按其所能承受的负荷方向不同，又可分为深沟球轴承（主要承受径向负荷）、平底推力球轴承（主要承受轴向负荷）和向心推力轴承（又称角接触轴承，既能承受径向负荷，又能承受轴向负荷），如图 10-2 所示。向心推力轴承的滚动体与外圈滚道接触点在半径方向与法线 N—N 有一个夹角叫接触角 α，α 越大，承受轴向载荷的能力也越大。

　　滚动轴承工作时，要求转动平稳、旋转精度高、噪声小。为了保证滚动轴承的工作性能与使用寿命，除了轴承本身的制造精度外，还要正确选择轴和外壳孔与轴承的配合、传动轴和外壳孔的尺寸精度、形位精度以及表面粗糙度等。

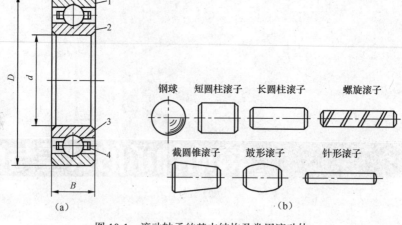

图 10-1　滚动轴承的基本结构及常用滚动体

1—外圈　2—内圈　3—滚动体　4—保持架

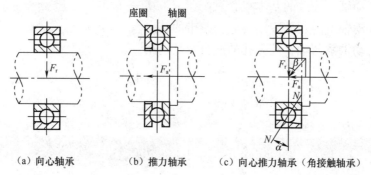

（a）向心轴承　　　　（b）推力轴承　　（c）向心推力轴承（角接触轴承）

图 10-2　不同类型轴承的承载力方向

10.2

滚动轴承的公差

10.2.1　滚动轴承公差等级

　　根据滚动轴承的结构尺寸、公差等级和技术性能等产品特征的符号，滚动轴承国家标准将滚动轴承公差等级分为 P_0、P_6（P_{6x}）、P_5、P_4 和 P_2 共 5 个级别，只有深沟球轴承有 P_2 级，圆锥滚子轴承有 P_{6x} 级而无 P_6 级。其中 P_2 级精度最高，P_0 级精度最低。

　　P_0 级为普通精度等级，在机器制造业中的应用最广，主要用于旋转精度要求不高的机构中，例如，卧式车床变速箱和进给箱；汽车、拖拉机变速箱；普通电机、水泵、压缩机和涡轮机。

　　除 P_0 级外，其余各级统称高精度轴承，主要用于高的线速度或高的旋转精度的场合，这类精度的轴承在各种金属切削机床上应用较多，见表 10-1。

表 10-1		机床主轴轴承精度等级
轴 承 类 型	精 度 等 级	应 用 情 况
深沟球轴承	P_4	高精度磨床、丝锥磨床、螺纹磨床、磨齿机、插齿刀磨床
角接触球轴承	P_5	精密镗床、内圆磨床、齿轮加工机床
	P_6	卧式车床、铣床
单列圆柱滚子轴承	P_4	精密丝杠车床、高精度车床、高精度外圆磨床
	P_5	精密车床、精密铣床、转塔车床、普通外圆磨床、多轴车床、镗床
	P_6	卧式车床、自动车床、铣床、立式车床
向心短圆柱滚子轴承、调心滚子轴承	P_6	精密车床及铣床的后轴承
圆锥滚子轴承	P_4	坐标镗床（P2）、磨齿机（P4）
	P_5	精密车床、精密铣床、镗床、精密转塔车床、滚齿机
	P_{6X}	铣床、车床
推力球轴承	P_6	一般精度车床

10.2.2 滚动轴承公差及其特点

1. 滚动轴承公差

滚动轴承的尺寸公差，主要指轴承的内径和外径的公差。由于滚动轴承的内圈和外圈都是薄壁零件，在制造和保管过程中容易变形，但当轴承内圈与轴和外圈与外壳孔装配后，这种微量变形又能得到矫正，在一般的情况下，也不影响工作性能。因此，国家标准对轴承内径和外径尺寸公差做了以下两种规定。

（1）规定了单一内、外径偏差Δd_s和ΔD_s，其主要目的是为了限制变形量。

（2）规定了单一平面平均内、外径偏差Δd_{mp}和ΔD_{mp}，目的是用于轴承的配合。

对于高精度的 P_4 和 P_2 级轴承，上述两个公差项目都做了规定，而对其他一般公差等级的轴承，只对单一平面平均内、外径偏差有要求。

除此之外，对所有公差等级的轴承都规定了控制圆度的公差和控制圆柱度的公差。

2. 滚动轴承公差带特点

（1）轴承内、外径的尺寸公差的特点是采用单向制，所有公差等级的公差都单向配置在零线下侧，即上偏差为 0，下偏差为负值，如图 10-3 所示。图 10-3 所示为不同公差等级轴承内、外径公差带的分布图。

（2）轴承内孔与轴的配合采用基孔制，在前述国家标准公差与配合中，基准孔的公差带是在零线之上，而轴承的内孔虽然也是基准孔，但其公差带都在零线之下。因此，轴承内圈与轴的配合，比国家标准极限与配合中同名配合要紧得多，配合性质向过盈增加的方向转化。所有公差等级的公差带都偏置在零线之下，这主要是考虑轴承配合的特殊需要，因为在多数情况下，轴承内圈是随轴一起转动的，为防止内圈和轴颈的配合产生相对滑动而磨损，影响轴承

认识滚动轴承内外径公差带及特点

的工作性能，两者之间的配合必须有一定的过盈量。但由于内圈是薄壁零件，且使用一定时间之后，轴承往往要拆换，因此，过盈的数值不宜过大。假如轴承内孔的公差带与一般基准孔的公差带一样，单向偏置在零线上侧，并采用极限与配合标准中推荐的常用（优先）的过盈配合时，所取的过盈量往往太大；若改用过渡配合，又担心可能出现轴孔结合不可靠；若采用非标准的配合，不仅给设计者带来麻烦，而且还不符合标准化和互换性的原则。为此，轴承标准将内径的公差带偏置在零线下侧，再与极限与配合标准中推荐的常用（优先）过渡配合中轴的公差带结合时，完全能满足轴承内孔与轴配合的性能要求。

（3）轴承外径与外壳孔配合采用基轴制，轴承外圈因安装在外壳孔中，通常不旋转，考虑到工作时温度升高会使轴热胀而产生轴向移动，因此两端轴承中有一端应是游动支承，可使外圈与外壳孔的配合稍微松一点，使之能补偿轴的热胀伸长量，不至于使轴变弯而被卡住，影响正常运转（见图10-4）。轴承外径的公差带与极限与配合基轴制的基准轴的公差带虽然都在零线下侧，都是上偏差为零，下偏差为负值，但是两者的公差数值（公差带大小）是不同的。因此，轴承外圈与外壳孔的配合同极限与配合圆柱基轴制的同名配合相比，配合性质也是完全不相同的。

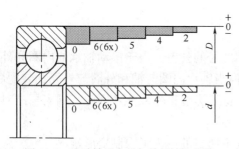

图 10-3　滚动轴承内径与外径的公差带

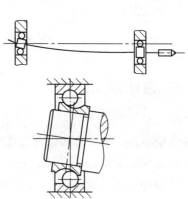

图 10-4　轴的弯曲被卡住

因滚动轴承的内圈和外圈皆为薄壁零件，在制造与保管过程中极易变形（如变成椭圆形），但当轴承内圈与轴装配或外圈与外壳孔装配后，如果这种变形不大，便可得到纠正。因此，对于滚动轴承套圈的任一横截面内测得的最大与最小直径平均值对公称直径的偏差，只要在内、外径公差带内，就认为合格。为了控制轴承的形状误差，滚动轴承标准还规定了其他的技术要求。

10.3
滚动轴承与轴及外壳孔的配合

10.3.1　滚动轴承的配合种类

由于轴承是标准件，其内径和外径公差带在制造时已经确定，因此，它们分别与外壳孔和轴颈的配合，要由外壳孔和轴颈的公差带决定，选择轴承的配合就是确定轴颈和外壳孔的公差带。国家标准所规定的轴颈和外壳孔的公差带如图 10-5 所示。

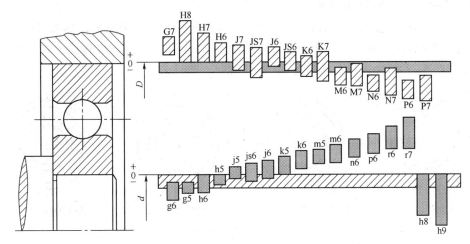

图 10-5　轴颈和外壳孔公差带

由图 10-5 可见，轴承内圈与轴颈的配合比 GB/T 1801—2009 中基孔制同名配合紧一些，g5、g6、h5、h6 轴颈与轴承内圈的配合已变成过渡配合，k5、k6、m5、m6 已变成过盈配合，其余配合也都有所变紧。

轴承外圈与外壳孔的配合与 GB/T 1801—2009 中基轴制的同名配合相比较，虽然尺寸公差有所不同，但配合性质基本相同。

10.3.2　滚动轴承配合的选择

为了使轴承具有较高的定心精度，一般在选择轴承两个套圈的配合时，都偏向紧密。但要防止过紧，因为内圈的弹性胀大和外圈的收缩会使轴承内部间隙减小，甚至完全消除并产生过盈，不仅影响正常运转，还会使套圈材料产生较大的应力，以致降低轴承的使用寿命。因此，现在配合时，要全面考虑各个主要因素，包括轴承套圈相对于负荷的状况、负荷的类型和大小，轴承的尺寸大小，轴承游隙，轴和轴承座的材料、工作环境以及装拆等。

正确地选择轴承配合，对保证机器正常运转，充分发挥其承载能力，延长使用寿命，都有很重要的关系。配合的选择就是如何确定与轴承相配合的轴颈和外壳孔的公差带。选择时主要依据以下几点因素。

1. 轴承套圈相对于负荷的类型

（1）套圈相对于负荷方向固定——定向负荷

径向负荷始终作用在套圈滚道的局部区域，如图 10-6（a）所示不旋转的外圈和图 10-6（b）所示不旋转的内圈均受到一个方向一定的径向负荷 F_r 的作用。汽车与拖拉机前轮（从动轮）轴承内圈受力就是典型例子。

（2）套圈相对于负荷方向旋转——旋转负荷

作用于轴承上的合成径向负荷与套圈相对旋转，并依次作用在该套圈的整个圆周滚道上，如图 10-6（c）所示旋转的内圈和图 10-6（d）所示旋转的外圈均受到一个作用位置依次改变的定向负荷 F_r 的作用。汽车与拖拉机前轮（从动轮）轴承外圈受力就是典型例子。

（3）套圈相对于负荷方向摆动——摆动负荷

大小和方向按一定规律变化的定向负荷作用在套圈的部分滚道上，如图 10-6（c）所示不旋转的外圈和图 10-6（d）所示不旋转的内圈均受到定向负荷 F_r 和较小的旋转负荷 F_c 的同时作用，二者的合成负荷在一定的区域内摆动。

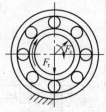

（a）定向负荷、内圈转动　　（b）定向负荷、外圈转动　　（c）旋转负荷、内圈转动　　（d）旋转负荷、外圈转动

图 10-6　轴承套圈与负荷的关系

通常受定向负荷的套圈其配合应选稍松一些，让套圈在工作中偶尔产生少许转位，从而改变受力状态，使滚道磨损均匀，延长轴承使用寿命。受旋转负荷的套圈其配合应选紧一些，以防止套圈在轴颈上或外壳孔的配合表面打滑，引起配合表面发热、磨损，影响正常工作。受摆动负荷的套圈其配合的松紧程度一般与受旋转负荷的套圈相同或稍松些。

2. 轴承负荷的大小

滚动轴承与轴颈和外壳孔的配合还与负荷的大小有关。因为在负荷的作用下，轴承套圈会变形，使配合面间的实际过盈量减少和轴承内部的游隙增大。根据当量径向动负荷 F_r 与轴承产品样本中规定的额定动负荷 C_r 的比值大小，分为轻负荷、正常负荷和重负荷 3 种类型。

一般规定，当 $F_r \leq 0.07C_r$ 时，为轻负荷；当 $0.07C_r < F_r \leq 0.15C_r$ 时，为正常负荷；当 $F_r > 0.15C_r$ 时，为重负荷。

滚动轴承的 C_r 值是在大量实验研究基础上得到的，它表征了轴承的承载特性和使用寿命，不同型号轴承的额定动负荷 C_r 是不同的，可在轴承手册中查取。当量径向动负荷 F_r 的计算公式也可参考有关设计手册中的轴承选型设计。

选择滚动轴承与轴和外壳的配合与负荷大小有关。负荷越大，过盈量应选得越大。因为在重负荷作用下，轴承套圈容易变形，使配合面受力不均匀，引起配合松动。因此，承受轻负荷、正常负荷、重负荷的轴承与轴颈和外壳孔的配合应依次越来越紧一些。

3. 径向游隙

轴承的径向游隙（是指将轴承的一个套圈固定，另一个套圈沿径向或轴向的最大活动量）按 GB/T 4604—2009 规定，分为第 2 组、基本组、第 3 组、第 4 组和第 5 组。游隙的大小依次由小到大。

游隙大小必须合适，过大不仅会使转轴发生较大的径向跳动和轴向窜动，还会使轴承产生较大的振动和噪声；过小又会使轴承滚动体与套圈产生较大的接触应力，使轴承摩擦发热而降低寿命，故游隙大小应适度。

在常温状态下工作的具有基本组径向游隙的轴承（供应的轴承无游隙标记，即是基本组游隙），按表 10-2 选取轴颈和外壳孔公差带一般都能保证有适度的游隙。但如因重负荷轴承内径选取过盈量较大的配合（见表 10-2 注③），则为了补偿变形引起的游隙过小，应选用大于基本组游隙的轴承。

4．其他因素

（1）温度的影响

因轴承摩擦发热和其他热源的影响而使轴承套圈的温度高于相配件的温度时，内圈轴颈的配合将会变松，外圈外壳孔的配合将会变紧。当轴承工作温度高于 100℃时，应对所选用的配合作适当修正（减小外圈与外壳孔的过盈，增加内圈与轴颈的过盈）。

（2）转速的影响

对于转速高而又承受冲击动负荷作用的滚动轴承，轴承与轴颈的外壳孔的配合应选用过盈配合。

（3）公差等级的协调

选择轴承和外壳孔精度等级时，应与轴承精度等级协调。如 P_0 级轴承配合轴颈一般为IT6，外壳孔则为 IT7；对旋转精度和运动平稳性有较高要求的场合（如电动机），轴颈为IT5 时，外壳孔选为 IT6。

对于滚针轴承，外壳孔材料为钢或铸铁时，尺寸公差带可选用 N5（或 N6）；为轻合金时选用比 N5（或 N6）略松的公差带。轴颈尺寸公差有内圈时选用 k5（或 j6），无内圈时选用 h5（或 h6）。

滚动轴承与轴和外壳孔的配合选择是综合上述诸因素用类比法进行的。表 10-2～表10-5 列出了常用配合的选用资料，供参考。

表 10-2　　　　　　　　　安装向心轴承和角接触轴承的轴颈公差带

内圈工作条件		应用举例	深沟球轴承和角接触球轴承	圆柱滚子轴承和圆锥滚子轴承	调心滚子轴承	轴颈公差带
旋转状态	负荷类型		轴承公称内径/mm			
圆柱孔轴承						
内圈相对于负荷方向旋转或摆动	轻负荷	电器、仪表、机床主轴、精密机械、泵、通风机、传送带	≤18	—	—	h5
			18～100	≤40	≤40	j6[①]
			100～200	40～143	40～100	k6[①]
			—	140～200	100～200	m6[①]
内圈相对于负荷方向旋转或摆动	正常负荷	一般机械、电动机、涡轮机、泵、内燃机、变速箱、木工机械	≤18	—	—	j5
			18～100	≤40	≤40	k5[②]
			100～140	40～100	40～65	m5[②]
			140～200	100～140	65～100	m6
			200～280	140～200	100～140	n6
			—	200～400	140～280	p6
			—	—	280～500	r6
			—	—	>500	r7

续表

内圈工作条件		应用举例	深沟球轴承和角接触球轴承	圆柱滚子轴承和圆锥滚子轴承	调心滚子轴承	轴颈公差带
旋转状态	负荷类型		轴承公称内径/mm			
圆柱孔轴承						
内圈相对于负荷方向旋转或摆动	重负荷	铁路车辆和电车的轴箱、牵引电动机、轧机、破碎机等重型机械	—	50～140	50～100	n6③
			140～200	100～140	p6③
			>200	140～200	r6③
		—	—	>200	r7③
内圈相对于负荷方向静止	各类负荷	静止轴上的各种轮子内圈必须在轴向容易移动	所有尺寸			g6①
		张紧滑轮、绳索轮内圈不需在轴向移动	所有尺寸			h6①
纯轴向负荷		所有应用场合	所有尺寸			j6 或 js6
圆锥孔轴承（带锥形套）						
所有负荷		火车和电车的轴箱	装在退卸套上的所有尺寸			h8（IT5）④
		一般机械或传动轴	装在紧定套上的所有尺寸			h9（IT7）⑤

注：① 对精度有较高要求的场合，应选用 j5、k5、…分别代替 j6、k6、…

② 单列圆锥滚子轴承和单列角接触球轴承的内部游隙的影响不甚重要，可用 k6 和 m6 分别代替 k5 和 m5。

③ 应选用轴承径向游隙大于基本组游隙的滚子轴承。

④ 凡有较高的精度或转速要求的场合，应选用 h7，轴颈形状公差为 IT5。

⑤ 尺寸≥500mm，轴颈形状公差为 IT7。

表 10-3　　　　　　　　　　　　安装向心轴承和角接触轴承的外壳孔公差带

外圈工作条件				应用举例	外壳孔公差带②
旋转状态	负荷类型	轴向位移的限度	其他情况		
外圈相对于负荷方向静止	轻、正常和重负荷	轴向容易移动	轴处于高温场合	烘干筒、有调心滚子轴承的大电动机	G7
			剖分式外壳	一般机械、铁路车辆轴箱	H7①
	冲击负荷	轴向能移动	整体式或剖分式外壳	铁路车辆轴箱轴承	J7①
外圈相对于负荷方向摆动	轻和正常负荷			电动机、泵、曲轴主轴承	
	正常和重负荷			电动机、泵、曲轴主轴承	K7①
	重冲击负荷		整体式外壳	牵引电动机	M7①
外圈相对于负荷方向旋转	轻负荷	轴向不移动		张紧滑轮	M7①
	正常和重负荷			装有球轴承的轮	N7①
	重冲击负荷		薄壁，整体式外壳	装有滚子轴承的轮毂	P7①

注：① 对精度有较高要求的场合，应选用 P6、N6、M6、K6、J6 和 H6 分别代替 P7、N7、M7、K7、J7 和 H7，并应同时选用整体式外壳。

② 对于轻合金外壳应选择比钢或铸铁外壳较紧的配合。

表 10-4	安装推力轴承的轴颈公差带			
轴圈工作条件		推力球和圆柱滚子轴承	推力调心滚子轴承	轴颈公差带
		轴承公称内径/mm		
纯轴向负荷		所有尺寸	所有尺寸	j6 或 js6
径向和轴向联合负荷	轴圈相对于负荷方向静止	—	≤250	j6
		—	>250	js6
	轴圈相对于负荷方向旋转或摆动	—	≤200	k6
		—	200～400	m6
		—	>400	n6

表 10-5	安装推力轴承的外壳孔公差带		
座圈工作条件		轴承类型	外壳孔公差带
纯轴向负荷		推力球轴承	H8
		推力圆柱滚子轴承	H7
		推力调心滚子轴承	①
径向和轴向联合负荷	座圈相对于负荷方向静止或摆动	推力调心滚子轴承	H7
	座圈相对于负荷方向旋转		M7

注：① 外壳孔与座圈间的配合间隙为 0.0001D，D 为外壳孔直径。

10.3.3　轴颈和外壳孔的几何公差与表面粗糙度

为了保证轴承正常工作，除了正确选择配合外，还应对与轴承配合的轴颈和外壳孔的几何公差及表面粗糙度提出要求。因为轴颈和外壳孔的几何形状误差会使轴承内圈产生变形而影响轴承的原始精度，导致主轴旋转精度下降，如图 10-7 所示。故轴颈和外壳孔应采用包容要求，并规定更严的圆柱度公差。

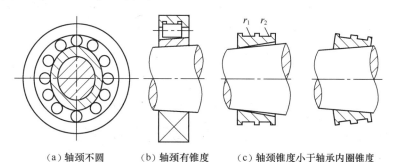

(a) 轴颈不圆　　(b) 轴颈有锥度　　(c) 轴颈锥度小于轴承内圈锥度

图 10-7　主轴轴颈形状误差引起轴承内圈变形

此外，用做轴承轴向定位面的主轴轴肩端面，主轴箱体支承座孔轴肩端面（见图 10-8），都会使轴承在装配时受力不均而产生歪斜，并引起滚道畸变，同时会使主轴弯曲，所以轴肩和外壳孔肩端面应规定端面圆跳动公差。

GB/T 275—2009 规定了与各种轴承配合的轴颈和外壳孔的几何公差，见表 10-6。配合面的表面粗糙度见表 10-7。

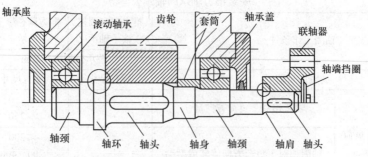

图 10-8 直齿圆柱齿轮减速器输出轴

表 10-6　　　　　轴颈和外壳孔的几何公差（摘自 GB/T 275—2009）

轴承公称内、外径/mm	圆　柱　度				端面圆跳动			
	轴颈		外壳孔		轴颈		外壳孔	
	轴承精度等级							
	P_0	P_6	P_0	P_6	P_0	P_6	P_0	P_6
	公差值/μm							
18～30	4	2.5	6	4	10	6	15	10
30～50	4	2.5	7	4	12	8	20	12
50～80	5	3	8	5	15	10	25	15
80～120	6	4	10	6	15	10	25	15
120～180	8	5	12	8	20	12	30	20
180～250	10	7	14	10	20	12	30	20

表 10-7　　　　　轴颈和外壳孔的表面粗糙度（摘自 GB/T 275—2009）

配　合　表　面	轴承精度等级	配合面的尺寸公差等级	轴承公称内、外径/mm	
			≤80	80～500
			表面粗糙度参数 Ra 值/μm	
轴颈	P_0	IT6	≤1	≤1.6
外壳孔		IT7	≤1.6	≤2.5
轴颈	P_6	IT5	≤0.63	≤1
壳体孔		IT6	≤1	≤1.6
轴的外壳孔肩端面	P_0	—	≤2	≤2.5
	P_6		≤1.25	≤2

注：轴承装在紧定套或退卸套上时，轴表面的表面粗糙度参数 Ra 值不应大于 2.5μm。

10.3.4　滚动轴承配合选择实例

【例 10-1】图 10-9 所示为直齿圆柱齿轮减速器输出轴轴颈的部分装配图，已知该减速器的功率为 5kW，从动轴转速为 83r/min，其两端的轴承为 211 深沟球轴承（$d = 55mm$，$D = 100mm$），齿轮的模数为 3mm，齿数为 79。试确定轴颈和外壳孔的公差带代号（尺寸极限偏差）、几何公差值和表面粗糙度参数值，并将它们分别标注在装配图和零件图上。

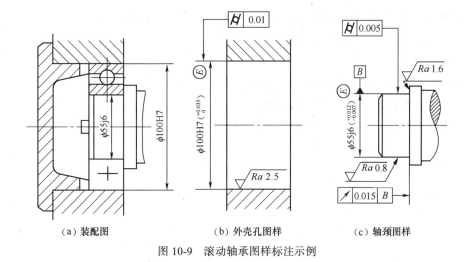

（a）装配图　　　　　　（b）外壳孔图样　　　　　（c）轴颈图样

图 10-9　滚动轴承图样标注示例

解：（1）减速器属于一般机械，轴的转速不高，所以选用 P_0 级轴承。

（2）受定向负荷的作用，内圈与轴一起旋转，外圈安装在剖分式壳体中，不旋转。因此，内圈相对于负荷方向旋转，它与轴颈的配合应较紧；外圈相对于负荷方向静止，它与外壳孔的配合应较松。

（3）按该轴承的工作条件，由经验计算公式，并经单位换算，求得该轴承的当量径向负荷 F_r 为 883N，查得 211 球轴承的额定动负荷 C_r 为 33354N。所以 $F_r=0.03C_r<0.07C_r$，故轴承的负荷类型属于轻负荷。

（4）按轴承工作条件从表 10-2 和表 10-3 中选取轴颈公差带为 ϕ55j6（基孔制配合），外壳孔公差带为 ϕ100H7（基轴制配合）。

（5）按表 10-6 选取几何公差值：轴颈圆柱度公差为 0.005mm，轴肩端面圆跳动公差为0.015mm；外壳孔圆柱度公差为 0.01mm。

（6）按表 10-7 选取轴颈和外壳孔表面粗糙度参数值：轴颈 $Ra\leqslant1\mu m$，轴肩端面 $Ra\leqslant$ 2μm；外壳孔 $Ra\leqslant2.5\mu m$。

（7）将确定好的上述公差标注在图样上，如图 10-9（b）、（c）所示。

由于滚动轴承是外购的标准部件，因此，在装配图上只需注出轴颈和外壳孔的公差带代号［见图 10-9（a）］。

思考题与习题

1. 滚动轴承的精度等级分为哪几级？哪级应用最广？
2. 滚动轴承与轴和外壳孔配合采用哪种基准制？
3. 滚动轴承内、外径公差带有何特点？为什么？
4. 选择轴承与轴和外壳孔配合时主要考虑哪些因素？
5. 滚动轴承承受的负荷类型不同与选择配合有何关系？
6. 滚动轴承承受的负荷大小不同与选择配合有何关系？

7. 某机床转轴上安装 P_6 级精度的深沟球轴承，其内径为 40mm，外径为 90mm，该轴承承受一个 F_r=4 000N 的当量定向径向负荷，轴承的额定动负荷 C_r 为 31 400N，内圈随轴一起转动，外圈固定。试确定：

（1）与轴承配合的轴颈、外壳孔的公差带代号；

（2）画出公差带图，计算出内圈与轴、外圈与孔配合的极限间隙、极限过盈；

（3）轴颈和外壳孔的几何公差和表面粗糙度参数值。

第11章

渐开线圆柱齿轮的公差与测量

学习目标

1. 了解齿轮传动的特点及其使用要求。
2. 了解齿轮的公差项目及其误差。
3. 了解齿轮副的公差项目及其误差。
4. 了解渐开线圆柱齿轮精度标准：适用范围、精度等级、公差组、检验组、齿轮及齿轮副的公差、侧隙及齿后极限偏差、齿坯精度、图样标注。
5. 掌握齿轮误差的测量。

11.1

概述

11.1.1 齿轮传动的使用要求

齿轮传动按照用途主要分为 3 种类型：传动齿轮、动力齿轮和分度齿轮。根据不同的齿轮传动，对齿轮的要求也不同，但主要有以下 4 个方面的要求。

（1）传递运动的准确性

要求从动轮与主动轮运动协调，限制齿轮在一转范围内传动比的变化幅度。

（2）传动运动的平稳性

要求瞬时传动比的变化幅度小。由于存在齿轮齿廓制造误差，在一对轮齿啮合过程中，传动比发生高频瞬时突变。所以要求瞬时传动比的变化幅度不要过大，否则会引起冲击、噪声和振动，严重时会损坏齿轮。

（3）载荷分布的均匀性

若齿面上的载荷分布不均匀，将会导致齿面接触不好，而产生应力集中，引起磨损、点蚀或轮齿折断，严重影响齿轮使用寿命。

（4）传动侧隙的合理性

在齿轮传动中，为了储存润滑油，补偿齿轮的受力变形、受热变形以及制造和安装的误差，对齿轮啮合的非工作面应留有一定的侧隙，否则会出现卡死或烧伤现象；但侧隙又不能过大，否则对经常正反转的齿轮会产生空程和引起换向冲击。因此侧隙必须合理确定。

11.1.2　齿轮传动的特点

为了保证齿轮传动的良好工作性能，对上述的 4 个方面均有一定的要求。但是各类不同用途和不同工作条件的齿轮传动对上述使用要求也有所侧重，具体特点如下。

（1）分度齿轮和读数齿轮

分度齿轮和读数齿轮如精密机床的分度机构、测量仪器的读数机构或控制系统等的齿轮，其特点是传递功率小、转速低、传递运动准确，主要要求传动运动的准确性。

（2）一般机器的动力齿轮

一般机器的动力齿轮如汽车、拖拉机，通用减速器中的齿轮和机床的变速齿轮，机床变速箱中的齿轮，其特点是圆周速度高、传递功率大，主要要求传动平稳性和载荷分布的均匀性。

（3）高速大功率传动齿轮

高速大功率传动齿轮如汽轮机减速器上的齿轮，由于圆周速度高，传递功率大，对传动平稳性有严格的要求。对传递运动准确性和载荷分布均匀性也有较高的要求，而且要求有较大的齿侧间隙，以便润滑油畅通，避免因温度升高而咬死。

（4）低速重载齿轮

低速重载齿轮如轧钢机、矿山机械、起重机等重型机械上的齿轮，其特点是功率大、转速低，主要要求齿面接触良好，所以对载荷分布均匀性要求高。齿侧间隙也应足够大，而对传递运动准确性和传动平稳性的要求则可降低一些。

11.2 圆柱齿轮误差的评定参数及其检测

11.2.1　影响运动准确性的评定参数

对影响齿轮传递运动准确性的误差，规定了 5 个评定参数，并将限制这 5 项加工误差的项目称为第 I 公差组。这 5 个评定参数分别如下。

（1）切向综合总偏差 F_i'

切向综合总偏差 F_i' 是指被测齿轮与理想精确的测量齿轮单面啮合检验时，在被测齿轮一转内，齿轮分度圆上实际圆周位移与理论圆周位移的最大差值。

在检验过程中，使设计中心距不变，齿轮的同侧齿面处于单面啮合状态，以分度圆弧长计值，如图 11-1 所示。

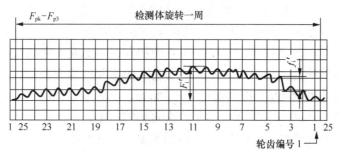

图 11-1 切向综合总偏差 F_i' 和一齿切向综合偏差 f_i'

 注 意

除另有规定外，切向综合总偏差的测量不是强制性的。然而，经供需双方同意时，这种方法最好与轮齿接触的检验同时进行，有时可以用来替代其他检测方法。

测量齿轮允许用精确齿条、蜗杆、测头等测量元件代替。当测量齿轮的质量达不到高于被检齿轮 4 个等级，必须考虑其不精确性。

F_i' 可在单面综合检查仪（单啮仪）上测量，如图 11-2 所示，用标准蜗杆与被测齿轮啮合，两者各带一光栅盘与信号发生器，两者的角位移信号在比相器内进行比相，并记录被测齿轮的切向综合误差线。用单面综合检查仪测量是综合测量，测量效率高，测量结果接近实际使用情况，但仪器价格昂贵。

（2）齿距累积总偏差 F_p

齿距累积总偏差 F_p 是指齿轮同侧齿面任意弧段 $(k = 1 - z)$ 内的最大齿距累积偏差。它表现为齿距累积偏差曲线的总幅值，如图 11-3（a）所示。

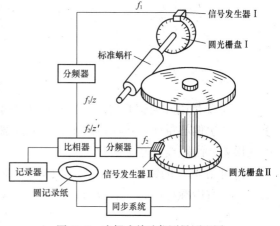

图 11-2 光栅式单啮仪测量原理图

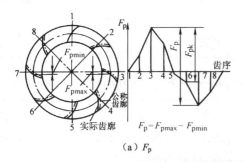

$$F_p = F_{pmax} - F_{pmin}$$

（a）F_p

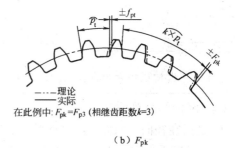

在此例中：$F_{pk} = F_{p3}$（相继齿距数 $k=3$）

（b）F_{pk}

图 11-3 齿距累计总偏差 F_p 及齿距累计偏差 F_{pk}

F_p 反映了齿轮的几何偏心和运动偏心使齿轮齿距不均匀所产生的齿距累积误差。由于它能反映齿轮一转中偏心误差引起的转角误差。所以 F_p 可代替 F_i' 作为评定齿轮传递运动准确性的项目。两者的差别：F_p 是分度圆周上逐齿测得的有限个点的误差情况，不能反映两齿间传动比的变化。而 F_i' 是在单面连续转动中测得的一条连续误差曲线，能反映瞬时传动比的变化情况，与齿轮工作情况相近，数值上 $F_p = 0.8F_i'$。

F_p 直接反映齿轮的转角误差，是径向误差和切向误差综合作用的结果。F_p 可以全面反映齿轮传递运动的准确性，是齿轮传递运动准确性的强制性检测指标。必要时（如齿轮齿数多，精度要求高）可增加 F_{pk} 检测指标。F_{pk} 称为 k 个齿距累积偏差，是指在齿轮的端截面上，在接近齿高中部的一个与测量基准轴线同心的一个圆上，任意 k 个同侧齿面间的实际弧长和理论弧长的代数差，k 为从 2 到 $z/8$ 的整数（z 指齿数）。

（3）径向跳动 F_r

F_r 是指测头（球形、圆柱形、砧形）相继置于齿槽内时，从它到齿轮轴线的最大和最小径向距离之差，如图 11-4 所示。图中偏心量是径向跳动的一部分，F_r 约为 $2f_e$。

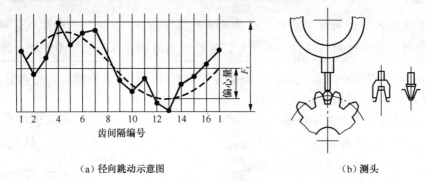

（a）径向跳动示意图　　　　　　　　　（b）测头

图 11-4　径向跳动 F_r

F_r 主要是由几何偏心引起的。切齿时由于齿坯孔与心轴间有间隙 e，使两旋转轴线不重合而产生偏心量 f_e。造成齿圈上各点到孔轴线距离不等、形成以齿轮一转为周期的径向周期误差，齿距或齿厚也不均匀。

F_r 可用 40° 的锥形或槽形测头及球形、圆柱测头测量。测量时将测头放入齿槽，使测头与左、右齿廓在齿高中部接触，球测头直径 d 按下式求出

$$d = 1.68m$$

式中，m——模数，mm。

F_r 可用径向跳动检查仪、偏摆检查仪测量，如图 11-5 所示。此方法测量效率低，适于小批生产。

提　示

当所有齿槽宽相等而存在齿距偏差时，用槽形测头检测 F_r，指示径向位置的变化为最佳。

（4）径向综合总偏差 F_i''

F_i'' 是指在径向（双面）综合检验时，产品齿轮的左右齿面同时与测量齿轮接触，并转过一整圈时出现的中心距最大值和最小值之差，如图 11-6 所示。

F_i'' 主要反映了齿轮安装偏心造成齿轮的径向综合误差。可采用双面啮合仪测量，如图 11-7 所示。被测齿轮装在固定滑座上，标准齿轮装在浮动滑座上，由弹簧顶紧，使两齿轮紧密双面啮合。在啮合转动时，由于被测齿轮的径向周期误差推动标准齿轮及浮动滑座，使中心距变动，由指示表读出中心距变动量或通过传动带划针和记录纸画出误差曲线。

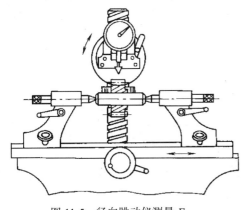

图 11-5　径向跳动仪测量 F_r

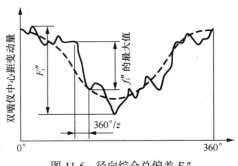

图 11-6　径向综合总偏差 F_i''

双面啮合仪测量 F_i'' 的优点是比单面啮合仪简单、操作方便、效率高，适用于成批大量生产；缺点是只能反映径向误差，与齿轮实际工作状态不尽符合。

（5）公法线长度变动 F_w

F_w 是指在齿轮一周范围内，实际公法线长度最大值与最小值之差（见图 11-8），$\Delta F_w = W_{K \max} - W_{k \min}$。

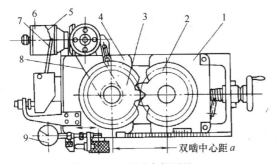

图 11-7　双面啮合仪测量 F_i''

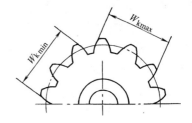

图 11-8　公法线长度变动

公法线是指 k 个齿的异侧齿廓间的公共法线长度，此长度可用公法线千分尺测量（见图 11-9），然后由下式算出。

$$W = m[1.476(2k - 1) + 0.014z]$$

式中，m——模数（mm）；

　　　k——测量跨齿数，$k = z/9 + 0.5$；

　　　z——齿轮齿数。

测量公法线长度可用公法线百分尺［见图 11-9（a）］，其分度值为 0.01mm，用于一般精度齿轮的公法线长度测量；也可用公法线指示卡规［见图 11-9（b）］，它是根据比较法来进行测量的，其指示表的分度值为 0.005mm，用于较高精度齿轮的测量。对于较低精度的齿轮，也可用分度值为 0.02mm 的游标卡尺测量。

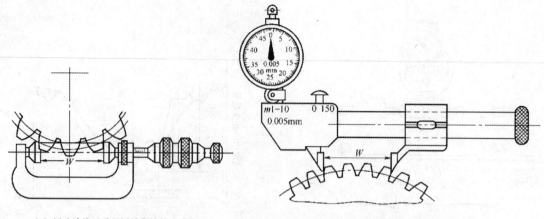

（a）用公法线千分尺测量齿轮的公法线　　　　　（b）用公法线指示卡规测量齿轮的公法线

图 11-9　公法线长度测量

11.2.2　影响传动平稳性的评定参数

影响齿轮传动平稳性的误差主要有基圆齿距误差（基节偏差）和齿形误差，它们主要是由刀具误差和传动链误差引起的。影响齿轮传动平稳性的误差项目主要有 5 项，并将限制这 5 项的公差项目称为第 II 公差组。

（1）一齿切向综合偏差 f_i'

f_i' 是指被测齿轮与理想精确的测量齿轮单面啮合时，在被测齿轮一个齿距角内的切向综合偏差，以分度圆弧长计值，即图 11-1 所示曲线上小波纹的最大幅度值。

f_i' 主要反映由刀具制造和安装误差及机床分度蜗杆安装、制造误差所造成的齿轮短周期综合误差。f_i' 能综合反映转齿和换齿误差对传动平稳性的影响；f_i' 越大，转速越高，传动越不平稳，噪声和振动也越大。

f_i' 的测量仪器与测量 F_i' 用的仪器相同，如图 11-2 所示。

（2）一齿径向综合偏差 f_i''

f_i'' 是指被测齿轮与理想精确的测量齿轮双面啮合时，在被测齿轮一个齿距角 $360° /z$ 内，双啮中心距的最大变动量，如图 11-6 所示。

f_i'' 主要反映由刀具制造和安装误差（如刀具的齿距，齿形误差及偏心等）所造成的齿轮径向短周期综合误差，但不能反映由机床传动链的短周期误差引起的齿轮切向的短周期误差。

f_i'' 优缺点及测量仪器与 F_i'' 相同，在双啮仪上同时测得。F_i'' 曲线中高频波纹的最大幅值即为 f_i''。

（3）齿廓总偏差 $F_α$

齿廓偏差是指实际齿廓偏离设计齿廓的量，该量在端面内且垂直于渐开线齿廓的方向计值。齿廓偏差有齿廓总偏差 $F_α$ 和齿廓形状偏差、齿廓倾斜偏差。

$F_α$ 是指在计值范围内，包括实际齿廓迹线的两条设计齿廓迹线间的距离，如图 11-10 所示。除齿廓总偏差 $F_α$ 外，由于齿廓的形状偏差和倾斜偏差均属非必检项目，此处不再赘述。

设计齿廓是指符合设计规定的齿廓。无其他限定时，设计齿廓指端面齿廓。在端面曲线图中，未经修形的渐开线齿廓一般为直线。齿廓迹线若偏离了直线，其偏离量即表示与被检齿轮的基圆所展成的渐开线的偏差。齿廓计值范围 L_α 等于从有效长度 L_{AE} 的顶端和倒棱处减去8%。

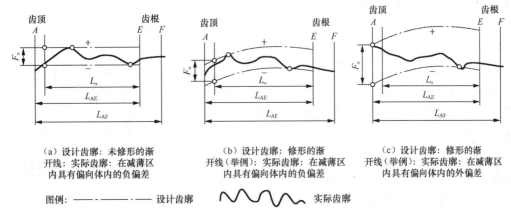

（a）设计齿廓：未修形的渐
开线；实际齿廓：在减薄区
内具有偏向体内的负偏差

（b）设计齿廓：修形的渐
开线（举例）；实际齿廓：在减薄区
内具有偏向体内的负偏差

（c）设计齿廓：修形的渐
开线（举例）；实际齿廓：在减薄区
内具有偏向体内的外偏差

图例：——— 设计齿廓　　　～～～ 实际齿廓

图 11-10　齿廓总偏差 F_α

A—轮齿齿顶或倒角的起点　　E—有效齿廓起始点　　F—可用齿廓起始点　　L_{AF}—可用长度　　L_{AE}—有效长度

齿廓总偏差是由于刀具设计的制造误差、安装误差及机床传动链误差等引起的。此外，长周期误差对齿形精度也有影响。

齿廓总偏差对传动平稳性的影响，如图 11-11 所示。齿廓总偏差使接触点偏离了啮合线，而引起瞬时传动比的突变，破坏了传动的平稳性。

F_α 测量通常使用单盘式或万能式渐开线检查仪及齿轮单面啮合整体误差测量仪。其原理是利用精密机械发生正确的渐开线与实际齿廓进行比较，确定齿廓总偏差。图 11-12 所示为单盘渐开线检查仪原理图。被测齿轮 2 与一直径等于该齿轮基圆直径的基圆盘 1 同轴安装。转动手轮 6，丝杠 5 使纵滑板 7 移动，直尺 3 与基圆盘 1 在一定的接触压力下做纯滚动。杠杆 4 一端为测头与齿面接触，另一端与指示表 8 相连。直尺 3 与基圆盘 1 的接触点在其切平面上。滚动时，测量头与齿廓相对运动的轨迹应是正确的渐开线。若被测齿廓不是理想渐开线，则测头摆动经杠杆 4 在指示表 8 上读出 F_α。

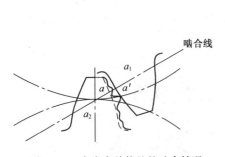

图 11-11　有齿廓总偏差的啮合情况

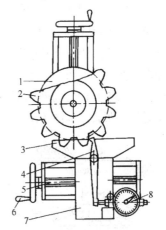

图 11-12　用单盘渐开线检查仪测量 F_α

1—基圆盘　2—被测齿轮　3—直尺　4—杠杆
5—丝杠　6—手轮　7—滑板　8—指示表

单盘式渐开线检查仪由于齿轮基圆不同使基圆盘数量增多，故只适于成批生产的齿轮检验。万能式渐开线检查仪可测不同基圆大小的齿轮,且不需要更换基圆盘。但其结构复杂,价格较贵,适于多品种小批量生产。

对 F_α 的测量,应至少在圆周三等分处,三个齿的两侧齿面进行。

（4）基圆齿距总偏差 f_{pb}

f_{pb} 是指实际基圆齿距与公称基圆齿距之差,实际基圆齿距是指切于基圆柱的平面与相邻侧齿面交线间的距离,如图 11-13 所示。

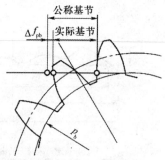

图 11-13　基圆齿距总偏差 f_{pb}

f_{pb} 主要是由于齿轮滚刀的齿距偏差及齿廓偏差;齿轮插刀的基圆齿距偏差及齿廓偏差造成的。

滚、插齿加工时,齿轮基圆齿距两端点是由相邻齿同时切出的,故与机床传动链误差无关;而在磨齿时,则与机床分度机构误差及基圆半径调整有关。

f_{pb} 对传动的影响是由啮合的基圆齿距不等引起的。理想的啮合过程中,啮合点应在理论啮合线上。当基圆齿距不等时,在轮齿交接过程中,啮合点将脱离啮合线。若 $p_{b2}<p_{b1}$,将出现齿顶啮合现象,如图 11-14（a）所示;若 $p_{b2}>p_{b1}$,则后续齿将提前进入啮合,如图 11-14（b）所示。故瞬时传动比将发生变化,影响齿轮传动的平稳性。

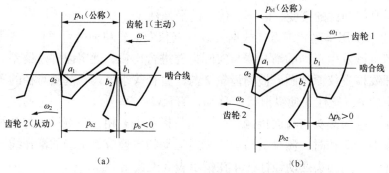

图 11-14　基圆齿距总偏差对齿轮传递平稳性的影响

基节偏差通常用基圆齿距仪（见图 11-15）或万能测齿仪测量,基圆齿距仪测量的优点是可在机测量,避免用其他同类仪器测量时因脱机后齿轮重新"对刀""定位"的问题。先用装在特殊量爪 2、4 间的量块组 3（尺寸等于公称基圆齿距）,把测头 1 和 5 间的距离调整好〔见图 11-15（a）〕,旋转螺钉 6,调整到公称基圆齿距且指示表 7 调零,即可对轮齿进行比较测量,如图 11-15（b）所示。

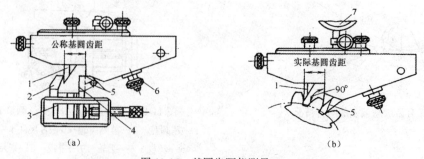

图 11-15　基圆齿距仪测量 f_{pb}

1、5—测头　2、4—特殊量爪　3—量块组　6—螺钉　7—指示表

（5）单个齿距偏差 f_{pt}

f_{pt} 是指在分度圆上实际齿距与公称齿距之差，如图 11-16 所示。

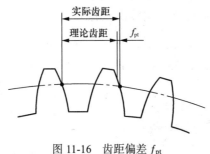

图 11-16　齿距偏差 f_{pt}

用相对法测量时，公称齿距是指所有实际齿距的平均值。测量方法与前面 F_P 的测量方法相同。

11.2.3　影响载荷分布均匀性的评定参数

（1）螺旋线偏差

在端面基圆切线方向上测得实际螺旋线偏离设计螺旋线的量称为螺旋线偏差，如图 11-17 所示。设计螺旋线为符合设计规定的螺旋线。螺旋线曲线图包括实际螺旋线迹线、设计螺旋线迹线和平均螺旋线迹线。螺旋线计值范围 L_β 等于迹线长度两端各减去 5% 的迹线长度，但减去量不超过一个模数。

螺旋线偏差包括螺旋线总偏差、螺旋线形状偏差和螺旋线倾斜偏差，它影响齿轮啮合过程中的接触状况，影响齿面载荷分布的均匀性。螺旋线偏差用于评定轴宽斜齿轮及人字齿轮，它适用于大功率、高速、高精度的宽斜齿轮传动。

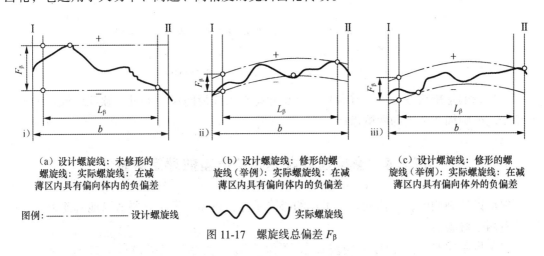

（a）设计螺旋线：未修形的螺旋线：实际螺旋线：在减薄区内具有偏向体内的负偏差

（b）设计螺旋线：修形的螺旋线（举例）：实际螺旋线：在减薄区内具有偏向体内的负偏差

（c）设计螺旋线：修形的螺旋线（举例）：实际螺旋线：在减薄区内具有偏向体外的负偏差

图例：———— 设计螺旋线　〰〰〰 实际螺旋线

图 11-17　螺旋线总偏差 F_β

（2）螺旋线总偏差 F_β

螺旋线总偏差 F_β 是在计值范围内，包容实际螺旋线迹线的两条设计螺旋线迹线间的纵坐标距离（见图 11-17）。可在螺旋线检查仪上测量未修形螺旋线的斜齿轮螺旋线偏差。对于渐开线直齿圆柱齿轮，螺旋角 $\beta = 0$，此时 F_β 称为齿向偏差。螺旋线总公差是螺旋线总偏差的允许值。

螺旋线总偏差 F_β 主要由机床导轨倾斜，夹具和齿坯安装误差引起，如图 11-18、图 11-19 所示。对斜齿轮，还与附加运动链的调整误差有关。

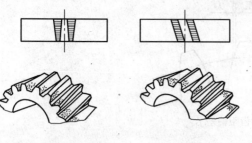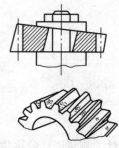

（a）刀架导轨径向倾斜　　（b）刀架导轨切向倾斜

图 11-18　刀架导轨倾斜产生的齿向误差　　　　图 11-19　齿坯基准端面跳动产生的齿向误差

测量低于 8 级的直齿圆柱齿轮 1 齿向偏差最简单的方法如图 11-20（a）所示。将小圆棒 2($d \approx 1.68m$)放入齿间内，用指示表 3 在两端测量读数差，并按齿宽长度折算缩小，即为齿向误差值。也可用图 11-20（b）所示方法测量，即调整杠杆千分表 4 的测头处于齿面的最高位置，在两端的齿面上接触并移进移出，两端最高点的读数差即是 F_β。

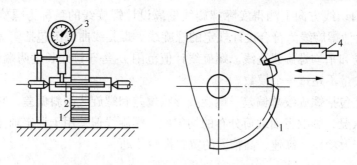

（a）用小圆棒测齿向误差　　　　（b）用指示表直接在齿面上测量齿向误差

图 11-20　齿坯基准端面

1—被测齿轮　2—小圆棒　3—指示表　4—杠杆千分表

斜齿轮的螺旋线偏差可在导程仪、螺旋角检查仪或齿向仪上测量。螺旋线偏差应测量不少于均分圆周 3 个齿的两侧齿面。

11.2.4　影响齿轮副侧隙的偏差的评定参数

保证齿轮副侧隙，是传动正常工作的必要条件。在加工齿轮时要适当地减薄齿厚，齿厚共有两个检验项。

（1）齿厚偏差 E_{sn}（齿厚上偏差 E_{sns}、下偏差 E_{sni}、齿厚公差 T_{sn}）

E_{sn} 是指在分度圆柱面上，齿厚的实际值与公称齿厚值之差。对于斜齿轮，指法向齿厚，如图 11-21 所示。

按定义，齿厚是以分度圆弧长（弧齿厚）计值，而测量时则以弦长（弦齿厚）计值。

因此，要计算与之对应的公称弦齿厚。

对标准的直齿轮，分度圆公称弦齿厚 $\bar{s}$ 或固定弦齿厚 $\bar{s}_c$ 分别为

$$\bar{s} = mz\sin\frac{90°}{z} \quad 或 \quad \bar{s}_c = \frac{\pi m}{2}\cos^2\alpha$$

分度圆公称弦齿高 $\bar{h}_c$ 或固定弦齿高 $\bar{h}_c$ 分别为

$$\bar{h}_c = m + \frac{mz}{2}\left(1-\cos\frac{90°}{z}\right) \quad 或 \quad \bar{h}_c = m - \frac{\pi m}{8}\sin^2\alpha$$

由于测量齿厚时以齿顶圆为测量基准，测量结果受顶圆精度影响较大，此法仅适用于精度较低，模数较大的齿轮。因此，需提高齿顶圆精度或改用测量公法线平均长度偏差的办法。

用齿厚游标卡尺测量 E_{sn}，如图 11-22 所示。

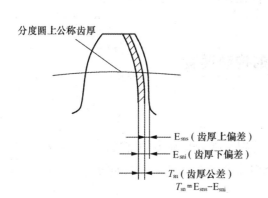

图 11-21　齿厚偏差 E_{sn}

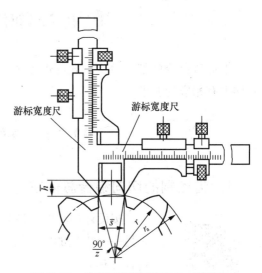

图 11-22　分度圆弦齿厚偏差 E_{sn} 的测量

（2）公法线长度偏差 E_{bn}（上偏差 E_{bns}、下偏差 E_{bni}、公差 T_{bn}）

E_{bn} 是指在齿轮一周内，公法线长度的平均值与公称值之差。公法线长度平均值，应在齿轮圆周上 6 个部位测取实际值后，取其平均值 $\overline{W}_k$，公法线长度公差值可从有关手册查取，不必计算。

E_{bn} 不同于公法线长度变动量 ΔF_w、E_{bn}，是反映齿厚减薄量的另一种方式；而 ΔF_w 则反映齿轮的运动偏心，属传递运动准确性误差。

公法线长度偏差 E_{bn} 之所以能代替齿厚偏差 E_{sn}，在于公法线长度 W_k 内包含有齿厚 s_{bn} 的影响。它与 E_{sn} 的关系为：$W_k = (K-1)p_{bn} + s_{bn}$，则 $E_{bn}\binom{s}{i} = E_{sn}\binom{s}{i}\cos\alpha_n$

由于测量 E_{bn} 使用公法线千分尺，不以齿顶圆定位，测量精度高，是比较理想的方法。

在图样上标注公法线长度的公称值 W_{kthe} 和上偏差 E_{bns}、下偏差 E_{bni}。若其测量结果在上、下偏差范围内，即为合格。因为齿轮的运动偏心会影响公法线长度，使公法线长度不相等。为了排除运动偏心对公法线长度的影响，故应取平均值，如图 11-23 所示。

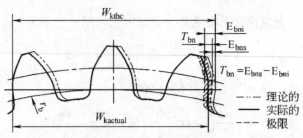

图 11-23　公法线长度偏差 E_{bn} 及上偏差 E_{bns}、下偏差 E_{bni}

11.3

齿轮副误差的评定参数及其检测

上面所讨论的都是单个齿轮的误差项目，为保证齿轮传动的四项使用要求，对齿轮副同样也有相应的要求。

11.3.1　齿轮副的传动误差

1. 齿轮副的切向综合总偏差 F'_{ic}

齿轮副精度检测方法

按设计中心距安装好的齿轮副，啮合足够多的转数，一个齿轮相对于另一个齿轮的实际转角与公称转角之差的总幅度值即为 F'_{ic}，以分度圆弧长计算。

一对工作齿轮的切向综合总偏差主要影响运动精度。齿轮副切向综合总偏差 F'_{ic} 等于两齿轮的切向综合总偏差 F'_i 之和。

2. 齿轮副的一齿切向综合总偏差 f'_{ic}

f'_{ic} 指装配好的齿轮副，啮合转动足够多的转数，一个齿轮相对于另一个齿轮的一个齿距的实际转角与公称转角之差的最大幅度值，以分度圆弧长计算。

f'_{ic} 主要影响齿轮传动的平稳性。齿轮副的一齿切向综合总偏差 f'_{ic} 等于两齿轮的一齿切向综合总偏差 f'_i 之和。

3. 齿轮副的接触斑点

接触斑点是齿面接触精度的综合评定指标。它是指装配好的齿轮副，在轻微制动下，运转后齿面上分布的接触擦亮痕迹（见图 11-24）。接触痕迹的大小在齿面展开图上用百分数计算。由于齿轮副擦亮痕迹的大小是在齿轮副装配后测定的，因此，此项检测比检验单个齿轮载荷分布均匀性的指标更接近工作状态，测量过程也较简单和方便。

所谓轻微制动，是指所加制动扭矩应保证齿面不脱离啮合，而又不致使零件产生可觉察的弹性变形。检验接触斑点一般不用涂料，必要时才允许使用规定的薄膜涂料。

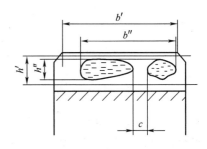

图 11-24　齿轮副接触斑点

沿齿长方向：接触痕迹的长度 b'' 扣除超过膜数值的断开部分阶段 c 与工作长度 b' 之比的百分数，即

$$\frac{b''-c}{b'} \times 100\%$$

沿齿高方向：接触痕迹的平均高度 h'' 与工作高度 h' 之比的百分数，即

$$\frac{h''}{h'} \times 100\%$$

4. 齿轮副的侧隙

齿轮副侧隙分为圆周侧隙 j_{wt} 和法向侧隙 j_{bn} 两种。

齿轮副的圆周侧隙 j_{wt} 是指两相啮合齿轮中的一个齿轮固定时，另一个齿轮能转过的节圆弧长的最大值，如图 11-25（a）所示，可用指示表测量。

齿轮副的法向侧隙 j_{bn} 是指两相啮合工作齿面接触时，在两非工作齿面间的最短距离，如图 11-25（b）所示。

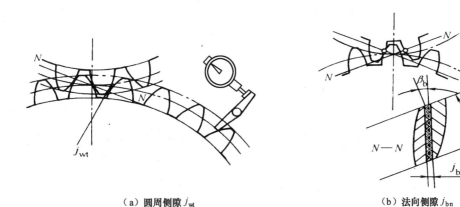

（a）圆周侧隙 j_{wt}　　　　　　　　　　（b）法向侧隙 j_{bn}

图 11-25　齿轮副圆周侧隙 j_{wt} 和法向侧隙 j_{bn}

法向侧隙与圆周侧隙有如下关系：

$$j_{bn}=j_{wt}\cos\beta_b\cos\alpha_{wt}$$

式中，α_{wt}——端面分度圆压力角；

β_b——基圆螺旋角。

侧隙 j_{bn}（或 j_{wt}）的大小主要决定于齿轮副的安装中心距和单个齿轮影响到侧隙的加工误差，因此 j_{bn}（或 j_{wt}）是直接体现能否满足设计侧隙要求的综合性指标。

j_{bn} 可用塞尺测量，j_{wt} 可用指示表测量。测量 j_{bn} 或测量 j_{wt} 是等效的。

上述对齿轮副的 4 个方面如均能满足要求，该齿轮副即被认为是合格的。

11.3.2 齿轮副的安装误差

1. 齿轮副的轴线平行度偏差

它是指一对齿轮的轴线在两轴线的"公共平面"或"垂直平面"内投影的平行度偏差。平行度偏差用轴支撑跨距 L（轴承中间距 L）相关联的表示，如图 11-26 所示。

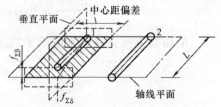

图 11-26 轴线平行度偏差

轴线平面内的轴线平行度偏差 $f_{\Sigma\delta}$，它是指一对齿轮的轴线在两轴线的公共平面内投影的平行度偏差。偏差的最大值推荐值为 $f_{\Sigma\delta} = (L/b)F_{\beta}$。

垂直平面内的轴线平行度偏差 $f_{\Sigma\beta}$，它是指一对齿轮的轴线在两轴线公共平面的垂直平面上投影的平行度偏差。偏差的最大值推荐值为 $f_{\Sigma\beta} = 0.5（L/b）F_{\beta}$。

轴线的公共平面是用两轴承跨距较长的一个 L 与另一根轴上的一个轴承来确定。若两轴承跨距相同，则用小齿轮轴与大齿轮轴的一个轴承来确定。

平行度偏差主要影响侧隙及接触精度，偏差值与轴的支撑跨距 L 及齿宽有关。

2. 齿轮副的中心距偏差

齿轮副的中心距偏差 f_a 是指在齿轮副的齿宽中间平面内，实际中心距与公称中心距之差（见图 11-26），它主要影响侧隙。

11.4

渐开线圆柱齿轮精度标准

圆柱齿轮的精度标准应积极推行 GB/T 10095—2008 和 GB/Z 18620—2008 两个新标准。

11.4.1 齿轮精度等级及其选择

GB/T 10095.1—2008 对轮齿同侧齿面公差规定了 13 个精度等级，其中 0 级最高，12 级最低。

GB/T 10095.2—2008 对径向综合公差规定了 9 个精度等级，其中 4 级最高，12 级最低。

0～2 级目前生产工艺尚未达到，供将来发展用；3～5 级为高精度级，6～8 级为中精度级；9～12 级为低精度级；5 级为基础级，可推算出其他各级的公差值或极限偏差值。

按误差的特性及对传动性能的影响，将齿轮指标分成Ⅰ、Ⅱ、Ⅲ三个性能组，见表 11-1。

表 11-1 齿轮误差特性对传动的影响

公差组别	公差与极限偏差项目	误差特性	对传动性能的主要影响
Ⅰ	F_i'、F_p、F_{pk}、F_i''、F_r	以齿轮一转为周期的误差	传递运动的准确性
Ⅱ	f_i'、f_i''、F_a、$\pm f_{pt}$、$\pm f_{pb}$	在齿轮一转内，多次周期地重复出现的误差	传动的平稳性、噪声、振动
Ⅲ	F_β	螺旋线总误差	载荷分布的均匀性

注：项目符号与 GB/T 10095—2008 中项目符号相同。

根据使用要求不同，GB/T 10095—2008 规定齿轮同侧齿面各精度项目可选同一个等级；对齿轮的工作齿面和非工作齿面可规定不同的等级，也可只给出工作齿面的精度等级；而对非工作齿面不给出精度要求；对不同的偏差项目可规定不同的精度等级；径向综合公差和径向跳动公差可选用与同侧齿面的精度项目相同或不同的精度等级。

齿轮副中两个齿轮的精度等级一般取同级，也允许取成不同等级。此时按精度较低者确定齿轮副等级。

分度、读数齿轮主要的要求是传递运动准确性，即控制齿轮传动比的变化，可根据传动链要求的准确性，转角误差允许的范围首先选择第Ⅰ性能组精度等级。而第Ⅱ性能组的误差是第Ⅰ性能组误差的组成部分，相互关联，一般可取同级。分度、读数齿轮对传递功率要求不高，第Ⅲ性能组可低一级。

对高速动力齿轮，要求控制瞬时传动比的变化，可根据圆周速度或噪声强度要求首先选择第Ⅱ性能组的精度级。当速度很高时第Ⅰ性能组的精度可取同级，速度不高时可选稍低等级。为保证一定的接触精度要求，第Ⅲ组精度不宜低于第Ⅱ性能组。

对承载齿轮，要求载荷在齿宽上均匀分布，可按强度和寿命要求确定第Ⅲ性能组的精度等级，第Ⅰ、Ⅱ性能组精度可稍低，低速重载时第Ⅱ性能组可稍低于第Ⅲ性能组，中速轻载时则采用同级精度。

各性能组选不同精度时以不超过一级为宜，精度等级选择见表 11-2～表 11-14。

表 11-2 圆柱齿轮第Ⅱ性能组精度等级与圆周速度的关系

齿的形式	齿面布氏硬度 HBS	齿轮第Ⅱ性能组精度等级					
		5	6	7	8	9	10
		齿轮圆周速度/（m/s）					
直齿	≤350	>15	≤18	≤12	≤6	≤4	≤1
	>350		≤15	≤10	≤5	≤3	≤1
非直齿	≤350	>30	≤36	≤25	≤12	≤8	≤2
	>350		≤30	≤20	≤9	≤6	≤1.5

表 11-3 各种机器采用的齿轮精度等级

齿轮用途	精度等级	齿轮用途	精度等级	齿轮用途	精度等级
测量齿轮	3～5	轻型汽车	5～8	拖拉机、轧钢机	6～10
汽轮机透平机	3～6	载重汽车	6～9	起重机	7～10
金属切削机床	3～8	一般用减速器	6～9	矿山铰车	8～10
航空发动机	4～7	内燃机车	6～7	农业机械	8～11

表 11-4 　　　　　　　　　齿距累积总偏差 F_p 及 K 个齿距累积偏差 F_{pk} 　　　　　　　单位：μm

L/mm		精度等级			
大于	到	6	7	8	9
—	11.2	11	16	22	32
11.2	20	16	22	32	45
20	32	20	28	40	56
32	50	22	32	45	63
50	80	25	36	50	71
80	160	32	45	63	90
160	315	45	63	90	125
315	630	63	90	125	180

注：F_p 及 F_{pk} 按分度圆弧长 L 查表。

表 11-5 　　　　　　　　　　　　　　　径向跳动 F_r 　　　　　　　　　　　　　　　单位：μm

分度圆直径/mm		法向模数/mm	精度等级			
大于	到		6	7	8	9
—	125	≥1 ~ 3.5	25	36	45	71
		>3.5 ~ 6.3	28	40	50	80
		>6.3 ~ 10	32	45	56	90
125	400	≥1 ~ 3.5	36	50	63	80
		>3.5 ~ 6.3	40	56	71	100
		>6.3 ~ 10	45	63	86	112
400	800	≥1 ~ 3.5	45	63	80	100
		>3.5 ~ 6.3	50	71	90	112
		>6.3 ~ 10	56	80	100	125

表 11-6 　　　　　　　　　　　　　　径向综合总偏差 F_i'' 　　　　　　　　　　　　　单位：μm

分度圆直径/mm		法向模数/mm	精度等级			
大于	到		6	7	8	9
—	125	≥1 ~ 3.5	36	50	63	90
		>3.5 ~ 6.3	40	56	71	112
		>6.3 ~ 10	45	63	80	125
125	400	≥1 ~ 3.5	50	71	90	112
		>3.5 ~ 6.3	56	80	100	140
		>6.3 ~ 10	63	90	112	160
400	800	≥1 ~ 3.5	63	90	112	140
		>3.5 ~ 6.3	71	100	125	160
		>6.3 ~ 10	80	112	140	180

表 11-7		公法线长度变动 F_w			单位：μm
分度圆直径/mm		精度等级			
大于	到	6	7	8	9
—	125	20	28	40	56
125	400	25	36	50	71
400	800	32	45	63	90

表 11-8		螺旋线总偏差 F_β			单位：μm
齿轮宽度/mm		精度等级			
大于	到	6	7	8	9
—	40	9	11	18	28
40	100	12	16	25	40
100	160	16	20	32	50

表 11-9		齿廓总偏差 F_α				单位：μm
分度圆直径/mm		法向模数/mm	精度等级			
大于	到		6	7	8	9
—	125	$\geq 1 \sim 3.5$	8	11	14	22
		$>3.5 \sim 6.3$	10	14	20	32
		$>6.3 \sim 10$	12	17	22	36
125	400	$\geq 1 \sim 3.5$	9	13	18	28
		$>3.5 \sim 6.3$	11	16	22	36
		$>6.3 \sim 10$	13	19	28	45
400	800	$\geq 1 \sim 3.5$	12	17	25	40
		$>3.5 \sim 6.3$	14	20	28	45
		$>6.3 \sim 10$	16	24	36	56

表 11-10		单个齿距偏差 $\pm f_{pt}$				单位：μm
分度圆直径/mm		法向模数/mm	精度等级			
大于	到		6	7	8	9
—	125	$\geq 1 \sim 3.5$	10	14	20	28
		$>3.5 \sim 6.3$	13	18	25	36
		$>6.3 \sim 10$	14	20	28	40
125	400	$\geq 1 \sim 3.5$	11	16	22	32
		$>3.5 \sim 6.3$	14	20	28	40
		$>6.3 \sim 10$	16	22	32	45
400	800	$\geq 1 \sim 3.5$	13	18	25	36
		$>3.5 \sim 6.3$	14	20	28	40
		$>6.3 \sim 10$	18	25	36	50

表 11-11 基圆齿距偏差 $\pm f_{pb}$ 单位：μm

分度圆直径/mm		法向模数/mm	精度等级			
大于	到		6	7	8	9
—	125	≥1 ~ 3.5	9	13	18	25
		>3.5 ~ 6.3	11	16	22	32
		>6.3 ~ 10	13	18	25	36
125	400	≥1 ~ 3.5	10	14	20	30
		>3.5 ~ 6.3	13	18	25	36
		>6.3 ~ 10	14	20	30	40
		>10 ~ 16	16	22	32	45
		>16 ~ 25	20	30	40	60
400	800	≥1 ~ 3.5	11	16	22	32
		>3.5 ~ 6.3	13	18	25	36
		>6.3 ~ 10	16	22	32	45
		>10 ~ 16	18	25	36	50
		>16 ~ 25	22	32	45	63
		>25 ~ 40	30	40	60	80

注：对 6 级或高于 6 级的精度，在一个齿轮的同侧齿面上，最大基节与最小基节之差，不允许大于基节单向极限偏差的数值。

表 11-12 一齿径向综合偏差 f''_i 单位：μm

分度圆直径/mm		法向模数/mm	精度等级			
大于	到		6	7	8	9
—	125	≥1 ~ 3.5	14	20	28	36
		>3.5 ~ 6.3	18	25	36	45
		>6.3 ~ 10	20	28	40	50
125	400	≥1 ~ 3.5	16	22	32	40
		>3.5 ~ 6.3	20	28	40	50
		>6.3 ~ 10	22	32	45	56
400	800	≥1 ~ 3.5	18	25	36	45
		>3.5 ~ 6.3	20	28	40	50
		>6.3 ~ 10	22	32	45	56

表 11-13 中心距偏差 f_a 单位：μm

第Ⅱ公差组精度等级			5 ~ 6	7 ~ 8	9 ~ 10
f_a			$\frac{1}{2}$ IT7	$\frac{1}{2}$ IT8	$\frac{1}{2}$ IT9
齿轮副的中心距	大于 6	到 10	7.5	11	18
	10	18	9	13.5	21.5
	18	30	10.5	16.5	26

续表

第Ⅱ公差组精度等级		5～6	7～8	9～10
f_a		$\frac{1}{2}$IT7	$\frac{1}{2}$IT8	$\frac{1}{2}$IT9
齿轮副的中心距	30　　50	12.5	19.5	31
	50　　80	15	23	37
	80　　120	17.5	27	43.5
	120　　180	20	31.5	50
	180　　250	23	36	57.5
	250　　315	26	40.5	65
	315　　400	28.5	44.5	70
	400　　500	31.5	48.5	77.5
	500　　630	35	55	87
	630　　800	40	62	100

表 11-14　　　　　　　　　　齿厚极限偏差 E_{sn}　　　　　　　　　　单位：μm

$C=-f_{pt}$	$F=-4f_{pt}$	$J=-10f_{pt}$	$M=-20f_{pt}$	$R=-40f_{pt}$
$D=0$	$G=-6f_{pt}$	$K=-12f_{pt}$	$N=-25f_{pt}$	$S=-50f_{pt}$
$E=-2f_{pt}$	$H=-8f_{pt}$	$L=-16f_{pt}$	$P=-32f_{pt}$	

11.4.2　公差组的检验组及其选择

由表 11-1 可以看出，影响齿轮传动性能的齿轮公差或极限偏差项目众多，生产中不可能也没必要逐项检验。标准根据齿轮传动的使用要求、齿轮精度等级、各项指标的性质以及齿轮加工和检测的具体条件，对 3 个公差组各规定必要的检验项目的组合，称为公差组的检验组。具体规定见表 11-15 和表 11-16。

表 11-15　　　　　　　各种机器采用齿轮的精度等级和检验指标

齿轮用途	测量分度齿轮	涡轮机齿轮	航空、汽车、机床、牵引齿轮、拖拉机、起重、一般机器			
精度等级	3～5	3～6	4～6	6～8	7～9	9～11
第Ⅰ公差组	$F_i'(F_p)$	$F_i'(F_p)$	$F_p(F_i'')$	F_r 和 F_w （ F_i'' 和 F_w ）	F_r 和 F_w （ F_i'' 和 F_w ）	F_r
第Ⅱ公差组	f_i' （ f_f 和 f_{pb} ）	$f_{p\beta}$ （ $f_i'\Delta E_{sn}$ ）	f_f 和 f_{pb} （ f_f 和 f_{pt} ）	f_f 和 f_{pb} （ f_i'' ）	f_{pb} 和 f_{pt}	f_{pt}
第Ⅲ公差组	F_p	F_{px} 和 f_f	接触斑点（ F_β ）	接触斑点（ F_β ）	接触斑点（ F_β ）	接触斑点
齿轮副测隙	E_{sns} 和 E_{sni} （ E_{bns} 和 E_{bni} ）					

注：表中包括非直齿轮检验指标，括号内为第二方案。

表 11-16　　　　　　　齿轮检验组适用的精度等级和计量器具

检验组	公　差　组			适用等级	计　量　器　具
	Ⅰ	Ⅱ	Ⅲ		
1	F_i'	f_i'	F_β	3～8	单啮仪、齿轮万能测量机、齿轮仪
2	F_p	$f_{f\beta}$	F_{px}	3～6	齿距仪、波度仪、轴向齿距仪

检验组	公 差 组			适用等级	计 量 器 具
	I	II	III		
3	F_p	f_f、f_{pt}	F_β	3 ~ 7	齿距仪、齿形仪、齿向仪
4	F_p	f_{pt}、f_{pb}	F_β	3 ~ 7	齿距仪、基节仪、齿向仪
5	F_i''、F_w	f_i''	F_β	6 ~ 9	双啮仪、公法线卡尺、齿向仪
6	F_r、F_w	f_f、f_{pb}	F_β	6 ~ 8	跳动仪、公法线卡尺、齿形仪、基节仪、齿向仪
7	F_r、F_w	f_{pt}、f_{pb}	F_β	6 ~ 8	跳动仪、公法线卡尺、齿距仪、基节仪、齿向仪
8	F_r	f_{pt}	F_β	9 ~ 12	跳动仪、齿距仪、齿向仪

11.4.3 齿轮副侧隙

（1）最小侧隙的确定

齿轮副传动时的最小法向侧隙 j_{bnmin} 应能保证齿轮正常储油润滑和补偿各种变形，主要从润滑方式和温度变化两方面来综合考虑，具体计算时可参考有关资料。

（2）齿厚上偏差 E_{sns} 的确定

齿轮副的最小法向侧隙 j_{bnmin} 由齿厚上偏差来保证，但在加工和安装时，还与其他各种误差参数有关，要综合考虑。计算出齿厚上偏差 E_{sns} 后，查表 11-14 选择一种能保证最小法向侧隙的齿厚极限偏差作为齿厚偏差 E_{sns}。齿厚极限偏差共计有 C ~ S 14 种代号，其大小用齿距极限偏差 f_{pt} 和倍数表示，上、下偏差可分别选一种偏差代号表示。

（3）齿厚上偏差 T_{sn} 的确定

T_{sn} 的大小主要取决于切齿加工时的径向进刀公差和齿圈径向跳动公差，按一定公式计算。

（4）齿厚下偏差 E_{sni} 的确定

齿厚下偏差 E_{sni} 由齿厚的上偏差 E_{sns} 和公差 T_{sn} 求得，其计算公式为

$$E_{sni} = E_{sns} - T_{sn}$$

式中，T_{sn} ——齿厚公差。

然后根据表 11-14 选取齿厚极限偏差代号作为齿厚的下偏差。

（5）公法线平均长度极限偏差 F_{wk}

侧隙也可采用 F_{wk} 的办法来保证，与齿厚偏差 f_{sn} 有关。

11.4.4 齿坯精度和齿轮的表面粗糙度

齿轮传动的制造精度与安装精度在很大程度上取决于齿轮和箱体的精度，这两方面达不到相应的要求，也难保证齿轮传动的互换性。齿坯的加工精度对齿轮加工、检验和安装精度影响很大，在一定条件下，用控制齿坯的精度来保证和提高齿轮的加工精度是一项积极的措施。

齿轮的精度主要包括齿轮内孔、项圆、齿轮轴的定位基准面（端面）的精度以及各工作表面的粗糙度要求。对高精度齿轮（1～3 级），其形状精度也要提出一定的要求。齿坯精度见表 11-17。齿轮孔、轴、顶圆和基准面的径向和轴向跳动公差见表 11-18。齿轮各主要表面的粗糙度与齿轮的精度等级有关，选用时可参考表 11-19 或相关机械设计手册。

表 11-17　　　　　　　　　　　　齿坯公差精度等级

齿轮精度等级[1]		6	7	8	9
孔	尺寸公差、形状公差	IT6	IT7		IT8
轴	尺寸公差、形状公差	IT5	IT6		IT7
顶圆直径[2]			IT8		IT9
基准面的径向跳动[3]		见表 11-18			
基准面的轴向跳动					

注：① 当 3 个公差组的精度等级不同时，按最高的精度等级确定公差值。
　　② 当顶圆不作测量齿厚基准时，尺寸公差按 IT11 给定，但不大于 $0.1m_n$。
　　③ 当以顶圆作基准面时，本栏就指顶圆的径向跳动。

表 11-18　　　　　　齿轮基准面径向和端面跳动公差　　　　　　单位：μm

分度圆直径/mm		精度等级				
大于	到	1 和 2	3 和 4	5 和 6	7 和 8	9 到 12
—	125	2.8	7	11	18	28
125	400	3.6	9	14	22	36
400	800	5.0	12	20	32	50
800	1 600	7.0	18	28	45	71
1 600	2 500	10.0	25	40	63	100
2 500	4 000	16.0	40	63	100	160

表 11-19　　　　　　齿轮主要表面粗糙 Ra 值　　　　　　单位：μm

第Ⅱ公差组精度等级	5		6		7		8		9		10
法向模数	≤8	>8	≤8	>8	≤8	>8	≤8	>8	≤8	>8	任意
齿面	0.63	1.25	0.63	1.25	1.25	2.50	2.50	5.00	5.00	10.00	10.00
齿顶圆					2.50		5.00		10.00		20.00
基准端面					2.50		5.00		5.00		10.00

11.4.5　齿轮精度标注

在齿轮零件图上应标注齿轮的精度等级和齿厚极限偏差代号（或具体值），以及各项目所对应的级别、标准编号，对齿轮副须标注齿轮副精度等级和侧隙要求。

图 11-27 所示为一个盘形齿轮工作图及其精度标注示例，可供学习时参考。

法向模数	m_a	4
齿数	z	33
齿形角	α	20°
齿顶高系数	h_a^*	1
螺旋角	β	9°22′
螺旋线方向		左
法向变位系数	x_n	0
精度等级	$7(F_\beta)$、$8(F_p, F_{pt}, F_{a})$ GB/T 10095.1—2008 $8(F_r)$GB/T 10095.2—2008	
中心距及其极限偏差	$a \pm f_a$	300±0.041
配对齿轮	图号	
	齿数	115
单个齿距偏差的极限偏差	$\pm F_{pt}$	±0.020
齿距累积总偏差的公差	F_p	0.072
齿廓总偏差的公差	F_a	0.030
螺旋线总偏差的公差	F_β	0.025
径向跳动公差	F_r	0.058
公法线及其偏差	W_{kn}	$43.25^{-0.112}_{-0.224}$
	k	4

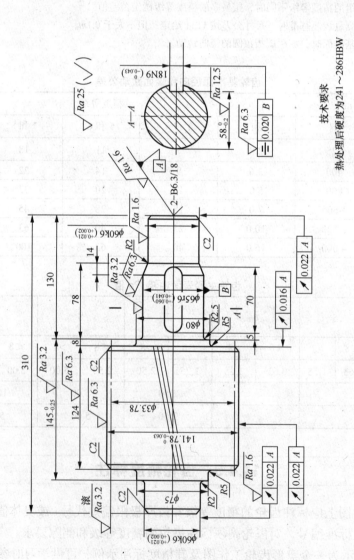

技术要求

热处理后硬度为241~286HBW

图 11-27　齿轮工作图及其精度标注示例

11.5

齿轮误差的测量

11.5.1　用公法线千分尺测量公法线长度

1．测量目的

（1）熟悉公法线千分尺的使用方法。

（2）加深理解公法线长度偏差的定义及其对齿轮传动的影响。

2．计量器具及测量原理

公法线长度通常用公法线千分尺或公法线指示卡规或万能测齿仪测量，公法线千分尺是在普通千分尺上安装两个大平面测头，其读数方法与普通千分尺相同。其外形结构如图 11-28 所示。

图 11-28 中，1 为尺架，尺架内侧的左端是固定测砧 2，右端是活动测砧 3。测量时，两测砧测量面应卡在齿轮 k 个齿的左右齿形之间。

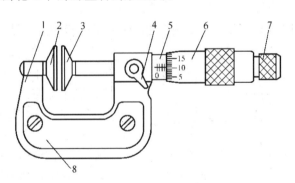

图 11-28　公法线千分尺

1—尺架　2—固定测砧　3—活动测砧　4—锁紧装置　5—固定套管　6—微分筒　7—测力装置　8—隔热装置

尺架 1 外侧的右端与固定套管 5 相连，它的表面有刻度。微分筒 6 可以转动，它的左侧锥面上也带有刻度。测量时，应转动测力装置 7 使它旋转，此时，活动测砧 3 即能前进或后退。

测量时，当活动测砧 3 与工件齿形相接触后，若再转动测力装置 7，由于内部棘轮装置间的打滑，就会发出咔咔声。这一现象表明测砧与工件间的测量力已足够，应停止转动，并按刻度读数。公法线千分尺上的锁紧装置 4 被锁紧后，活动测砧 3 就固定不动，微分筒 6 也无法转动。图 11-29 所示为测量齿轮公法线长度时的手势。

公法线长度偏差是指在被测齿轮一转范围内，各部分公法线的平均值与公称值之差。公法线偏差主要反映被测齿轮的齿侧间隙。

3. 公法线千分尺的识读

（1）识读方法。公法线千分尺的测量范围有 0 ~ 25mm，25 ~ 50mm，50 ~ 75mm，75 ~ 100mm，100 ~ 125mm 等，量程均为 25 mm，应按被测齿轮的公法线长度尺寸选用。

公法线千分尺的识读方法与普通千分尺相似，可分为三步读数，如图 11-28 所示。

① 看微分筒的边缘在固定套管多少尺寸的后面，并读出这一尺寸值。例如，在图 11-30 中，应读出 6mm。

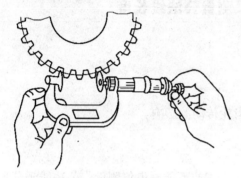

图 11-29　测量齿轮公法线长度时的手势

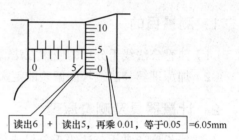

图 11-30　公法线千分尺的读数方法

② 看微分筒上的哪一格与固定套管上的基准线对齐，并读出这一数值，再乘以 0.01。例如，在图 11-30 中，应读出 5，乘以 0.01 后则为 5 × 0.01 = 0.05（mm）。

③ 把两个读数值加起来，作为最后读数。例如，在图 11-28 中，公法线千分尺的测量值为 6 + 0.05 = 6.05（mm）。

（2）识读示例。按照上述方法，识读图 11-31 所示的示例。

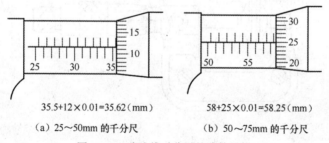

35.5+12×0.01=35.62（mm）　　　58+25×0.01=58.25（mm）

（a）25~50mm 的千分尺　　　（b）50~75mm 的千分尺

图 11-31　公法线千分尺的读数示例

如图 11-31（a）所示，读数应为 35.5+12 × 0.01 = 35.62（mm）。

如图 11-31（b）所示，读数应为 58+25 × 0.01 = 58.25（mm）。

4. 测量步骤

（1）确定被测齿轮的模数 m、齿数 z 及跨齿数 k，并计算公法线公称长度 $W_k = m[1.476(2k - 1) + 0.014z]$，跨齿数 $k = z/9+0.5$（取整数）。

为了使用方便，对于 $\alpha = 20°$，$m = 1mm$ 的标准直齿圆柱齿轮，按上述公式计算的 k 和 W_k 可以查表 11-7 再计算。

（2）根据所得的公法线公称长度选择与测量范围相适应的公法线千分尺，并校对零位。

（3）根据选定的跨齿数 k，用公法线千分尺沿被测齿轮圆周依次测量每条公法线长度$W_{k公称}$。

（4）计算公法线长度偏差，按下述条件判断合格性。

$$E_{bni} \leqslant W_{k公称} - W_k \leqslant E_{bns}$$

式中，E_{bns}——公法线长度上偏差；

E_{bni}——公法线长度下偏差。

（5）填写检测报告。

11.5.2　用齿厚游标卡尺测量齿厚偏差

1. 测量目的

（1）熟悉测量齿轮齿厚的方法及有关参数的计算。

（2）加深理解齿厚偏差 E_{sn} 的定义及其对齿轮传动的影响。

（3）熟悉齿厚游标卡尺的使用方法。

2. 计量器具及测量原理

齿厚偏差 E_{sn} 是在分度圆柱面上，齿厚的实际值与公称值之差。齿厚偏差 E_{sn} 可用齿厚游标卡尺在分度圆上测量。因分度圆上是弧齿厚不便测量，故一般用分度圆上的弦齿厚来评定齿厚偏差。

3. 齿厚游标卡尺的识读

齿厚游标卡尺的外形，如图 11-32 所示，它由两个相互垂直的游标卡尺组成。

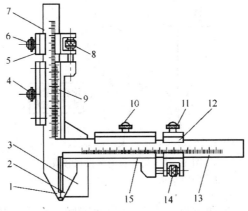

图 11-32　齿厚游标卡尺

1—固定量爪　2—活动量爪　3—尺舌　4、6、10、11—紧固螺钉　5、12—微动装置
7—垂直尺身　8、14—微动螺母　9、15—游标　13—水平尺身

由图可见，在垂直尺身 7 与水平尺身 13 上，各带有游标 9 与 15，5 与 12 为微动装置。两个游标的刻度值均为 0.02mm。因此，它的结构与识读方法，都与 0.02mm 的游标卡尺相似。

4. 测量步骤

使用齿厚游标卡尺测量齿轮的固定弦齿厚时，一般按以下顺序进行。

① 使用前，先检查齿厚游标卡尺的零位，以及卡尺各部分的作用是否灵活准确。

② 按齿轮的固定弦齿高尺寸，调整卡尺的垂直游标。调整方法与 0.02mm 游标卡尺相同，调整好后，旋紧紧固螺钉 4，使游标 9 不再移动。

③ 将齿轮的齿顶、齿形表面擦拭干净。

④ 移动水平尺身上的游标 15，使它的零线大致对准固定弦齿厚尺寸；然后，旋紧紧固螺钉 11。

⑤ 将齿厚游标卡尺卡入齿轮齿形。此时，应使固定量爪 1、尺舌 3 紧贴齿轮的齿形及齿顶表面；然后，用小手指旋转微动螺母 14，使活动量爪 2 也紧贴齿轮齿形的另一侧，如图 11-33 所示。

⑥ 取下齿厚游标卡尺，并读出水平游标卡尺上的刻度值，这一刻度值就是齿轮的固定弦齿厚尺寸。

5. 填写检测报告

按要求填写检测报告。

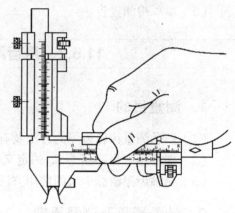

图 11-33　测量齿轮的齿厚尺寸

6. 注意事项

（1）测量时，应该注意尺舌 3 是否已紧贴齿轮的齿顶圆，否则将会直接影响测量的准确性。一般紧贴程度用光缝检查。图 11-34 所示是不正确的测量方法，此时，齿顶圆处将透光。

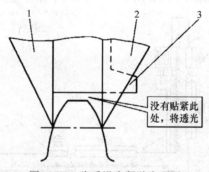

没有贴紧此处，将透光

图 11-34　齿舌没有紧贴齿顶圆
1—固定量爪　2—活动量爪　3—尺舌

（2）因为固定量爪 1、活动量爪 2 与工件是点接触，量爪尖角处很容易磨损，所以使用卡尺时应注意以下事项。

① 测量时在转动微动螺母 14 的过程中，要注意不要使测量力太大，以防量爪尖角在工件齿面上划出痕迹。

② 从齿面上取下卡尺时，不要使卡尺左右晃动，应该垂直取出，如图 11-35 所示。

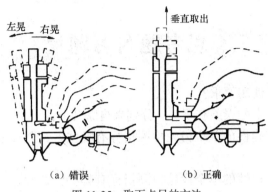

（a）错误　　　　　　　　　　（b）正确
图 11-35　取下卡尺的方法

③ 用齿厚游标卡尺测量齿轮单位齿厚尺寸时，测量结果将受到工件齿顶圆直径误差的影响。为了使测量结果正确，应把齿顶圆直径误差计算在固定弦齿高之内，即按下式计算：

$$\overline{h_c}' = \overline{h_c} - \frac{\Delta d_a}{2}$$

式中，$\overline{h_c}'$ ——垂直游标卡尺的际调整值（mm）；

　　　$\overline{h_c}$ ——齿轮固定弦齿高尺寸的计算值（mm）；

　　　Δd_a ——齿轮齿顶圆直径的制造误差值（mm），$\Delta d_a = d_a - d_a'$；

　　　d_a ——齿轮齿顶圆直径的公称值（mm）；

　　　d_a' ——齿轮齿顶圆直径的实测值（mm）。

例如，有一直齿圆柱齿轮，模数 $m = 3\text{mm}$，齿形角 $\alpha = 20°$，图样上标注的齿顶圆直径 $d_a = 156\text{mm}$。

测量固定弦齿厚前，测得的齿顶圆直径 $d_a' = 155.8\text{mm}$，试求齿厚游标卡尺的调整量。

齿轮的固定弦齿厚 $\overline{s_c}$ 和固定弦齿高 $\overline{h_c}$，按下式计算：

$$\overline{s_c} = 1.38705m = 1.38705 \times 3 = 4.16(\text{mm})$$

$$\overline{h_c} = 0.74757m = 0.74757 \times 3 = 2.24(\text{mm})$$

④ 测量时，固定量爪 1 与活动量爪 2 应按垂直方向与齿轮轮齿接触，如图 11-36 所示。否则，将会造成测量结果不正确。

⑤ 测量一个齿轮，须在每隔 120° 的位置上，再测一个齿；然后取其偏差最大的一个读数，作为这个齿轮的齿厚实际尺寸。

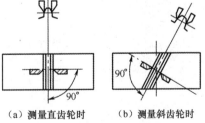

（a）测量直齿轮时　　（b）测量斜齿轮时
图 11-36　量爪的正确位置

最后说明一点，用齿厚游标卡尺测量齿轮的齿厚尺寸，测量精度较低。通常都用测量齿轮的公法线长度来替代，只有在无法测量公法线长度时（例如，对于窄斜齿轮、直齿锥齿轮等），才采用这一方法。

思考题与习题

1. 齿轮传动有哪些使用要求?

2. 影响齿轮使用要求的误差有哪些? 分别来自哪几方面?

3. 反映传递运动准确性的单个齿轮检测指标有哪些? 试叙述各项指标的检测项目名称和字母符号。

4. 反映传动工作平稳性的单个齿轮检测指标有哪些? 试叙述各项指标的检测项目名称和字母符号。

5. 反映载荷分布均匀性的单个齿轮检测指标有哪些? 试叙述各项指标的检测项目名称和字母符号。

6. 反映齿侧间隙的单个齿轮检测指标有哪些? 试叙述各项指标的检测项目名称和字母符号。

7. 反映齿侧间隙的齿轮副检测指标是什么? 试叙述其检测项目名称和字母符号。

8. 选择齿轮精度等级时应考虑哪些因素?

9. 齿轮精度标准中,为什么规定检验组? 合理地选择检验组应考虑哪些问题?

10. 规定齿坯公差的目的是什么? 齿坯公差主要有哪些项目?

11. 某减速器中的某一标准渐开线直齿圆柱齿轮, 已知模数 $m = 4\text{mm}$, $\alpha = 20°$, 齿数 $z = 40$, 齿宽 $b = 60\text{mm}$, 齿轮的精度等级代号为 8FH GB/T 10095.1—2008, 中小批量生产, 试选择其检验项目, 并查表确定齿轮的各项公差与极限偏差的数值。

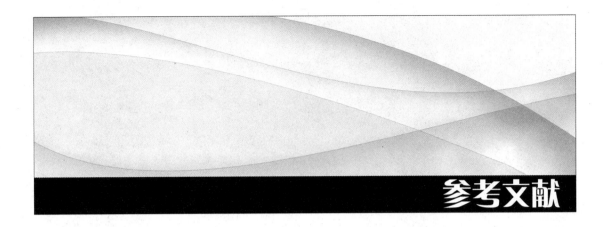

参考文献

[1] 陈舒拉. 公差配合与检测技术[M]. 北京：人民邮电出版社，2007

[2] 傅成昌，傅晓燕. 形位公差应用技术问答[M]. 北京：机械工业出版社，2009

[3] 张皓阳. 公差配合与技术测量[M]. 北京：人民邮电出版社，2012

[4] 胡照海. 零件几何量检测[M]. 北京：北京理工大学出版社，2011

[5] 韩进宏. 互换性与技术测量[M]. 北京：机械工业出版社，2004

[6] 李军. 互换性与测量技术基础[M]. 武汉：华中科技大学出版社，2013

[7] 徐茂功. 公差配合与技术测量[M]. 北京：机械工业出版社，2009

[8] 卢志珍，何时剑. 机械测量技术[M]. 北京：机械工业出版社，2011

[9] 曹同坤. 互换性与技术测量基础[M]. 北京：国防工业出版社，2012

[10] 姚云英. 公差配合与测量技术[M]. 北京：机械工业出版社，2008

[11] 胡立炜，杨淑珍. 机械材料与公差[M]. 北京：北京理工大学出版社，2010

[12] 熊永康，顾吉仁，漆军. 公差配合与技术测量[M]. 武汉：华中科技大学出版社，2013

参考文献

[1] 李某某. 某某某某某某某[M]. 北京: 某某某某出版社, 2007.

[2] 某某某, 某某某, 某某某. 某某某某某某某某某某[M]. 北京: 某某某某出版社, 2009.

[3] 某某某. 某某某某某[M]. 北京: 某某某某某某某, 2011.

[4] 某某某. 某某某某某某某[M]. 北京: 某某某某某某某某某.

[5] 某某某. 某某某某某某某某[M]. 北京: 某某某某某某某某, 2004.

[6] 某某, 某某某. 某某某某某某[M]. 北京: 某某某某某某某某, 2003.

[7] 某某某, 某某, 某某. 某某某某某某[M]. 北京: 某某某某某某, 2009.

[8] 某某某. 某某某某某某某[M]. 北京: 某某某某某某某某某, 2011.

[9] 某某某, 某某某. 某某某某某某某[M]. 北京: 某某某某某某某某, 2012.

[10] 某某某, 某某某. 某某某某某某某[M]. 北京: 某某某某某某某某某, 2008.

[11] 某某某, 某某. 某某某某某某某[M]. 北京: 某某某某某某某某某, 2010.

[12] 某某某, 某某. 某某某某某某某某某[M]. 北京: 某某某某某某, 某某某某某,
2011.